世图心理

博客：http://blog.sina.com.cn/bjwpcpsy
微博：http://weibo.com/wpcpsy

人对抗自己

自杀心理研究

[美]卡尔·门林格尔 著

冯川 译

世界图书出版公司
北京·广州·上海·西安

图书在版编目（CIP）数据

人对抗自己：自杀心理研究 /（美）卡尔·门林格尔著；冯川译. —北京：世界图书出版有限公司北京分公司，2020.4（2022.4重印）
书名原文：Man Against Himself
ISBN 978-7-5192-5363-9

Ⅰ.①人… Ⅱ.①卡…②冯… Ⅲ.①自杀—心理—研究 Ⅳ.①B846

中国版本图书馆CIP数据核字（2019）第263182号

MAN AGAINST HIMSELF by Karl Menninger
Copyright © 1938 by Karl A. Menninger
Copyright renewed 1966 by Karl A. Menninger
Published by arrangement with Houghton Mifflin Harcourt Publishing Company through Bardon-Chinese Media Agency
Simplified Chinese translation copyright © (2020)
by Beijing World Publishing Corporation, Ltd.
ALL RIGHTS RESERVED.

书　　名	人对抗自己：自杀心理研究 REN DUIKANG ZIJI
著　　者	［美］卡尔·门林格尔
译　　者	冯　川
责任编辑	王　洋
装帧设计	蔡　彬
出版发行	世界图书出版有限公司北京分公司
地　　址	北京市东城区朝内大街137号
邮　　编	100010
电　　话	010-64038355（发行）　64037380（客服）　64033507（总编室）
网　　址	http://www.wpcbj.com.cn
邮　　箱	wpcbjst@vip.163.com
销　　售	新华书店
印　　刷	三河市国英印务有限公司
开　　本	880mm×1230mm　1/32
印　　张	15.5
字　　数	342千字
版　　次	2020年4月第1版
印　　次	2022年4月第2次印刷
版权登记	01-2019-1313
国际书号	ISBN 978-7-5192-5363-9
定　　价	59.80元

版权所有　翻印必究
（如发现印装质量问题，请与本公司联系调换）

中译者序

《人对抗自己》是卡尔·门林格尔研究死亡本能和自杀心理的一部重要著作。此书初版于1938年，但时至今日，其意义和影响却有增无减。1984年，陈维正先生赴加拿大、美国做文化考察时，曾请有关专家推荐当代西方最重要、最有影响的社会科学著作，在这些专家学者提供的推荐书目中，《人对抗自己》多次被提到。

卡尔·门林格尔（Carl Augustus Menninger）是美国著名的精神科医生、精神分析学家和心理学家，他对人深邃莫测的精神世界有深刻的认识，尤其对死亡本能、自杀冲动、犯罪心理和儿童心理做过深入透彻的研究。他在这方面的成果使他在精神分析心理学领域中斐然自成一家。

在《人对抗自己》中，门林格尔对死亡本能和自我毁灭倾向做了全面的考察和分析。他认为：人性中固有的破坏性冲动总是要竭力寻求宣泄，如果这种破坏性冲动不能施之于外界，其必然结果就是转而施之于自己。这就是各种形式的自杀的根源。门林格尔呼吁：不能回避对死亡本能和自我毁灭倾向的研究。在现实生活中，每个人都以他自己所选定的方式，或快或慢、或迟或早、或直接或间接地在杀死他自己。要想与这种自杀倾向对抗，首要的一步乃是真正认识到：自我毁灭确定根植于我们的天性，我们必须熟悉它的各种表现形式，在此基础上才能做出相应的努力来与这种根深蒂固的死亡本能抗衡。

门林格尔在本书中指出：人是一种随时可能陷入毁灭的脆弱生物，他的生命不仅受到外来危险的威胁，而且更重要的是受到来自自身内部的死亡本能的威胁。大自然以猛兽、毒虫、洪水、干旱、地震……来威胁人类的生存，细菌、疾病和癌症则慢慢地吞噬和夺走人的生命。除此之外，日常生活中更有许许多多意想不到的灾难和事故，经常出其不意地使人死于非命。在这种情况下，人们本来以为，面对命运的外来打击，人类会团结起来共同反抗外界强加给人的灾难和死亡，殊不知实际情形完全不是这样。使人陷入毁灭命运的，更多的乃是出自人天性中固有的破坏性冲动。"我们必须考虑到我们自身内部的敌人……使大地蒙受灾难的某些破坏性活动乃是出自人的自我毁灭；而联合外部力量以攻击自身的存在，这一人类的非凡嗜好，实属最令人瞠目的生物性现象之一。"

门林格尔写作本书的年代，正值两次世界大战之交。战争阴云的笼罩，不能不使人考虑到人的破坏本能和自毁倾向。"人翱翔于古老而美丽的城市上空，将炸弹倾泻于博物馆、教堂，倾泻于伟大的建筑物和幼小的儿童身上。他们竟因此受到官方的嘉奖，而官方所代表的人民，每天都以纳税的方式将金钱用于狂热地制造杀人武器，去毁灭那些和他们一样的人。""如果有谁匆匆地浏览一下我们这个星球，他所看见的将是以上情形；如果他更仔细地观察个人和集体的生活，他所看见的情形将会使他更加困惑。他会看见争吵、仇恨、殴斗、无谓的浪费、随意的破坏。他会看见人牺牲自己去损害他人，而且处心积虑地花费时间和精力去缩短大限来临之前那可怜而又短暂的停留，即我们所说的生命。最奇怪的是，他会看见有些人仿佛再也找不到别的东西来毁坏，于是索性掉转枪口对准自己的胸膛。"

这种情形，不能不使作为医生的精神分析学家感到吃惊。因为精神分析师也像其他医生一样，一开始总是坚信生命的可贵，坚信人都愿意保存和延长自己的生命。他总是鞠躬尽瘁、不遗余力地设法挽救他人的生命，减轻他人的痛苦；并且深信自己是人类的救星，自己所做的一切乃是在响应他人的恳求和呼唤，因为他始终坚信，自我保存仍是生命的第一要义，趋生避死仍是生命的第一本能。

然而突然有一天，医生的信念破灭了。他发现病人并不像他们自己所说的那样希望恢复健康。事实上他们是在"人为地制造"某些疾病、车祸和意外事故；他们故意寻找受苦的方式，延长受苦的时间；他们以种种方式摧残自己，令人怀疑他们是在慢性自杀。更有甚者，许多人仿佛觉得这一切都不过瘾，因而索性直接诉诸实际的自杀。

长期以来，人们一直习惯地认为：求生是人的一种基本本能。而现在精神分析学家发现：求死也是人的一种基本本能。从人诞生的那一刻开始，死亡本能就随时随地暗中窥视着人的生命，随时随地准备利用和借助任何对它有利的外部事件，跳出来毁灭人的生命。

正是基于这一发现，弗洛伊德、费伦齐、格罗代克、亚历山大、门林格尔等人提出和论证了死亡本能的存在。

根据这一假说，人从诞生之日起就自发地具有死亡本能。死亡本能旨在使人回到生命诞生之前的无机状态。一切生命皆起源于无生命的无机物，而死亡本身的终极目的就在于使生命回复到无生命的状态。虽然人的生殖本能保证了生命的延续性，但死亡本能的存在表明了任何生物个体都不能长生不死，并暗示宇宙中的生命现象有可能回归到无机状态和死寂状态中去。

为了理解这里所说的"回复""回归"以及弗洛伊德、门林格尔等人反复提到过的"重复""倒退"，这里似有必要简述一下精神分析学中的"强迫性重复原则"。

所谓"强迫性重复"（repetition compulsion），指的是人固执地、不断地重复某些似乎毫无意义的活动，或反复重温某些痛苦的经历和体验。例如，一个施惠者对他人一再施惠，到头来却落得被人冷淡，被人抛弃；尽管如此，他却仍然一如既往，仿佛命中注定要尝遍人间一切忘恩负义的痛苦（可比较莎士比亚的李尔王、雅典的泰门、巴尔扎克的高老头等文学人物）。又例如，一个擅权者几乎毕生致力于把另一个人抬举到显赫的地位，但最后又总是由他自己颠覆了这个人的地位，并抬举出另一个人来取代先前那个人。再例如，有些男人或女人总是反复地陷入恋爱事件，其每桩风流韵事都经历过大致相同的阶段，达到大致相同的结局。甚至在儿童身上也可以看到类似的情形——婴儿反复地把玩具扔掉，拾起，再扔掉……就是一种强迫性重复。

弗洛伊德认为：强迫性重复是本能活动遵循的一条原则。这条原则规定了本能活动的方向是倒退到先前的存在状态中去。第一次世界大战期间和之后，弗洛伊德接触到大量的战争性神经症和创伤性神经症患者。这些患者（以及许多正常人）总是不断地重温、反复地咀嚼某些痛苦的往事。这一发现，使弗洛伊德的"快乐原则"（即本能活动是受快乐原则支配的）受到极大的动摇。过去，精神分析仅仅注意到人有遗忘痛苦、摆脱不愉快记忆的自发倾向；现在却发现，人也有反复重温痛苦、持久地沉溺在痛苦中的倾向。于是弗洛伊德怀疑：人心中有某种比快乐原则"更原始、更基本"的倾向在起作用。他把这种倾向称为强迫性重复，并试图进一步考察："它对应哪一种功能？它在什么条件下表现出来？它与快乐原则的关系如何？"（参看《弗洛伊德后期著作选》，上海译文出版社，第23页。）

《超越快乐原则》这部重要论著，就是在上述背景下写作出来的。在这部论著中，弗洛伊德提出了他对本能的新见解。他认为：本能并不像人们普遍认为的那样，是积极的、发展的、促进变化的；相反，本能是生物惰性的表现，它要求回复到事物的初始状态，因而是保守的、倒退的；像人这样的有机体，其所源出的状态乃是无机状态，而人身上那种具有保守、回归、倒退性质的本能所要回复的正是这种无机状态。因此，不妨将这种本能称为死亡本能。

然而，弗洛伊德仅仅从理论上对死亡本能做了大致的勾画和说明，真正花大力气集中研究死亡本能的活动及其不同表现形式的，不能不首推门林格尔。门林格尔从分析自杀行为入手，揭示出存在于自杀行为中的三重动机是死的愿望、杀人的愿望和被杀的愿望，而对这三重愿望的分析又可以进一步揭示自杀者内心深处的攻击性、自我惩罚需要和性欲的满足。在门林格尔看来，死亡本能不仅可以向外转化为攻击性、施虐倾向，也可以向内表现为自我惩罚、受虐倾向。前者的极端表现是杀人，后者的极端表现则是自杀。但在这两种极端表现之间，还有无数程度不等的中间状态，如自我谴责、自愿殉道、自愿受难、自愿禁欲、自我阉割、自愿开刀、酗酒、犯罪、重蹈覆辙、故意失败、故意生病、故意受罚、有意无意地寻找和制造所谓"意外事故"等——所有这些，都可被看作死亡本能和自杀倾向的不同形式、不同程度的表现。依照门林格尔的看法，死亡本能之所以常常并不能以极端的形式表现出来，乃是因为它程度不等地受到生命本能的"软化"和"中和"。死亡本能的本意是要迅速置人于死地，但在遭到生命本能的抵抗时，双方却可能达成某种"妥协"。按照门林格尔的看法，自责、殉道、受难、禁欲、酗酒、开刀、患病等行为，都可被视为慢性的或局部的自杀，它们是生命本能与死亡本能达成的妥协，是人为了对付直截了当的自杀而不得不付出的高昂代价。

这些说法，旨在使人们体会和认识到死亡本能的无所不在，甚至当人们以某种努力对抗天性中固有的自我毁灭倾向时，也往往不过是在以另一种形式的自我毁灭来为死亡本能开辟道路。门林格尔揭示出，甚至与死亡本能相抗衡的生命本能，有时候也可以直接转化或让位于死亡本能。本书引用了一则神话故事。一个仆人惊慌失措地跑到主人面前禀告，他在市场上见到了死神，死神不停地推挤他、恐吓他。他请求主人准他的假，以便尽快赶到撒玛拉去，因为只有在那里，死神才永远找不到他。主人恩准仆人的假，自己却跑到市场上去见死神，责问他为什么要恐吓、威胁自己的仆人。死神回答说："我并没有恐吓、威胁他，我只是感到十分惊奇，没想到居然在市场上见到他，因为我们原来约定的是今天晚上在撒玛拉见面。"

显然，故事中的仆人并未受到死神的恐吓和威胁，他不过是受自己内心中死亡本能的驱赶，迫不及待地要赶到撒玛拉去与死神见面。值得注意的是，这种迫不及待地要尽快结束自己生命的求死欲望，在仆人身上却表现为一种求生的欲望。仆人向主人请假是为了逃避死神，躲到死神找不到的地方去，殊不知他逃避死亡的冲动，恰恰正是奔赴死亡的冲动。

这使我们提出了一个重要的问题：生命本能究竟能否有效地与死亡本能抗衡？表面上看，弗洛伊德和门林格尔都把生命本能视为与死亡本能相反的一极，并认为生命本能代表人心中拯救的力量，能够与死亡本能代表的毁灭力量相抗衡，但实际上，无论弗洛伊德还是门林格尔对这一问题都抱着十分悲观的态度。我们只需对精神分析学的本能理论稍加分析，就可看出其中存在的问题。

大多数论者认为，弗洛伊德的二元论倾向使他相信，生命本能与死亡本能是尖锐对立、彼此抗衡的两极。但无论弗洛伊德还是门林格尔的大量论述都使我们看到：死亡本能完全可以乔装为生命本能，以渴望生命和热爱生命的形式出现，最后却导致人的毁灭与死亡。死亡本能的这一伎俩，我们不妨称之为"本能的狡计"。

在生命本能中，弗洛伊德和门林格尔最重视的乃是爱的本能。

他们都认为：爱欲作为生命本能是与死亡本能抗衡的主要力量。但当代精神分析学家罗洛·梅却在《爱与意志》中指出：爱也可以导致和加速个体的死亡。罗马大将安东尼因爱上埃及女王克丽奥佩特拉而毁灭，忒拜王子海蒙因爱上安提戈涅而自杀，迦太基女王狄多因爱上埃涅阿斯而自焚，以色列的士师参孙因爱上大利拉而丧生……所有这些历史和神话传说中的著名人物，都因为爱而导致和加速了自身的毁灭。

这种毁灭甚至有生物学的依据。雄蜂在与蜂后交媾后立即死去；雄螳螂则在交媾完毕时被雌螳螂吃掉，作为为后代储备的食物和营养。弗洛伊德曾将这一现象解释为爱欲的耗竭。在《自我与本我》中，弗洛伊德这样写道：

在低等动物中，交媾的行为往往跟死亡联结在一起。这说明全面的性满足往往导致死亡。这些生物在交媾后立即死亡是因为，在爱欲经由满足而被消灭之后，死的本能遂得以自由完成其使命。（转引自罗洛·梅的《爱与意志》，国际文化出版公司，第105页。）

正是这种说法，暴露出弗洛伊德本能理论的自相矛盾。这种矛盾表现为：一方面，弗洛伊德将爱欲看作与死亡本能抗衡的生命本能；另一方面，他又认为爱欲服从于快乐原则，旨在消除紧张，回复到先前的存在状态，从而其满足无异于为死亡本能开辟道路。人们自然会问：如果爱欲的满足会导致爱欲的被消灭，从而使死亡本能能够为所欲为，那么爱欲又怎么能够作为生命的保护神去与死亡本能抗争呢？

门林格尔并未觉察到弗洛伊德本能理论中的这一问题，他仍然坚持认为：爱足以与死亡本能相抗衡。在本书最后一部分中，门林格尔提出重建生命的三条原则，其中一条就是增强爱欲因素（另外两条是减少攻击性因素和减少自我惩罚的因素）。但纵观本书，这些措施若作为与强大的死亡本能抗衡的力量，似乎总显得不够分量。这些感觉提醒我们：在深入研究死亡本能的同时，若不相应地加深对爱欲和生命本能的研究与理解，对人性的认识将不可避免地导致悲观的结论。

译者无意在此指出本书中的牵强偏颇之处，任何有思想的读者都不难对本书的优点和缺陷做出自己的判断。无论如何，作者以大量的篇幅和具体的事例来反复论说自我毁灭是人性中的一种基本倾向，其意见仍然是值得重视的。

本书有许多注释，大都涉及论点的依据、材料的采用和引文的出处。考虑到这些注释对一般读者并无意义，少数研究者若有必要，不难根据原书直接查找相关外文资料，鉴于时间和篇幅的关系，中译本删去了这些注释。译文虽经校对修改，但错误之处仍然在所难免，祈望读者批评指正。

冯川

序　言

　　世界到处充满仇恨，人们自相残杀，我们的文明就建立在被掠夺的民族和被破坏的自然资源的灰烬之上。所有这些，都已经丝毫不是什么新鲜的事情。然而把这种破坏性，把我们内心中这种精神毒素的证据与一种本能联系起来，并拿这种本能与一种关联着爱的仁慈有益的本能相对应，却是弗洛伊德天才的又一朵花朵。我们终于知道，正像儿童必须学会明智地爱一样，他也必须学会正确地恨，学会把种种破坏性倾向从自己身上转移到实际威胁着他的敌人身上，而不是转移到那些友好的、没有自卫能力的、更经常成为破坏性能量的牺牲品的人们身上。

　　然而事实却是：每个人最终仍以他自己选择的方式，或快或慢、或迟或早地杀死他自己。我们都模模糊糊地感觉到这一点。我们眼前有这样多的例证证明了这一点。自杀的方法是多种多样的，而且正是这些方法吸引了我们的注意。有些方法吸引了外科医生，有些方法吸引了律师和牧师，有些方法吸引了心脏病专家，有些方法吸引了社会学家。而所有这些方法，一定会使那些把人格视为整体、把医学视为民族药方的人产生兴趣。

　　我相信：我们对抗自我毁灭最好的防御措施，乃是勇敢地运用理智于人性现象学。如果自我毁灭出自我们的天性，那么最好让我们认识这种天性，认识其所有变化多端的表现形式。从根本原理的角度去透视自我毁灭的所有不同形式，似将合乎逻辑地导向自我保存，导向医学科学观点的统一。

　　本书试图沿着这一方向，综合和推进由费伦齐（Ferenczi）、格罗代克（Gloddeck）、杰利弗（Jelliffe）、怀特（White）、亚历山大（Alexander）、席美尔（Simmel）等人开创的事业，他们不断地应用上述原理去理解人的疾病，以及所有那些我们认为应视为变相自杀形成的放弃和屈服。没有人比我更清楚要把握这些证据是多么艰难，也没有人比我更清楚这一理论在某些方面具有推论的性质；但是我恳请读者认真研究这一理论。我认为：有一个理论，哪怕是一个错误的理论，也胜过把种种事件归因于纯粹的"偶然性"（chance）。偶然性的解释把我们置于黑暗之中，而理论却可以导致我们对它的确信或推翻。

卡尔·门林格尔

目 录

**第一部分
破坏**

| 第一章 爱与死 | 002 |

**第二部分
自杀**

第二章 禁忌	012
第三章 动机	016
第四章 论点	083

**第三部分
慢性自杀**

第五章 禁欲与殉道	088
第六章 神经症疾病	145
第七章 酒精瘾	161
第八章 反社会行为	186
第九章 精神病	215

第四部分
局部自杀

第十章 定义	232
第十一章 自我伤害	235
第十二章 装病	288
第十三章 多次外科手术	299
第十四章 有意造成的事故	321
第十五章 性无能与性冷淡	340

第五部分
器质性自杀

第十六章 医学中的整体观	358
第十七章 器质性疾病中的心理因素	368
第十八章 选择较小的损害	413

第六部分
重建

第十九章 重建的临床技巧	424
第二十章 重建的社会技巧	461

第一部分

破坏

第一章
爱与死

　　无论我们如何尝试，也难以用和谐一词来想象我们的宇宙；相反，我们到处面对着冲突的证据。爱与恨、生产与浪费、创造与破坏……种种对立倾向之间连绵不断的战争，反倒显得是这个世界的动力中心。人在自己匆忙的一生中，经历了多少疾病与事故、猛兽和细菌的磨难，遭遇过多少自然界恶势力的威胁，面对过多少同胞复仇的危险。为了避免人类的毁灭，凭借科学知识的薄弱防线，人类不断地反抗着难以计数的破坏性力量。无怪乎惊恐的人类为了寻求庇护，宁可更多地把目光转向巫术和迷信，而不是转向医学。

　　在过去几年中，俄亥俄河、密西西比河以及其他河流上涨的洪水，不断地吞没田野和人口众多的城市，扫荡了房舍、家园、书籍和宝藏，卷走了成千上万人的食品和工厂。与此同时，在同一个国度内，树木死于干旱，草场在热浪中枯萎，牛群在饥渴中消亡。到处都听不见鸟儿的叫声，到处都看不见野兽的踪迹。昔日一片青翠的景致，如今代之以一层灰褐色的痂皮。而且，最近太平洋海岸一连串的地震，摧毁了人们多年来辛勤劳动的成果，与此同时，大西洋海岸也受到飓风和暴雨的横扫。

大自然以其狂暴的愤怒把毁灭发泄给成千上万毫无防御能力的人，与此同时，更多人躺在医院里，或快或慢地死于细菌、毒素和癌症的侵袭。除了这些痛苦，在每天的生活追求中，更有无数潜在的意外事件发生，不时把死亡和破坏突然地、出人意料地带来人间。

有人也许以为：面对命运和自然的强大打击，人们会团结起来，以兄弟之情坚定不移地反抗死亡和破坏。然而事情完全不是这样。任何人只要研究过人的行为，就不能不得出这样的结论——我们必须考虑到我们自身内部的敌人。越来越明显的事实是：使大地蒙受灾难的某些破坏活动乃是出自人的自我毁灭；而联合外部力量以攻击自身的存在这一人类的非凡嗜好，实属最令人瞠目的生物现象之一。

人翱翔在古老而美丽的城市上空，将炸弹倾泻于博物馆、教堂，倾泻于伟大的建筑物和幼小的儿童身上。他们因此竟受到官方的嘉奖，而官方所代表的人民，每天都以纳税的方式将金钱用于狂热地制造杀人武器，去毁灭那些和他们一样的人；这些人也和他们一样，具有同样的本能、同样的感觉、同样的一点小小的欢乐，而且也同样意识到，一旦死神来临，这一切立刻不复存在。

如果有谁匆匆地浏览一下我们这个星球，他所看见的就将是以上情形；如果他更仔细地观察个人和集体的生活，他所看见的情形,将会使他更加困惑。他会看见争吵、仇恨、斗殴、无谓的浪费、随意的破坏。他会看见人们牺牲自己去损害他人,而且处心积虑地花费时间和精力去缩短大限来临之前那可怜而又短暂的停留,即我们所说的生命。最奇怪的是,他会看见有些人仿佛再也找不到别的东西来毁坏,于是索性掉转枪口对准自己的胸膛。

我想,这种情形不管是否会使火星上的来访者感到困惑,至少肯定会使有些人大惑不解,这些人也跟我们有时候一样,总是假定人所追求的就是他们口头上所说的生命、自由和幸福。

例如,医生每天都怀着坚定的信念从事他的工作,他相信他是在响应他人的呼唤去延长他人的生命和减轻他人的痛苦。他赋予生命以巨大的价值,并且认为他对待生命的态度乃是人们普遍的态度。他煞费精神、身心交瘁地去抢救一个弃儿或一个老人的生命。他天真地赞同这样一个绝对真理,即自我保存乃是生命的第一要义。他觉得自己是人类的救星,是反抗接踵而来的死神的堡垒。

突然或渐渐有一天,他的信念幻灭了。他发现病人往往并不像他们自己所说的那样希望恢复健康。他发现那些热心守候在病人身旁的亲属,往往也并不希望病人恢复健康。他发现他的种种努力不仅要与自然、细菌、病毒较量,而且还得与病人心中某些反常、任性的魔鬼较量。一位老教授曾对我说:内科医生必须竭尽全力防止病人家属杀死病人,其余的一切就只有听凭上帝(偶尔也听凭外科医生)了。但事实上,老练的内科医生所做的比这还多。他不仅要防止病人亲属,而且还得防止病人本人做出那些有利于疾病而不利于健康的事情。

正是基于这样的发现，弗洛伊德才形成了他关于死亡本能的理论。根据这一理论，在我们每个人身上，从一开始就存在着强烈的自我毁灭倾向，这种倾向在许多环境因素汇合起来的特殊情况下，就会导致实际发生的自杀行为。

但有人会问：如果有某种巨大的死亡冲动支配着我们，如果我们内心都希望去死，那么为什么我们许多人还要拼命地去反抗死亡呢？为什么我们并没有像某些哲学家建议的那样去自杀呢？在某种意义上，去研究人为什么尽管面临外部和内部的重重困难却仍然愿意活下去，不是比去证明人为什么要死更合乎逻辑吗？因为事实上并不是所有人都能够长生不老，而是所有人最终都必有一死。换句话说，为什么希望长生不老或哪怕是暂时不死的愿望，往往能够战胜死的愿望呢？

对此，弗洛伊德进一步假设说：生命本能和死亡本能——让我们称它们是人格中的建设性倾向和破坏性倾向——就像物理学、化学和生物学中的那些力一样，始终处在不断的冲突和相互作用之中。创造与毁灭、建设与破坏，正像细胞与血球的合成和分解一样，乃是人格的合成和分析。同样的能量就表现在这两个不同的方向上。

这些力量最初指向内部并与自身的内在问题相关联，最后却转向外部，指向其他对象。这一过程与身体发育和人格发展的过程是一致的。根据这一观点，所谓得不到正常发展，即意味着不能够把这种指向自身的、从理论上说是与生俱来的破坏性和建设性完全转向外界。这种人不是去打击自己的敌人，而是去打击（毁灭）自己；他们不是去爱自己的朋友，去爱音乐或建筑，而是只爱自己（恨和爱是破坏性倾向和建设性倾向的情感表现）。但是没有一个人发展得如此充分以至于完全摆脱了自我毁灭的倾向。事实上，生命现象，即不同的个人所特有的行为表现，可以说表现了这些冲突因素的合成。在这一过程中建立并维持的平衡状态，往往是极不稳定的。一旦周围环境有了新的发展，平衡就会受到干扰，并导致新的组合和完全不同的表现。

在这一基础上，我们即不难理解，为什么有些人迅速地杀死了自己，有些人则缓慢地杀死自己，有些人则根本不杀死自己；为什么有的人努力赴死，有的人则英勇抵抗对其生命的外来伤害，有的人则迅速屈服于这些外来伤害。但是，这些行为中的绝大多数都是自发的和无意识的，以至于你粗略一看就会认为，要想对生命本能与死亡本能之间某种特殊的妥协方式做细致的解剖，似乎是不可能的事情。正因如此，引进精神分析的研究技术，就能使我们通过对细节的阐述，对这一过程获得全新的理解。它使我们能够认识到，死亡的延缓有时是生命本能以巨大代价换来的。

为延缓死亡所付出的这一代价，其性质在程度和种类上都是多变的。在有些情况下，其条件是极其严格的，而在另一些情况下则较为自由。正是这些代价，即生命本能与死亡本能之间的这些妥协，构成了本书的主题。可以说，这本书是对生存代价的一项研究，就像我的一位同事所说的那样，这本书是对"生存之高昂代价"的一项研究。

在我们能够判断的范围内，当黄鼠狼或貂为逃离捕鼠机而咬断自己的脚时，是自觉自愿的，而且可以说，它为这种旨在自我保存的自我毁灭行为承担了全部责任。有些为保存自己生命而被迫做出同样牺牲的人，也为此承担了责任，并能为自己的行为做出种种合乎逻辑的辩解。这些辩解有时是正确的，但往往是错误的，不过一般都能言之成理。这当中包括那些表面上相当合情合理的自杀行为，例如一个身患癌症的老人在疼痛中平静地吞下毒药；这也包括那些淡化了的自杀行为，如同我们从苦行、殉道以及许多外科手术中看见的那样。

在另一些情况下，个人往往不愿意为这种自我毁灭承担责任，即使承担也只承担一部分责任。他们并不打算为此辩护、解释，其行为似乎是无目的的。例如通过慢性酒精中毒或吗啡中毒来缓慢地毁灭自己一生的人就是这样。

还可以发现另外一些人，这些人根本不承担自我毁灭的责任；他们把责任投射①到命运、环境或他人的敌意上去。我们可以从所谓的意外事故中发现这种人，而这些意外事故往往是在无意识中故意造成的。

最后还有第四种人，这些人既不为自我毁灭的行为承担责任，也不为此做解释和辩护。从理论上讲，某些身体疾患即代表了这种情形。

在所有这些情形中，自我毁灭的冲动或者是隐晦的，或者是明显的。经过系统的观察后，我们注意到这一事实，并确信有必要对

---

① 投射：精神分析学术语，此处意为把本应归咎于自己的事情归咎于外界或他人。——译注

这些人用以自杀（虽然人们往往并未自觉意识到这一点）的不同方式加以分析研究。我所做的尝试，正是这样一种分析研究。

本书的计划

本书的计划如下：

首先，我们将讨论由于不能达成生命本能与死亡本能的妥协而立刻导致或多或少是自愿的死亡，即自杀行为。我们旨在揭示决定这一选择的潜在动机，说明为什么在有些人身上，死的愿望完全战胜了生的愿望，并且与自觉的理智携手合作完成了这一任务。与此同时，我们将力图说明：在什么样的程度上，我们可以先于灾难性的后果而察觉这些倾向。

然后，我们将考察各种较为成功的妥协形式。在这些妥协中，毁灭自己的冲动似乎被冲淡和分散了，因而虽然个体以痛苦、失败、被剥夺的形式付出了极大的代价，但至少死亡被推迟了。为什么这些人不干脆自杀了事？为什么他们被如此强大的驱力逼迫到自我伤害和自我限制的方向上？对这两个问题，我们都同样有兴趣加以探讨。

这就会引导我们去考察自我毁灭的多种形式（流产型、歪曲型、慢性型），考察生活中所有的失败。这些失败似乎是直接与个人方面明显的错误观念和错误处理有关的，而并非出自命运或现实的不可避免的意外事故。这当中包括许多认为自己不能忍受成功的人，这些人除了不能承受成功以外事事都能成功；同时也包括更多除了失败以外事事都必失败的人。

最后，我们将考察在什么样的程度上，凭借什么样的方法，我们能够偏转这种恶性的自我毁灭倾向，避免灾祸和牺牲。自我毁灭倾向正是通过灾祸和牺牲在不同程度上得到自发的控制的。这就需要我们去考察那些可以用来强化我们的生命本能，借以抵抗破坏性倾向的技术，这样做的目的不仅是避免直截了当的自杀形式，也是解决更为广泛的问题，即减少被扭曲了的生活方式，降低生死冲突的高昂的妥协代价。

因此，本书的第二部分将分析通常意义上的自杀之深层动机。第三部分将考察慢性自杀的形式及其广泛的效果。第四部分将考察自我毁灭的较为局部化的类型。第五部分则将自我毁灭的理论推广到身体疾病的问题上。目前，这种必须加以考虑的推论在极大程度上还只是一种假说。最后一部分则涉及可以用来与自我毁灭相抗衡的技术，因此这一部分的题目是"重建"。

第二部分

自杀

第二章

禁忌

有些问题，我们往往以开玩笑的方式来谈论，仿佛要事先阻止自己对它们做严肃认真的讨论。自杀就是这些问题之一。人们对自杀的禁忌如此强烈，以致有些人根本不提这个词，有些报纸也对此加以避讳，甚至许多科学家也把它视为研究的禁区。

因此无怪乎我的一位朋友兼顾问对本书手稿建议采用的若干书名大为惊讶。所有这些书名都涉及这一阴暗的主题，而这一主题势必吓退读者，使他们不能欣赏最后分析所得出的结论。我已经暗示过，我们终将得出这样的结论，即生存意志可以通过多种方式战胜死亡愿望，自我毁灭倾向也可以通过多种手段被分散转移。但是，在我们能够这样做之前，我们必须考察人杀死自己这一阴暗的事实，采取鸵鸟战术丝毫无助于改变这一现实。

在刚刚过去的二十四分钟内，在美国的某个地方有一个人自杀了。这种事每天发生六十次，一年要发生近二万二千次。这还仅仅是在美国，在欧洲某些国家，其数目往往高达这一数字的两倍。无论在什么地方，自杀总是多于凶杀。

在这种情况下，人们原以为社会对这个问题会有广泛的兴趣，关于这个问题的许多研究会日益取得进展，我们的医学杂志会登载这方面的文章，我们的图书馆会容纳这方面的书刊，但事实并非如此。我们固然有大量小说、剧本、传奇描写了自杀——想象中的自杀，然而涉及这个问题的科学文献惊人得少。我认为，这不过是再一次证明了与这个问题有关的禁忌，这种禁忌与一种受到强烈压抑的情绪有关。人们不喜欢严肃地、如实地思考自杀问题。

事实上，我自己对这一问题的兴趣，始于对这个禁忌在病人家属方面所起作用的惊讶和好奇。事情是这样的：那些暂时处于极度抑郁状态中的病人威胁说要自杀，他们被交给我们照料后，情况会开始好转，这时病人亲属就坚决要求带他们回家，尽管我们一再警告说现在回家还为时过早，自杀的危险仍然存在。这些家属往往嘲笑并否认这种可能由家属造成的想法，坚持认为病人不过是在恐吓或只是一时的绝望，他并不是真的要自杀，也绝不会自杀，等等。于是，几天或几周后，报纸就会登载出我们的病人上吊、溺水、开枪自杀的声明。我有一大本卷宗贴着这样的剪报，每一张剪报上都附有我先前对性急的亲属所做的文字警告。

例如，我有一位很好的朋友，在抑郁症发作时入院，由我们照料，但半夜却被一位亲属唤醒，从床上扶起来带出医院。病人对这位亲属怀有敌意，但又不得不服从她。我们警告这位亲属，说她把病人带出院是极不明智的，在极度抑郁的状态中，他很可能自杀。

病人本人也不愿离开医院并恳求让他留下，但他还是被这位亲属从一个地方带到另一个地方，最后被带回家去由她好心照料，以期恢复健康。此后不久，他自杀了。他一度是一位科学家，一个人才，一个很有前途的人。

我经常看见这种事情发生，所以很想知道：为什么人们不愿接受其亲属想自杀这一事实呢？而阻止自杀究竟又是谁的责任呢？我们医生既然竭尽全力地抢救那些有时似乎并不值得抢救的生命，自然也有责任抢救这些常常是前程似锦的生命。这些生命之所以遭到毁灭，可以说往往是出自一瞬间的冲动和错误判断，出自一瞬间阴差阳错的误会，就像罗密欧发现沉睡的朱丽叶而认为她已死去时那样。但是单靠我们医生并不能做到这一点。我们竭尽力争取病人亲属的合作以防止潜在的自杀倾向被付诸实现，而病人亲属也应该——如果他们有人性的话——认真对待这种警告并采取相应的行为。但事实仍然是：自杀问题的严重性和广泛性仍未引起人们足够的注意。

由于这个问题太大，不可能在一本书中广泛地展开，故我不打算涉及自杀问题的历史学、统计学、社会学和临床治疗学等方面，而仅仅把重点放在考察种种无意识心理因素上（因为是无意识的，所以往往被人们忽略）。《大英百科全书》《哈斯丁宗教与伦理百科全书》以及其他类似的参考书，对自杀的各种技巧、心态、后果和解释都有许多有趣的说明。其中许多随时代的推移而发生变化，或因国家不同而有极大的差异。统计学研究已吸引了许多作者，特别是人寿保险的权威。尽管大多数统计数字都承认自己可能有极大的误差，但在其力所能及的范围内，这些数字还是表明：在文明人中，尽管女性比男性更经常想到自杀，但实施自杀的男性还是比女性多得多。在男人身上，自杀率与年龄成正比，四十岁男人的自杀率是二十多岁男人自杀率的两倍；在女性中则没有这种变化。自杀在春季比在其他季节更为普遍，在单身者中比在已婚者中更为普遍，在城市比在乡村更为普遍，在和平时期比在战争年代更为普遍，在新教徒中比在天主教徒中更为普遍。

路易斯·达布林（Louis I. Dublin）和贝西·邦泽尔（Bessie Bunzel）在这个问题上为我们提供了一个很好的概览，其中包括一些历史学、人类学、心理学和统计学资料。对自杀问题的临床考察迄今极少，而且总的说来很不令人满意。鲁思·卡万（Ruth Shonle Cavan）写过一本最早的现代心理学研究。偶尔医学杂志上也会出现这样的文章，如《自杀类型的鉴别诊断》《自杀与精神病》《自杀——通过早期发现某些危险征象来加以防止的可能性》。然而总的说来，自杀极少吸引医生们的注意。

人们或许会以为，精神分析学家既然深知心理压抑的力量，并由此对禁忌产生了兴趣，他们一定会给我们提供某些东西。但即使是精神分析学家也对此贡献甚少。不过平心而论，我们不能不承认，尽管精神分析学家并未对自杀行为本身做彻底的研究，但自杀的意向早已是弗洛伊德、亚伯拉罕、亚历山大和其他人做过许多研究的课题。在下一章中，我们将追随他们的引导，打破掩盖这一问题的禁忌以及甚至更为强有力的压抑，这种压抑保护了那些迫使人们采取自杀行动的隐秘动机。

第三章

动机

　　首先，我们似乎没有必要对自杀再做解释。在一般人心中，自杀并不是什么难解之谜。我们在每天的报纸上，在人寿保险报告上，在死亡证明上，在统计调查报告上，都可以千篇一律地读到那种油腔滑调的解释。按照这些解释，自杀乃是健康欠佳、消沉萎靡、经济拮据、卑贱屈辱以及挫折与失恋的简单而又合乎逻辑的结果。最使人奇怪的倒不是这些简单的解释被不断地提出来，而是人们竟如此轻易地和不加怀疑地接受了这些解释。其实，科学和日常经验都能证明，明显的东西并不一定是真实的东西。例如，对于凶杀之动机，人们就不会像这样容易轻信和缺乏好奇心。奇案、谋杀和侦探小说被成千上万地生产出来，在这些小说中，明显的解释总是被大侦探主角精明地戳穿。有意思的是，这些小说几乎从不去探求对自杀的解释，而总是去探求对谋杀的解释。

　　只要稍加反省便足以使任何人确信，以上这些简单的解释并不能说明任何问题。

当前流行的自杀观念可以被总结为以下公式:"自杀是对不可忍受的生活境遇的一种逃避。如果这种境遇是外在的、看得见的,则自杀是勇敢的;如果冲突是内在的、看不见的,则自杀是疯狂的。"由于这种把自我毁灭解释为逃避现实、逃避疾病、逃避屈辱和贫穷的思想十分简单,所以容易为人们所接受。它使人联想到其他逃避行为,如请假、过节、睡觉、谵妄、滥醉等。

但在这些逃避行为和自杀行为之间有一个根本的不同之处:所有这些逃避行为都是暂时的替换品[①],而自杀却不是暂时的。正像哈姆雷特[②]在其著名的独白中所说的那样,人不可能用无(nothing)换有(something)。人的心灵不可能容纳非存在,这或许可被视为自明的公理。因此,一个企图自杀的人,不管他认为自己是一个什么样的不可知论者和怀疑论者,他的行为都表明他相信有某种未来生活比当前的生活更容易忍受。这本身并不能证明自杀者已开始以一种非理性的方式接受非现实以代替现实,因为对未来生活的信仰已为亿万人所接受并且构成了许多宗教的基本特征。尽管在理智上,它遭到科学家和其他人的抵制,但在情感上,对未来生活,或毋宁说生命连续性的期待却是每个人无意识中所固有的倾向。在无意识中,我们仍然是动物,我们没有理由相信动物会怕死。对人类来说,使我们变得胆小怕死的乃是我们的理智。

---

① 替换品:精神分析学术语,指用来变相满足不能实现的愿望的东西。例如梦、幻想、妄念等。——译注
② 莎士比亚同名悲剧中的主人公。——译注

因此，上面勾画的流行观念如果被改为这样可能更接近正确，这就是："自杀是在试图逃避一种不能忍受的生活境遇。"这就会促使我们更敏锐地去注意其非理性和那种用幻想支配个人的力量，但这仍然未能纠正隐藏在这种假定中的谬论，即迫使人们采取逃避行为的力量完全来自外部。人的行为绝不仅仅取决于外部力量，事实上存在着内在冲动，内在冲动对外部现实所做的适应性调整必然导致紧张和压力，这种紧张和压力可能是十分痛苦的，但除了极少数人以外，大多数人都能忍受。来自历史和科学的临床记录的无数例证都可以证明，对某些人说来，没有什么现实是不能忍受的，无论这现实有多么可怕。

因为我们知道，在某种程度上，个人始终在创造他自己的环境，所以自杀者也一定在以某种方式创造这样一种环境，在这种环境中，他通过自杀来逃避。因此，如果我们从动力学上解释这一行为，我们就不得不解释是什么样的愿望把个人置于一种不自杀即无以逃避的困境之中。换句话说，如果一个人用显而易见的外部理由来解释自我毁灭，借以取代其无意识目的，那么为了理解自杀，无意识目的倒是比明显、简单而又不可避免的外部环境更有意义。

许多小说家都清楚地说明过这一点，他们描写了人在最后自杀之前很久，就已经开始了自我毁灭。这些作品中有一个取材于著名的传奇，译文之一如下：一个仆人惊恐地跑到他的主人面前，说他在市场上受到死神的推挤和威胁，因而希望尽快到撒玛拉去，只有在那里，死神才不可能找到他。主人答应仆人去撒玛拉，而他自己则去市场上找到死神，问他为什么要威胁他的仆人。死神回答说，那不是威胁而是惊讶，他没想到竟会在巴格达见到那个原来约好当晚在撒玛拉和他见面的人。

按亚历山大·伍尔科特的说法，这个故事至少有五十个不同的来源，其中包括朗费罗、伏尔泰和柯克托[①]。伍尔科特相信，它无疑有更为古老的来源。这就表明：人始终信守他和死神的约会，尽管表面上看来他是打算逃避死神的。人类早已直觉地认识到这是人类经验中的一个普遍现象，不管奔向死神的内在驱力是被投射给了命运，还是被承认为一种自主的冲动。

现在我们都知道：不能依靠人的自觉动机来解释人的行为。在许多情况下，动机既得不到承认，也得不到解释，最重要的是它完全不能被当事者本人所发现。精神分析使我们能够克服这些障碍，因为它找到了通向无意识动机的道路。从这一研究出发，我们就能改变自杀行为表面上的无意义的外观和不充分的解释，使它变得可以理解。

从积累的大量观察资料来看，我们完全可以勾画出上述结论，尽管这些结论还肯定不可能是完美无瑕的。我的目的，正是要系统地把这些结论摆在读者面前。但是要做到这一点，我们必须首先放弃认为自杀是一种简单行为的天真观念，承认从心理学的观点看，不论其外表如何，自杀始终是十分复杂的。事实上，研究自杀的最大障碍就是按流行的看法假定其简单的因果关系。如果它真是这么

[①] 可能指Jean Coctean（1892—？）：法国诗人，剧作家，小说家。——校注

简单，本书就没有任何存在的理由，而且自杀也会更加普遍。

一个富翁有一天自杀了。人们发现他的投资失败了，然而他的死却可以给他的家庭提供一大笔保险金，否则他的家庭就会陷入贫穷和困顿。这样，问题及其解决方案似乎既简单又明显。此人以一种有利于其家属的方式，勇敢地面对了死亡。

但为什么我们的解释要从这个人一生中后来的这一点，即他失去了财产这一点上开始呢？难道我们就不应追问他是如何失去财产的？更重要的是，难道我们就不应追问他是如何获得财产的？为什么他如此不能自制地聚敛金钱？他通过什么方式满足了他这种强迫性[①]冲动？这种强迫性冲动中混合着什么样的自觉和不自觉的罪疚感？为什么由此导致的牺牲和惩罚需要他和他的家庭付出如此大的代价？即使那些有钱又破产的人，在绝大多数情况下也并不自杀，因此我们仍然不明白这人的深层动机究竟是什么。从这一事例中，我们实际上看到的乃是：一旦我们稍微认真地观察这些事情，问题便立刻变得困难和复杂起来。

或者更进一步，把这个有代表性的例证换成一个小镇银行的出纳员，此人文静、友好，值得信任，几乎小镇上的每个人都认识他。一天下午银行下班以后，他携带一只手枪把自己锁在办公室里，翌日清晨，人们发现他死了。此后，人们在他的账目中发现了一笔短缺资金，结果证明他已秘密挪用了几千美元的银行基金。有一段时间，他的朋友们不相信这样一个受人信赖、名声很好的人会

[①] 强迫性：精神分析学术语，此处指不能控制地去从事某种活动。——译注

做出这种事情。但最后大家一致认为：他突然变得失去理智，屈服于强有力的诱惑，而最终又屈服于悔恨，为此自杀尽管悲惨，却是最适当的结局。

但几个星期以后，又有了新的发现。有人揭发他和一个女人有不正当亲密关系。原来对自杀的简单解释现在被推翻了，问题必须被重新考虑，人们也由此找到了新的答案。"这才是真正的答案，"镇上的人说，"一个稳重、受人尊敬、已经结婚并有了孩子的男人，一旦卷入这种不道德的事情，就会立刻把名誉忘到九霄云外。"还有一种说法是："他不得不弄到钱来养活那女人。是她杀死了他。"

然而，更有头脑的观察者必然会研究这种复杂的性关系在一个外表正常的男人生活中所具有的真实意义，至少他会追问，为什么这种魅惑会使得他无力抵抗金钱的诱惑。事实上，只有极少数最亲密的朋友知道，他和他妻子的关系一直很不融洽；而只有他的医生知道，婚后二十年来，由于妻子性冷淡，他的欲望一直得不到满足。

"事实上是他妻子的过错，"这些人说，"她对他总是冷冰冰的，缺乏同情心。"

但这仍然未能解释整个问题即悲剧的全过程。他为什么要娶这样一个女人？难道他就不能设法改变妻子对他的态度？为什么他继续和她生活了二十年？

这时候，一个从小就认识他的人会大声说道："说到底，你们并不了解他的母亲！她也是一个心肠冷酷的女人，爱金钱胜过了爱子女。怪不得他在婚姻问题上既不能做出明智的选择，又不能以一种胜任的、完满的方式与妻子相处。是的，你们不了解他的母亲。"

我们现在把人们认为明显而又简单的解释从因果关系上做了深远的追溯。我们看到最初的解释是多么荒谬和肤浅，但我们不应由此假定，仅仅从因果关系上做进一步追溯就可以更充分地说明其动机。实际上这个例子不过是证明了：每当新加上一条证据，整个行为的动机就显示出完全不同的面貌。但我们仍然只有最明显的外部资料。我们的病历虽然比报纸上的指导更充分，但仍不足以解释为什么此人的生活会失败到非自杀不可的地步。我们所能够看到的一切是：早在他手持手枪之前，甚至早在他盗用银行公款之前，他就已经开始自杀了。但我们仍然不明白：为什么他就不能更成功地动用生命本能去对抗那吞没了他的破坏性倾向？

但我们有理由假定：这种对待生命的方式或者取决于个人身上某些天生的构造差异、变态或衰弱，或者取决于生活形成期间人格中破坏性倾向的强化。不管是哪种情况，自我挫败的倾向显然发生在个人生活的早期并且强烈地影响了人格发展的整个进程，以致遮盖并最后战胜了有益于健康的生命本能。

这种自杀观完全放弃了人们对它"勇敢"或"非理性"的天真判断，也放弃了一般统计学总结中的因果性解释以及诸如此类的东西。我再说一遍，从心理学观点看，自杀是一种极其复杂的行为，而不是一种简单的、偶然的、孤立的、要么符合逻辑要么莫名其妙的冲动行为。对自杀动机的分析之所以特别困难，不仅因为自觉的、明显的动机全不足信,而且特别因为,成功的自杀不可能被研究;而失败的自杀(正如我们以后将要看见的那样)往往精确地表现了作为向量①而发挥作用的各种愿望(自觉的愿望和不自觉的愿望)的数学结果。如果上面说到的那个人不死,并且愿意做我们的研究对象,我们就可以分析各种早期的影响和经验,并指出是哪一些特殊的倾向导致了他的毁灭。

这一点特别重要,因为人们完全可以合乎逻辑地问:一个人死了,并因而不可能接受分析时,人们怎能谈论其自杀动机呢?答案也十分简单:精神分析研究过许多企图自杀的人,这些人用来自杀的方式都是决定性的和十分现实的;这些人之所以获救,只是由于朋友、亲属或警察赶在煤气或毒药充分发挥作用之前偶然地发现了他们。而且,在住院治疗期间,如果不是医生和护士采取了某些防护性措施,有些病人也是会自杀的。这说明我们在经验上已熟悉了这些人的动机。最后,我们在对许多病人的精神分析治疗进程中也经常发现不安全的、但是很明显的自杀倾向。构成本书基础的,不仅是作者,也是许多前辈和同时代人在所有这些研究机会中,通过精神病学的观察和精神分析的观察所得来的全部结果之组合。

---

① 向量:既有大小又有方向的量。——译注

一、自杀行为的三大要素

从自杀行为中发现实际存在的种种要素并不困难。首先，自杀乃是一种谋杀。在德语中，自杀字面上的意思就是自我谋杀（setbstmord）。在所有早期的语言中，自杀一词均暗含着谋杀的意思。

自杀是自己对自己的谋杀。这种死使同一个人既是凶手又是被害者。我们知道，谋杀的动机是多种多样的，同样，希望自己被谋杀的动机也是多种多样的，但后者乃是完全不同的另一回事，并且并不像听起来那么荒谬。因为在自杀行为中，自己既然屈服于谋杀，而且又显得似乎愿意这样，那么我们就得寻找这一奇怪的屈服动机。读者不妨为自己勾画一个战场上的画面，在这个画面中，一个受伤者极其痛苦地央求某人杀死他。读者将不难领悟：谋杀者的心情，会因为自己是受伤者的朋友还是敌人而有极大的不同；但是那个渴望被谋杀的人，即那个渴望解除痛苦的人，他的心情在两种情况下并没有什么不同。

显然，在许多自杀行为中，这两种因素中的一种会比另一种更强。人们往往看见有些人想死，却又对自己下不了手。他们或者卧倒在行驶的火车前，或者像扫罗王和布鲁塔斯[①]那样，要求他们的

[①] 扫罗王（King Saul）是古代以色列第一代国王，曾多次率兵攻打非利士人，取得重大胜利。后兵败中箭，为避免落在仇故手中受辱，令手下人刺死自己。手下人不敢下手，扫罗便夺过兵器，横卧于刀锋上饮刃而死。布鲁塔斯是罗马政治家，曾密谋行刺恺撒，事败自杀。——译注

侍卫或甲士杀死他们。

其次,除了杀人和被杀的愿望之外,如果自杀者没有一种想死的愿望,那么很可能就没有任何自杀行为能够被圆满完成。奇怪的是,许多自杀者尽管狂暴地攻击自己,同时也完全屈服于这种攻击,但他们似乎并不急于去死。医院的每个实习医生都曾在急诊室中抢救过那些企图自杀的人,而这些人往往央求医生拯救他们的生命。如果只考虑个人的毁灭,那么自然死亡与被人谋杀在后果上并没有什么不同。这一事实促使头脑实际的人想到,如果一个人渴望谋杀他自己,或者,如果他对某些事情完全绝望而渴望被人谋杀,那么他一定渴望去死。然而上面的例证以及其他许多例证均表明事情并非如此。谋杀和被谋杀牵涉暴力因素,而死亡却关系着放弃人的生命和幸福。后面我们将对这两种因素做更完整的讨论。现在我们只想指出:在企图自杀的过程中,死亡愿望可能存在,也可能不存在,也可能程度极不相同地存在。其他两种愿望也是如此。

综上所述,自杀应被视为一种奇特的死亡,它涉及三个内在要素——死亡的要素、杀人的要素和被杀的要素。每一种要素都需要被单独分析。每一种要素作为一种行为都存在其自觉的和无意识的动机。自觉的动机通常是十分明显的;无意识的动机则是我们现在关心的主要问题。

（一）杀人愿望

几乎从刚出生的那一刻开始，沉睡在婴儿心中的破坏本能，就伴随着愤怒而表现为外向的攻击性。行为主义心理学家的实验和儿童分析学家的观察不容置疑地证明了这一点：即使在最小的婴儿身上，阻挠或威胁也会引起强烈的反感和抗议。无须实验证明，这一点也同样适用于成人。

第一个这样的挫折，是婴儿在子宫中的安宁受到出生这一暴行的干扰。

表现得更具体的是儿童对竞争对手的逼近做出的反应，以及对不再能得到满足的威胁做出的反应。这些必须通过攻击才能得到有效防御的威胁，迅速唤起了（先前被自我吸收了的）攻击冲动。本质上，攻击的目标是消灭入侵者连同随之产生的憎恨感和恐惧感（对报复的恐惧和对其他后果的恐惧），最终消灭威胁的来源和恐惧的对象。

消灭、驱散、解决、毁灭都是破坏的同义词。在文明人专门化了的实际语言中，这些愿望也就是杀人愿望——不是能令人愉快的、虐待狂的杀人愿望，而是原始的、自我防御的杀人愿望。当然，除了在未开化的野蛮人社会、在罪犯和精神病患者身上，这种愿望通常是被抑制了的。抑制的因素有多种，既有内部的也有外部的，对此我们稍后再做详细讨论。这些抑制因素中最强有力的一个，是一种中和冲动（neutralizing impulse），它同样迸发于个体的本能。攻击性由于混合了这些正面情感而被软化。正像我们看见的那样,恨或多或少地转变成了爱。入侵者毕竟并不像人们所想象的那么坏,而是值得与之打交道的,甚至是之后值得与之携手合作的。读者不难想出许多例证:希腊人和罗马人、撒克逊人和诺曼人、美洲印第安人和殖民者,以及许多原来不共戴天的敌人,后来都变成了热情的朋友。当然,事情并非总是如此,有时候敌意太大不能被克服,有时候则如昙花一现,以致我们不可能记得曾经有过什么敌意,只记得从一开始就对他人怀着最仁慈的感情。弗洛伊德指出的原则是:敌意往往引导人们去接触新的对象,随后,温暖的爱逐渐覆盖其上,就像光秃的石壁上逐渐长出了青绿的苔藓。

破坏性冲动即杀人愿望,无论是向外还是向内,只要经过充分的中和而完全消逝在建设性的积极情感后面,其结果就不再是破坏和谋杀,而是建设和创造,是制造生命而不是夺去生命。在这一意义上,生殖即性交行为,乃是与谋杀完全相反的一极。当然,建设性和创造性也可以指向其他方面,而不一定采取这种直接的生物形式。根据那种认为越是原始的东西就越是"低下"的旧道德,人们把这些"向上的转移"称为升华。但严格地说,一种转移和移置——例如杀一头鹿以代替杀一个家庭成员——并不是升华,尽管我们有时这样称呼它。

即使爱欲要素(即"生命本能")的输入不够强大,不能中和破坏性倾向,它也仍然可以极大地改变其性质,这将导致,尽管破坏性倾向仍以破坏为目的,但是它的破坏难以圆满完成和直接实现。这时可能出现目标的变更。人们可以在爱人、朋友和敌人彼此之间感觉和心情上的变化上看到这一点,也可以在猫对待抓住的老鼠以及某些父母对待子女那种时而残酷时而怜悯的交替变化中观察到这一点。但是人们最熟悉的形式，是残酷经不完全的爱欲化（erotization）[①]以后转变为虐待狂——在破坏的行为中得到极大的快乐。

这种现象在其赤裸裸的表现形式中是如此令人不愉快，以致人们乍一想来竟难以相信它是一种改善。人们倾向于认为：把残酷爱欲化只会增加而不是减少它的毒害。一个人用鞭子抽打一匹马并显示出从中得到感官的快乐，比一个人仅仅出于愤怒而没有任何好的理由而枪杀一匹马，更容易引起我们的憎恶。我们会认为前者受到其性反常或性变态的刺激而更加残忍。这种看法只在一定程度上是正确的。他的性欲之所以反常，是因为它不完全；如果它是完全的，它就会不仅阻止他杀死这匹马，而且根本不让他鞭打这匹马。直截了当杀死马的人可能显得更富于人性，但从逻辑上讲，我们却不能不认为他比那鞭打马的虐待狂更不文明和更具破坏性。

如果把马换成小孩，这一点立刻就会变得十分明显。一个人由于被激怒或由于任何理由而杀死他的孩子，会被社会认为该判死刑。这种不可遏制的攻击性经部分地爱欲化以后，便可能变杀戮为鞭挞，此人可能因此被送进监狱或疯人院，但肯定不会被判死刑。

---

① "erotization"是本书的一个重要术语，由于本书作者并未像有些作者那样区分爱欲（eros）和性欲（sexuality）的不同意义，而是同时在这两种意义上理解"eros""erotic""erotization"，故译文根据不同的上下文分别译为"爱欲（化）"、"快欲（化）"或"性欲（化）"。——译注

轻微的爱欲化以及我们所说的虐待狂往往出现在学校教师、法官和其他权威者那种表面仁慈的严厉行为中。他们向他们的受害者保证说，这种事"对我的伤害更甚于对你的伤害"。这并不一定是惩罚，也可能是以法律、教育、宗教或性格塑造等高尚理想的名义，强制性地坚持某些规则或仪式。除受害者外，当事者往往根本不能发现其虚伪。

转而攻击自身的破坏性也可能被部分地或完全地爱欲化。有时候，这种在折磨自己中获得的快乐（关于它，我们在下一节中还要再次讲到）似乎加强了自我毁灭的动机，但实际上我们应记住它始终代表一种拯救的仁慈。虽然它肯定不充分，还不足以实际阻止整个行为的破坏性，但它已足够改变其性质和表现。

人们经常会注意到，在爱欲被激发起来以后，向后倒流的攻击性是如何受到爱欲冲动的英勇顽强的抵抗而防止人立即自杀的。有时候，在一连串事情中，爱欲终于失利，而自杀也终于实际发生。这种情况我在上面已讲到过（那个失职的银行出纳员）。而在另一些情况下，与破坏性倾向相比，生命本能似乎略占上风，接着发生的一连串事情则显示出恶性程度的减弱。例如，我认识这样一个人，他对他的兄弟如此愤怒以致总想杀死他；但他克制了自己，不仅因为法律和其他后果，也因为其母亲，他深深感到有保护弟弟的义务。他对他这种罪恶的愿望万分后悔，以致几次企图自杀，但都失败了。出于他自己并不完全清楚的原因，他开始不顾一切地驾车狂奔以求不可避免的灾难性后果。尽管出了几次严重事故，但是他并没有杀死自己。后来他又想借故意生病来杀死自己。他故意反复与妓女接触希望患梅毒，但只得了淋病，而他全然不加治疗。

后来他又大肆酗酒。尽管如此，迄今为止他仍然得到他妻子和老板的喜欢，他们对他的美德都十分了解，不至于被他这些令人费解的行为所蒙蔽。但现在他开始与他们断绝关系，先是故意与老板争吵，激怒老板解雇了他，后来又宣布他根本不爱他的妻子，激怒他妻子，使她与他离婚。

这一连串自我指向的攻击性行为可谓既长久又变化多端，我们不妨认为它代表了一连串日益减弱的自我毁灭倾向。实际的自杀被免除了。后果虽然严重，但他很快就找到了另一个工作，他的妻子也回到了他身边。

建设性冲动与破坏性冲动的更完整的融合，将导致一种积极的生活态度并使人建立起正常的爱情生活。人于是能够区分真正的朋友和真正的敌人，能够区分从个人和公众的利益出发，哪些事情应该被憎恨和消除，哪些事情应该被热爱。只有当这些攻击性不断地指向外部而不是指向内部，从而聚集在正确的攻击对象上（如果对象是值得追求的对象，则攻击性应完全地被爱中和）时，才能谈得上人格的成长、教育、社会性、创造力等。这样，自恋和自恨（原初的纳喀索斯倾向和原初的自我毁灭倾向）就挣脱了其原始的自我占据，被卓有成效地投注①到外部世界中。

然而在某些情况下，这种令人满意的能量分配会发生断裂。原来投注得很好的爱与恨，会脱离其附着的对象而要求重新投注。当

---

① 投注（invest）：精神分析学术语，指心理能量被用于某种对象。——译注

然，在某种程度上，这种事情会不断地发生，特别是在个体年纪较轻的活跃时期。但在许多情况下，大量能量突然需要重新投注，例如出现创伤性的情境而使先前的适应被有力地打断；或者，要维持表面上令人满意的适应已变得日益困难。不难想象，突发事件会给人带来什么样的重新适应的需要。例如，心爱的人死了或者仇恨者死了，突然失去就业机会，被人解雇，面临错误的指责或控告——简而言之，由于已建立起来的投注关系突然中断或有可能突然中断，人突然需要重新投注爱与恨的一切事情。后面我将较为详细地讨论这些突发事件的特殊性质，现在我们只讨论：当爱与恨被突然而有力地剥夺了其外在落脚点的时候，会发生什么。

在正常人身上，也就是说在大多数人身上，经过短暂的悲哀和焦虑以后，人就会重新开始向新对象的投注。然而在某些人身上——我们后面将要讨论这些人的气质特性——却不会（不能）发生这种情况。相反，先前融合在一起的爱与恨现在由于被夺走了对象而开始分离，最后双双返回起点——个体自身。于是，就像开始时那样，攻击性冲动或破坏性冲动再次在前开路，而爱欲冲动则或多或少地紧随其后。如果其中的间隔太大，破坏性冲动就会实现其破坏的目的。建设性倾向能够在什么样的程度上追上和中和其倾向于死亡的先驱，自杀的后果就在什么样的程度上能够被偏移、延缓或完全消除。

换句话说，自杀的理论是：当杀人的愿望意外地被剥夺了其赖以获得无意识满足的对象时，就可能返回"愿望者"自身而实现为自杀。这一理论是符合事实的，只要：（1）能证明实际存在着破坏性倾向的个人自身的反射,而且自我被当作仿佛是一个外部对象那样来对待;(2)如果倾向于自杀的人确实对外部对象持有大量的矛盾心理,也就是说其自觉的积极态度掩盖着大量的和几乎不能控制的无意识敌意(杀人愿望);(3)如果个人自杀的前奏确实是上面所说的那种对象性投注的突然中断。

我们将依次考察这三个问题。首先考察个人如何可能把自己作为一个外部对象,如何可能把自己等同于他的爱和恨,特别是他无意识中的杀人愿望所指向的对象。

从成年病人的幻想中,从梦、感觉、记忆、重复行为和行为模式中,我们知道:在无意识中,在心灵的原始幼年层面上,人可以不把自己的身体视为自己的一部分,也可以认为自己的身体包含着他人的身体。我们把后一种情况称为认同作用,或者更准确地说,称为内摄作用。因为那个被认同的人似乎是被内摄到自我之中,从而,一个母亲代偿性地享受其女儿上大学的愉快,可以说乃是通过把自己等同于女儿,即渗透、进入和围绕其女儿这样一种心理过程来实现的。恋爱者可以生动地使他的情人生活在他心中。因此,从逻辑上讲,任何愿意施之于他人的,也都可以施之于自己。一旦内摄形成(这往往是无意识的),只要使敌意转向自己就可以收到一种心理功效。著名的"踢猫"设计,就是把人自己(一个人自己的身体)当作猫。

例如,我过去常跟一个脾气暴躁但讲究礼貌的朋友一道玩高尔夫球。他在推球的时候,往往对极轻微的声音或干扰十分敏感。有一次,他的球童不幸在他推球的时候不停地打嗝,这可害苦了我的朋友。他竭力按捺住自己的火气，直到临近终场，他正要推最困难的一球时，紧张的沉默又被球童未能控制自己的横膈膜（打嗝）所破坏。我的朋友迅速站起来，他气得脸发黑，正要大发雷霆，破口大骂，恰好这时候有几个他认识的女球员离开邻近的发球点从旁边走过。他立刻收住了他的话，但他以一种狂怒的姿势，把他的球棍抡了一个大圆弧，结果棒头正好击在他的踝骨上，力量之大足以使他惨叫一声并不得不一瘸一拐地走到休息室去。此后不久，我又在报纸上读到，有一个人恰好也是以这种方式打断了自己的腿。在这个例子中，此人原希望打那球童，结果却把自己当成了替罪羊，这一点难道还不清楚吗？

有些人会立刻直观地感觉到这种说法中包含的真理，而在另一些人看来，整个事情似乎荒诞不经。"这纯属意外，"他们会说，"他在愤怒中失去了控制，球棍碰巧打在了他脚上。你怎么能说这是他有意而为的呢？"

我们这样想是有充分理由的。首先，在我们的追问下，受害者有时会这样告诉我们。但麻烦在于他们往往不知道这一点。这样我们便只能从事情发生的经过去推论。例如，每个人都曾注意到：当我们刮胡子的时候，如果我们对某人很生气，我们就很容易刮破皮肤。另外，我们也经常听到别人说："今天早上我自己跟自己过不去。"有一次，我在我的一位朋友家做客的时候，由于女仆把晚餐做坏了，她十分生气。但为了避免大吵一场，她还是把钱付给了女仆，自己则满肚子气地走进起居室，一屁股坐在她几分钟前刚刚离开的那把椅子上。这时，一把她刚才放在椅子上的剪刀深深戳进了她的大腿。她从椅子上跳起来，又痛又气地大叫："这全是那姑娘的过错！"尽管听起来这理由一点也不合逻辑，但在一定的意义上，这是相当真实的。

人们常常在报纸上读到——例如，我写这一章时手中就正好有这样一张报纸——小男孩因一个很小的过错受到父亲责骂，之后不久就上吊自杀的消息。我们已习惯于以一种直观的准确性去解释这一行为，认为它是一种反复。每个读者都不难回忆起自己童年时代那些同样的时刻。所幸，那些时刻虽然也激起了同样的感觉，但这种感觉是在想象中而不是在行动中得到了满足。我们想象过，如果我们死了，我们的父母将会因为这样错误地对待我们而万分内疚。但这个孩子走得太远。他的恨太深，以致他宁愿牺牲自己的生命来报复。可以肯定，这一行动伤害了他的父亲，但对父亲的伤害不如对他自己的伤害大。事实上，他真正希望杀死的一定是他父亲。而我们也知道，在同样的情况下，有些孩子的确杀死了他们的父亲。但显然，这个孩子不能这样做，也许因为他太爱他的父亲，也许因为他太怕他的父亲，也许因为他害怕由此而来的后果……无论如何，他不能这样做。他能做的仅仅是杀死他心中的父亲，即他内摄在心中的父亲。每个男孩子在成长过程中都不同程度地内摄并认同其父亲。很可能有不少读者读到这里会自觉地意识到父亲确实活在自己心中。在无意识的原始思维中，这并非仅仅是一种形象的说法。

几年前，我曾偶然发现这样一则典型的报道：

股票损失导致自杀

世界大战中的飞行员,三十二岁的×××,留下一张纸条说明股票市场上的损失已使他身无分文,于昨天在××饭店服毒自杀。

在他死后不久,一位女招待发现了他的尸体。他身边有一只玻璃杯和一个盛毒药的瓶子。遗书上还有一段文字,是他写给他姐姐的,寄住在纽约×旅社的×××夫人。这段文字提供了他自杀的动机。全文如下:

"今天早上,我已把我所有的财产交给了这条街的经纪人。"

《芝加哥预言者与考察者报》,1930年11月17日

对这样一则报道,漫不经心的读者和道德高尚的编辑通常会这样解释:股票市场上的赌博使有些人亏了本,他们中的一些人因"受不了这一点"而自杀。

前面我们已经讨论过,这种简单的解释是不够的。它既简单又陈腐。它没有考虑到被害者心中的剧烈冲突。当然,在没有掌握更多详细材料的情况下,我们也不知道这些内心冲突是什么,但报纸上的最后一句话给我们提供了一条有意义的线索。它表明受害者的仇恨正是针对经纪人的。这不仅是遗言,也是痛苦的控诉。人们仿佛听见被害者在说:"我多么愚蠢啊!"但即使如此,我们也应该记住:即便是愚蠢的傻瓜,也不会杀死自己,而是更倾向于杀死那愚弄了他们的人。

我怀疑,事实上根据我的临床经验,我确信此人是把自己认

同为那个经纪人，他杀死自己，实际上意在象征性地杀死那个经纪人。我把我的想法告诉了我的一位朋友，他嘲笑我说："我可以想象此人也部分地希望成为一个经纪人，因为他对股票交易如此感兴趣。我也可想象他有多么仇恨那个经纪人。但是我不明白，如果他想杀死那个经纪人，那他为什么不去杀死他呢？"

对于这个特殊的例子，我确实不知道他为什么不直接地而只是间接地杀死那个经纪人。要弄清这一点，就得对这个人精神生活的复杂内容做耐心细致的调查研究。然而我的朋友在知识问题上极其认真，几周之后，他竟给我带来了下面这则剪报，这则剪报的日期实际上先于第一则剪报几周。

顾客杀死经纪人并自杀

美联社费城10月10日电：三十二岁的×××，出身名门望族，是××公司精明能干的职员和股票经纪人，今天在公司办公室中被过去的顾客开枪打死，这位顾客又向自己开枪，最后死在医院中。

×××在与这位从前的顾客谈话时，被对方连击三枪……

《芝加哥论坛报》，1930年10月11日

"我看见了这篇报道，"他说，"现在我有点相信你的解释了。你看这个人确实杀死了他的经纪人！按照你的理论，我想他杀了他两次。"

我的朋友以为我仅仅是为了建立一种理论，因为他并不熟悉精

神分析的文献。无疑，我所举的这个例子完全不能令那些要求科学证据的人信服。我也并不是拿它作为证据，只是作为有用的例子，以说明实际发生的事情以及它是如何恰好符合我所做的解释的。我们可以列举统计资料来证明同样的事情，例如自杀率和谋杀率的关系往往成反比。在天主教国家中，谋杀率往往高于自杀率，而在新教国家中，自杀率则高于谋杀率。但即使统计数字也不能被拿来证明我们的观点。真正的证据来自治疗过程中对病人的观察和研究，这些病人自己就在深入分析自己的动机。后面，我将引用一些临床病例。

现在，且让我们更细致地考察我这位朋友提出的问题：为什么这些怒火中烧的人不杀死别人？为什么他们不直接攻击他们所仇恨的对象，却让他们的仇恨间接地发泄到他人或他物之上？

我们会想到许多不证自明的理由。例如，现实的阻力太大——要攻击的对象比攻击者本人更强大。

或者，对敌人的攻击可能受到种种内在因素的抑制。首先是恐惧的抑制。而在恐惧中，首先是对后果的恐惧。这是一种理智的、有正当理由的恐惧，一个人自然会害怕受到监禁或处死的惩罚。但有时还有另一些恐惧比这还大，例如来自良心的恐惧。如果能够逃脱良心的惩罚，我们中有些人很可能会犯大量的罪。好在没有人能完全逃脱良心的惩罚，而且这种惩罚有时候相当严厉。但是良心也是可以欺骗的，从而有些人虽然不会在买公共汽车票时多拿别人五分钱，但是可以问心无愧地从自己的竞争对手那儿骗到几百美元。这种人就像伊索寓言中那个怜悯蛇却杀死蚯蚓的人一样，只要在其他方面有小小的赎罪行为，就可以问心无愧地杀人。但是事实仍然是：良心是一种强大的威慑，是一个严厉的法官。许多人因此发现间接地杀死自己这个被害者比较容易，也就是说，通过杀死他自己来杀死别人，就像那个在借债人门前自杀的日本债主一样。

除了对后果和良心的恐惧，还有别的恐惧。其中一种是对他人之敌意的恐惧，这种恐惧不合事实地夸大了对方的危险性，从而使人因胆怯而减弱了对他人的攻击性。人往往过高地估计了敌人的力量和危害，因为他往往错误地把他自己心中的仇恨投射给敌人。少许投射有助于激发自己，但投射太多就会使人胆怯。胆怯使目标发生转移，从而或者使他人，或者索性使自己成为攻击的对象。

最后，人之所以不能对他人实施直接的攻击，也可能是由于攻击性混合了爱欲因素而被削弱。这意味着我们发现难以对所爱的人下毒手。爱与恨总是同时发生，虽然比例不同。我已说明过这一基本的心理学原理，即爱总是紧跟着恨并将它中和，就像河流中的毒素逐渐被空气中的氧净化一样。从而，如果恨（即破坏性倾向）在其行动中不够迅速或不够强大，就会由于爱的渗入而渐渐软化。这一点在战争中常能看见，特别是拖得很长的战争。最明显的是《圣经》中关于犹太人与非利士人冲突的记载，此时以色列的精神领袖不断地担心友好关系会建立起来，风俗习惯会改变，人们会放下武器。参孙[①]作为以色列人的原型，一直同非利士人英勇战斗，直到

[①] 参孙：《圣经》中的人物，以色列人的士师（相当于首长），力大无比，长期与非利士人作战，曾一次用驴腮骨打死过1000个非利士人，后爱上非利士女人大利拉，在对大利拉的迷恋中透露了其力大无比的秘密，遂被非利士人捕获。——译注

爱欲因素(即他对非利士人的爱,特别是对其中一人的爱)削弱了他的力量,这一点在那个众所周知的故事中有形象而清楚的记载。

这样我们就已经从心理内摄作用的考察过渡到其他两种考察上来,即对强烈倾向于内摄的个人人格特征的考察,以及对诱发内摄的性质的考察。我们几乎难以将它们分开,但我们将尽力而为。

大多数自杀行为的一个共同特征是明显地缺乏充分的诱发事件。我们已经知道对这些事情不能仅看其表面价值,但还是让我们来看看其中的一些例子。一个女孩子因头发剪得太短而抑郁沮丧地自杀;一个男子因被迫放弃玩高尔夫球而自杀;一个女子因没赶上两班火车而自杀;一个男孩子因为他的宝贝金丝雀死了而自杀……这一清单可以无止境地列下去。每个读者都不难想到许多类似的例子。

在这些例子中,头发、高尔夫球和金丝雀都具有一种被夸大了的价值,从而,人们一旦失去它们或甚至只是有可能失去它们,强烈的情感依恋所产生的反冲力就是致命的。但为什么会产生这些过分夸张的估计和不正确的价值判断呢?我们不能简单地说他们都是些傻瓜,我们必须知道为什么他们的愚蠢恰恰表现为这样一种特殊的方式。如果我们希望理解攻击性倾向为什么会指向自我,我们就必须对此深加追究。

临床观察得出的结论是:这些人在情绪上和心理上都是不成熟的,他们远没有完全脱离爱与被爱的幼儿模式。幼儿是用嘴来爱的,而正常的人格发展将会在相当大的程度上代之以爱与被爱的其他方式。

正像吃奶的孩子不愿断奶,并视断奶为剥夺了他所占有的东西一样，这些仍处在人格发展的幼儿阶段或"口唇"阶段的人也不能忍受任何挫折。因此，要说上面所说的那些东西——头发、高尔夫球、金丝雀等——对这些人说来就如同母亲的乳房一般，这并不夸张。一旦拿走这些东西，又没有其他东西来代替，那么孩子不仅感到非死不可，而且恐怕也的确非死不可。然而除此之外，他还憎恨那个剥夺他权利的人。对儿童幻想生活的研究（例如克莱茵所做的研究）和对野蛮部落风俗的研究（例如罗海姆所做的研究）都不容置疑地表明：吮吸乳头与以同类为食相去不远，如果可以，孩子将不仅吸完所有乳汁，也将吃下整个乳房直至整个母亲。他这样做部分是基于和杀鸡取卵的人同样的心情，即他那种永不满足的强烈渴望。但另一个同样强烈的动机则是前面已经讨论过的敌意，这一点反映在当母亲试图缩回奶头时，婴儿总是要咬奶头这一事实中。要相信这一点，只需想一想，如果人试图拿走骨头，狗会做出什么样的反应。毫无疑问，它会毫不犹豫地咬那只曾经喂过它的手。咬还仅仅是吞吃的第一步，野蛮人事实上会把人整个地吞吃了。只要我们记住，在时间的日历上，文明人与以同类为食的野蛮人只相差几秒，与野兽也只相差几分钟，我们就不会因发现在无意识中仍存在着食人倾向而感到惊奇。数百万虔诚的基督徒一年中无数次地以这样一种仪式纪念他们的领袖，在这一仪式中，牧师明确地宣布：会众现在开始吃他们领袖的肉，喝他们领袖的血①。即使加尔文坚持认为面包实际并非基督的肉，并在与教堂的辩论中取胜，人们仍

---

① 基督教在宗教仪式中所吃的面包代表基督的肉，所喝的葡萄酒代表基督的血。它象征基督是为他人的幸福而死的。——译注

然认为它象征着基督的肉。神学家可能会否认这种象征性的食人倾向有任何攻击性的内容。它无疑只是一种简单的、原始的、直接的表示爱的方式。但与此同时,吃另一个人的肉也可以是表示恨的方式。例如,在儿童时代的幻想中就是如此,这些幻想表现在《吃人巨灵杰克》《姜饼人》《小红帽》等童话故事中。在《小红帽》中,狼装扮成外婆,企图吃掉小女孩。这两种意义①很可能混合在同一个行动中,在不同的场合有不同的比例。

我已经尽力地阐明了这种口腔心态的基础,因为内摄作用似乎正是这些始终具有幼儿口腔倾向的人最喜爱的心理病理伎俩。也许,由于内摄作用,这在心理上相当于"吃掉另一个人"。

抑郁症使我们充分理解了这些口腔型人格特征。在最典型的形式中,抑郁症是由失去所爱之人导致的。正常人在一段时间内会表现出忧伤,他会觉得在这个世界上,有某种美好的东西已经从他身边消逝,生活从此变得更加空虚乏味。然而,时间会治愈这些创伤,由丧失而产生的痛苦会日益减轻。但是在抑郁症病人身上,失去所爱的人(并不一定是由于死亡,事实上往往更多的是由于遗弃)却导致一种不同的反应。悲伤还是同样的悲伤,悲伤的内容却有所不同,而且这种悲伤不是日益减轻的,而是日益加强的。变得贫乏空虚的不是世界,而是病人自己的内心。病人诉说他感到自己毫无价值、痛苦不堪。他往往说自己不应该继续活下去,并要求把自己送进监狱或送上绞架。显然,他仇恨他自己。

---

① 指爱与恨。——译注

在这种人身上，我们可以看到（由于弗洛伊德、亚伯拉罕、费伦齐亚已指出了这一点）：他们对自己的恨只比对自己的爱略多一点。尽管他总是说自己毫无价值，但是他希望从周围的人那儿得到更多注意、同情、焦虑和关心。他那指向自己的爱与恨，既混乱又不成功，出于一种十分明确的理由而返回来针对他自己。在此之前，因为它们被投放在那个失去了的爱情对象身上，所以那时的恨是无意识的。一旦失去爱的对象，他的情感就好像悬在半空中无所寄托一样。这种状态不可能持续多长时间，就像一个人抓住沟对岸的一棵树想要荡过沟去，一旦这棵树倒塌，他就不可能继续保持这种姿势一样。如果我可以用一种想象的说法来描述所发生的情形，我会想象在我们的病人和他所爱的对象之间有一条拉紧了的橡皮带，这条橡皮带中隐藏着的敌意是看不见的。一旦他突然失去所爱的对象，这条爱的带子不是像在正常人身上那样慢慢收回来并重新指向别的对象的，而是一下子弹回来打在自己身上，并因此破裂为爱与恨两种成分。随之而发生的两件事情是：情感的方向发生改变；情感的两大成分被分解出来，并因此变得十分明显。这样，抑郁症患者便在痛苦的谴责和攻击中把先前隐藏着的敌意投向自己。这种敌意之所以先前指向所爱的对象而现在指向自己，是因为在他自己心中就烙印着那个对象。

我说过我们应弄清有自杀倾向的人在其人格构成特征中是否有强烈的矛盾心理。我现在已经指出这样一种经验事实，这一事实既是一般常识又是职业经验，这就是抑郁症患者总是强烈地倾向于自杀。但是我还没有证明抑郁症患者的矛盾心理。我不打算做这种工作，因为这在精神分析学家的著作中早已被反复证明过了。（读者可参看上述作者的著作，也可参考我的著作《人的心灵》的修订版，该书在讨论了循环人格后曾对这些理论加以总结。）目前，精神分析学家已普遍认为：从最早的子宫中的自我满足阶段到最后成熟的、正常的对某对象的爱的阶段，性心理发展的一切中间阶段都是混合着矛盾心理的；这就是说，这些阶段是不稳定的过渡期，其间爱与恨的成分始终是活跃的、不完全调和的。抑郁症患者是这样一种人格类型，这种类型强烈地受到创伤性事件（挫折）的影响，而这些事件又发生在他人格发展的口腔阶段。我们并不知道为什么有些人会如此强烈地受这些口腔挫折的影响。有些观察者相信所谓体质构造或遗传因素，而另一些观察者则认为这是在用一些模糊的概念来掩盖其无知。然而我们的确知道：那些在其与外部世界的关系中不断受到这种口腔阶段强烈影响的人，往往并不用成熟的模式来取代这一模式。他们明显地具有矛盾心理，而这种矛盾心理使他们往往采取循环交替的方式来压抑情感关系中的一种或另一种成分。有些人表现其矛盾心理的方式是：一方面十分仁慈慷慨，另一方面又十分吝啬；或者是一只手给你一巴掌，另一只手又对你加以抚慰。另一些人可能长时间显得慷慨、仁慈、感情外露，却会突然转向完全相反的行为和心态。这种周期可以长达一周、一年或十年。如果人们仔细考察这些人对其对象的爱，就会发现无意识敌意的种种证据。这些敌意是在其爱的方式或后果上微妙地表现出来的。往往只需要极其轻微的诱因，敌意就会出现。通常，敌意仅仅出现在梦中、思想中和冲动中，良心很快就把它赶回去指向自己。

一个属于这种类型的慈爱的母亲，会突然恐惧地发现她竟产生了想伤害她孩子的想法，紧接着她会立刻想到她自己的罪恶并想到自我惩罚（正常人则会视这种伤害念头为一种荒谬的事情而加以拒斥、"忘却"和压抑）。

我可以以一位女性为例来说明这种矛盾心理及其对口腔型人格特征的典型依赖性。这个女人在早期生活中曾有过严重的口腔性挫折。她的童年生活是如此缺乏欢乐，她童年对母亲的依赖又是如此强硬地被切断了，以致她的一生竟为一本流行的现实主义小说提供了蓝本。尽管如此，她仍然成了一位令人倾慕、精明强干、十分风趣的女性。然而她始终不满足。实际上，不满足这个词还显得太温和，她在与他人的关系中显得十分贪婪。她十分讨人喜欢，而人们也不可能不喜欢她，但人们很快就意识到：她是在用她的爱去网罗他们——就像有一个人所说的那样，是在像章鱼那样去闷死他们。

她的妹妹最好地表达了这一点。有一次，妹妹写信给她说：

> 亲爱的姐姐，你应该意识到，你已用你那过分的爱吓跑了你所有的恋人。你强烈地爱他们，你希望他们更强烈地爱你，但是你的爱简直可以把人吞噬。你要知道，你不可能像吃一块点心那样吃掉你的恋人。至少，如果你坚持这样，你就不可能再有任何恋人。

就像这种人通常的情形一样，这女人也喜欢专门挑选那些事实上不可能长期被她占有的人做情人。在她进行治疗的这段时间，她深深爱着一个叫艾伦（Allen）并常常被她叫作"艾尔"（Al）的人。就在他们分手后不久（是艾伦提出分手的），这位病人企图服过量的阿罗纳（Allonal）自杀。她做了这样一个梦，梦中，她和一群男人（分别代表精神分析师、恋人艾伦、她父亲、她十分嫉妒的哥哥和其他一些人）坐在一辆汽车中，汽车失事后，除她之外的所有人都死了。她自言自语地说："是的，他们都死了，艾尔和所有的人都死了。""艾尔和所有的人"（Al and all）连读起来的发音就像阿罗纳（Allonal）。这一线索使我们立刻明白：在企图服阿罗纳自杀的过程中，她也吞吃了她的爱人和其他那些令她失望的男人。在她的所有行为中，这种吞吃倾向如此明显，以致她妹妹都发现了这一点。这样，尽管艾尔已脱身，她却通过口腔的摄入得到了艾尔，并且用同一种方法，即通过对自己做毁灭性的攻击而杀死了艾尔（因为艾尔就在她心中）。事实上，正像她清楚地知道的那样，她的死对艾尔将是一次悲剧性的打击，这个精神不稳定的人将被这一情形彻底压垮。同样，这对精神分析师也将是一个沉重的打击，因为这样一来，病人的分析治疗过程对许多观察家和批评家均无法保密。不过这些现实因素并非主要因素，而只是一些过渡决定[①]因素。

因此，具有这种未得到发展的幼儿或口腔型人格特征的人，一旦遭遇某种对他们而言无法忍受的挫折或失望，就很容易以这种本

[①] 过渡决定（over-determine）：精神分析学术语，指既为主要的、必不可少的因素或条件所决定，又加上一些非主要的、不一定非有不可的因素或条件。——译注

能倾向的分裂和反弹的方式做出反应。这是矛盾心理迅速向相反方向转化的最为人熟悉的类型，它往往表现为自杀或抑郁症。

但在这同一种人格类型中往往也会出现另一种情形。（还有其他倾向于自杀的人格类型，我们后面再做讨论。）的确，能够激发同一种反应的恰恰是另一种相反的事件。有些人不是因不幸而自杀，而是因突然降临的好运而自杀。他们无法忍受太大的成功。我认识一些男人和女人，他们在升职、加薪、突然获得了地位和声望之后，却立刻变得消沉抑郁并企图自杀或真的自杀身死。我记得有一个人，一方面由于他准确的判断，一方面由于他交上了好运，所以他能够在他的竞争者和其他许多银行纷纷倒闭的时候使自己的银行红极一时。但就在他充分意识到这一点之后不久，他变得抑郁消沉，最后竟开枪自杀。我还记得另一个人，他在生意上的精明使他能够在全国经济困顿之时，让自己的大批企业获得成功，但他也以同样的方式结束了自己的生命。上面说过的那位女人，在失去了情人艾尔之后曾变得抑郁消沉，此后一连好几年倒还能够在相当寂寞清贫的环境中过一种不受干扰的清静生活。后来她遇上了一位很有钱的年轻人，他向她求婚，而她虽然也爱这位青年并愿意与他结婚，但突然而来的好运再次使她变得抑郁消沉并陷入对自杀的沉思。

对此我们将做何解释呢？事实并不像看上去那么难以理解。正像我们看见的那样，有些人基本上处在一种矛盾心理中，无论他们怎样标榜他们情感上的独立性和他们的客观判断力，他们在内心深处都非常渴望放弃这种野心勃勃的努力而过一种简单的生活，并被人所爱。的确，他们往往非常痛恨自己不能承认和实现他们想过简单生活的愿望和想被动地、接受性地获得满足的愿望。人们不妨说这些人是成熟的、有成就的、仁慈的，是能力远远超过其实际成就的人。亚历山大曾恰当地说这是"生活在一个人的情感需要之外"的。但这仍不足以解释他们为什么会面对成功变得抑郁消沉和做出自杀的反应。弗洛伊德首先指出：这是对过分发达、"过分肥大"的良心抗议做出的反应。这种人的整个生活都处在良心的独裁之下。良心对他说："你必须工作，你必须放弃，你必须牺牲，你必须挣钱，你必须给予，你必须成功，你必须反抗你对于馈赠、对于爱、对于轻松生活的期望。你的确希望得到这些东西，但是你不可能得到这些东西。得到这些东西对你说来意味着偷盗或取代别人，意味着另一个人的失败，意味着由你篡夺一度被你的兄弟或你家族中的某个成员占据的位置。即使要你死，你也不可以拥有这一切。"

因而，当现实与良心发生冲突，当幸运和努力给人带来恰如其分的报酬时，良心就会做出反应，以禁令来干扰本能的投注。我们后面将要讨论的希望被杀的愿望，就会响应这暴君似的良心而发展起来。这种人失去了他们升华恨的对象和方法，他们对良心干扰做出的反应，与那些在爱的过程中受到干扰和挫折的人做出的反应完全一样。那些在中年时期从紧张工作中引退，期望过十年二十年轻松舒适生活的人，往往很快就败在疾病手中。这一情形告诉我们：这种引退虽然不会造成自觉的、蓄意的自杀，却无意识地在生理过程中造成同样的后果。不过这是后话，我们将在本书的后面讨论这一问题。

最后，我们还必须说一说其他可能导致自杀的人格类型。有些人的幼儿倾向（infantilism）表现在他们除了"渴望立即得到他们渴望得到的东西"之外什么也不会做。这种人的满足过程不容有任何推迟。他们的人格可能不属于上面描述过的具有矛盾心理的口腔型人格，可能属于较晚甚至更原始的心理类型，不过矛盾心理仍为其一大特征。还有一些人，他们的早期生活经历是如此可怕，如此令人灰心丧气，而他们又是如此早熟地相信现实的冷酷和爱的缺乏，以致他们在生活中总是不断地预先想到必须放弃一切企图从生活中赢得爱情与幸福的努力。这种情形见之于精神分裂型（schizoid）人格。这些人对于对象的执着极其淡漠，因此，对象的剥夺并不会使他们感到意外和震动，他们更容易将兴趣完全转向自己，并以精神病（psychosis）的形式放弃自己对于现实的忠诚。但偶尔也有人诉诸自杀而并不采取精神病的形式来应对这一点。

扼要地说，我们已在一定程度上证实了这一理论，我们证明了内摄作用是一种心理现实，在现实的程度上，内摄作用的发生导致了那些人格不成熟的人在遭遇巨大的挫折或飞黄腾达的时候自杀。据此我们可以想见，自杀在原始社会中可能比在文明社会中更为频繁。对此，有些专门研究这一问题的人已宣称其为不容怀疑的事实（但据此我们同样可以想见，淡化了的自杀形式在文明人中间一定更为常见）。原始人和那些在人格发展中不成熟的人，由于不大可能使其对象性执着摆脱高度的矛盾心理，所以完全听凭那从他们手中夺走其不稳定的所爱对象的环境摆布。

对象性执着的中断既可能是剧烈的，也可能是和缓的，但都会导致杀人愿望的内化，导致自杀行动的实现，这一点已为上述大量原因所证实。如果拿这些原因与野蛮人的自杀原因做比较，其差别是微乎其微的。

韦斯特马克曾说：

"在野蛮人中间，导致自杀的原因是多种多样的——爱情中的挫折或嫉妒，疾病和衰老，因子女、丈夫或妻子之死所产生的悲痛，对惩罚的恐惧，丈夫的奴役或施暴，悔恨，羞耻，自尊心受挫，愤怒或复仇，等等。在多种多样的情形中，受伤害者杀死自己以表现其对于伤害者的报复。在黄金海岸的西斯比京人（Tshispeaking People）中，如果一个人自杀了并在自杀之前将这一行动归咎于他人，则那个人将被按土著的法律处死。这种情形被称为'在他人的头上自杀'，而那个据信因其行为使自杀者遭到横死的人也要遭到同样的下场，除非他以金钱作为赔偿而取得自杀者家人的宽恕。

"在库瓦希人（Chuvashes）中，从前的风俗是在仇人的门前上吊自杀；而在特林克人（Thlinkets）中，受侮辱者假若不能以其他方式进行报复，就以自杀的方式指出其仇人，以求其亲人和朋友为他复仇。"

许多人都直觉地觉察到了自杀行为中的这些无意识心理机制，1934年11月17日的《纽约人》上有一组漫画就直接涉及这一问题。在第一张漫画中，有一个男人沮丧地坐在一个女人的相片前，手中握着一支手枪。在接下来的漫画中，他先是举起手枪对准自己的太阳穴，神情显得无可奈何，接着，他好像突然产生了什么念头，便放下手枪，又看了一眼那女人的相片。最后一幅画是他转过头去，瞄准那女人的相片开枪，把相框打得粉碎；与此同时，他脸上愤怒的神情中混合着胜利和满足的神情。

所有这些都符合我们根据经验获得的对自杀的认识：它如何发生在情绪不稳定的年轻人和性格死板的中年人身上；爱情、经济、家庭生活的突然转折如何成为导火线。在所有这些情况下，杀人的愿望都是隐蔽的，往往被最热烈的爱、最温柔的母性、最审慎的正直所掩盖。那些自杀者往往是一些出类拔萃之人，他们非常慷慨、非常正直、非常理智。这种情形对我似乎是一种打击，因为我把它们和其他自杀一起，都归因于种种人格结构上的缺陷、情感上的不成熟或心理上的原始倾向。但是事实胜于雄辩。不管怎样，这些自杀者毕竟杀了人，就此而言，他们一定已经被一种冲动，即心理学所说的杀人愿望所主宰。我们大家都有这种冲动、这种愿望，这并非心理不正常。但是我们大多数人都能够抵制这种冲动和愿望。不管人们企图用什么样的诡辩来为自杀涂脂抹粉，事实仍然是：自杀是一种谋杀，是破坏性达到的高潮，并且有与此相关的目的、动机和后果。

因此，来自原始破坏性的杀人愿望先是经微弱的中和后被投射到一个或几个对象中，一旦这些对象被剥夺或当事人信念崩溃，就会导致这种对象性执着的中断，从情感纽带中分解出其构成成分并使得谋杀冲动自由驰骋，把自己当作对象的替换物，从而完成一种变换了对象的谋杀。

（二）被杀的愿望

现在我们讨论自杀行为中的第二个成分，杀人动机的反面——被杀的愿望。为什么有人不是希望死、希望杀人，而是希望被杀呢？正像杀人是攻击的极端形式一样，被杀乃是屈服的极端形式。从屈服、痛苦、失败乃至最后的死亡中得到享受，这是受虐待（masochism）的实质，是人对"乐苦原则"（pleasue-pain principle）做出的反向反应。但如果就此终止，则未免过分简单。我们必须懂得为什么人可以通过惩罚而获得种种满足。这种不同寻常的现象，我们在那些渴望患病的人和那些故意使自己处在痛苦境遇中的人身上看得十分清楚。

这种被动地寻找一种自杀方式而又不必为此承担任何责任的做法，有时候竟达到荒谬的极端。一个心中极其痛苦的病人，按照一般人关于感冒的错误见解，故意在刚洗过热水澡后站在有风的窗口，希望患上肺炎来除掉自己。另一个病人不断地说自己渴望自杀，而且确实企图在自己的汽车棚里用一氧化碳自杀。被救过来以后，他发誓绝不再以任何公开的方式自杀，但由于他被确诊患有严重的心脏病，他便参加剧烈的体育运动，希望因心力衰竭而休克。这样做对他有双重好处：一是实现其自我毁灭，二是反映出医生的错误判断（因为医生允许他参加这些运动）。然而不幸的是，他并没有休克，而且出乎他本人和其他所有人的意料，他竟在网球竞赛中取胜，包括战胜好几个很有经验、技艺精湛的对手。由于这些运动不能达到他先前的目的，他后来竟完全放弃了所有体育运动。

这种渴望受苦、愿意对痛苦和死亡屈服的原因隐藏在良心的本性之中。每个人都知道良心的实际用途是什么。我们对此有一种直觉的认识——我们知道，它就像我们在一个城市里，虽然没有看见任何警察，却仍然知道有一个警察系统存在一样。但这种认识并不科学。现在，人们已经公认，良心是权威的一种内在的心理代表。它最初主要来源于父亲的权威，但在往后的生活中却与普遍的伦理、宗教和社会标准混合在一起。它主要形成于幼儿和童年时代，很少与外部环境的变化相适应。我们都知道，它有时会促使我们去做一些我们明知没有意义的事情，而有时候又会禁止我们去做那些我们想做而且没有理由加以禁止的事情。良心往往是一位好向导，但有时它又是一位坏向导。不管是好是坏，你始终不能不考虑它。正像大家都知道的那样，它可以被贿赂，却不可以被弃之不顾。大家不那么清楚的是，良心中有一部分是无意识的。我们对有些事情感到内疚，但自己并不知道。许多人自认为他们并没有考虑到良心，他们坚持认为他们从未因内疚而感到痛苦，然而他们的所作所为却证明这些话并不真实。我们都熟悉这样的例子——牧师的女儿怀着对清教生活的反抗心理去格林尼治村①。她竭力做出种种显然神经质的举动来反抗习俗、传统和道德，然而就在这样做的时候，她仍然显得激愤和不快乐，以致她典型地表现出幻灭和对良心暴君

---

① 格林尼治村（Greenwich Village）：在美国纽约市曼哈顿区百老汇西面，号称"自由、叛逆的艺术之区"。许多反抗现实或逃避现实的男女青年常聚集在此地，或奇装异服，或高谈阔论，或寻欢作乐，或袖手旁观。但也有人在这里认真讨论艺术和哲学。——译注

的不成功的反抗。

良心的力量据信来自攻击本能的一部分，这部分攻击本能不是指向外界并向外界施以破坏性影响的，而是转变为内在的法官或国王。设想，有一个部落的人想把自己的部落建立为一个强大的国家，其中大多数男子将被派去做猎人和士兵以便与外来敌人作战。然而还有少数男子将被留下来做警察以维持内部秩序。如果我们再设想，在这些警察中，有些是便衣警察，因此很难被认出来，我们就有了一个很好的譬喻，可以拿来与心灵的内部组织相比较。

有一些法则制约着良心的活动。我们通过临床经验已经熟悉了这些规律。首先，自我遭受的痛苦与其外在指向的破坏性成正比。这种情形就好像留在自我中的那部分破坏性本能不得不在人格的小宇宙中，执行它指向外界大宇宙的同样的活动。如果某人将某种攻击性指向他人，良心或超我就会把同样的攻击性指向自我。在社会组织中，这一公式以"报复法"（lex talionis）的形式而为我们所熟悉，它是一切惩罚制度的直觉基础。

其次，自我还面临这样一项困难任务，即力图调整人格中强大的本能需要。它不仅使之适应于由外部世界提供的可能性，而且使之适应于良心的独裁。例如，它不仅要应付一个人的饥饿，要对付食物难以找到这一事实，还必须对付内心的规定——某些食物即使找得到也不能吃。面对调整本能需要、良心需要、现实需要的任务，自我发现有些现实是不可逾越的，也就是说愿望不能改变这一现实。同样，本能也至少是相对如此。好在良心是可以进行交易的，自我因而设计出种种方式，以求简化其任务的难度，缓和其自身的痛苦。

然而有时候，良心的要求如此巨大和不可通融，以致个体根本不可能与之和解。良心力量的大小以及它在什么样的程度上是可以收买的，这一点不仅因人而异，而且就算在同一个人身上，也因环境的不同而不同。例如在抑郁症（我们前面讨论过的神经症）之中，就表现出良心的过分发达，所以一位英国精神病学家（格洛弗）建议称这种病为"超我（良心）慢性增殖"。在良心问题上，社会的一般观点与精神病学家的观点往往大相径庭。社会认为大有良心的人是强者、是值得敬佩的人。因而人们一旦知道精神病学家把这种人的良心视为一种神经症缺陷，总不免大为惊奇。"何以如此？"他们问。而我们的回答是："因为它对一个本来已经负担过重的人提出严厉无情的要求。这虽然可以造就许多好事，但这些好事却出于一种内在的强迫，这种内在强迫剥夺了这些事情对做事者所带来的乐趣。""那么你们要干什么？"他们问，"你们是要人抛弃良心吗？难道'丧尽天良'这个词还不足以表现其情形之可怕吗？"

"不，"我们会这样回答，"首先，没有人能够抛弃其良心。在最好的情况下，他也只能丧失其过度膨胀的那一部分，那一部分拒绝接受教育并向人提出毫无道理的要求。其次，在我们能够消除良心的范围内，我们可以用理智来取代它。这将使它本身在大家心目中显得更为道德——在这个词的最好的意义上。因为卑鄙勾当或杀人行径会伤害自己的良心而不去干这种事情，这种理由是最软弱无力的。因为有更有策略、更明智、更富于人性的行为方式而不去做卑鄙勾当或杀人等事情，才意味着一个人已经达到了对自己的自觉控制，而这乃是人的最高成就。最后，有许多罪恶都是在良心的名义下干出来的，其原因正是良心本身的迟钝、残酷和腐败——试想有良心的柯顿·马瑟①（Cotton Mather）、约翰·布朗·托奎马达②、'血腥的玛丽'③和其他许多人所干的野蛮行径。"

还有一个与良心有关的事实或"规律"：罪疚感甚至无须从实际攻击中产生；在无意识中，毁灭他人的愿望与实际的毁灭行动是同等的，它们都能使自我遭受惩罚。天主教深知这一点，所以在忏悔中甚至要求人说出罪恶的念头。

陀思妥耶夫斯基在《卡拉马佐夫兄弟》中对此做了非常著名的描写，人们会从中想到德米特里，他并没有杀死他的父亲，却仍然要求受到惩罚，好像他真的杀了他父亲一样。他搜集和亮出了一切有关的证据，他使自己承受了可怕的审判和折磨，他允许自己被判终身监禁，而在法庭上只要他策略得当，他本来可以轻易地使自己免于刑罚。他的弟弟伊凡被所发生的一切气得发疯，愤怒地指责法庭说：这样过分的判决简直荒谬，因为法庭上的每个人都像德米特里一样有罪。"你们每个人都曾经希望自己的父亲死去！"他向他

---

① 柯顿·马瑟（Cotton Mather，1663—1728）：美国牧师、神学家、作家、最著名的清教徒之一。有人认为他曾残酷迫害无辜者，但人们对这一说法尚有不同意见。——译注

② 约翰·布朗·托奎马达，生平不详。疑为约翰·布朗（John Brown，1800—1859）与托奎马达（Tamas de Torquemada，1420—1498）之误排。约翰·布朗是美国废奴主义领袖，曾领导奴隶对迫害奴隶者复仇。托马斯·德·托奎马达是西班牙宗教总裁判官，在任期间以火刑处死的人达2000人。——译注

③ 血腥的玛丽，即英国女王玛丽一世（1553—1558年在位），因残酷迫害新教徒（在位期间烧死"异端"达300人）而得名。——译注

们喊道，"你们为什么迫害我的哥哥？他所做的一切并不比你们过分！"但是德米特里知道，杀死父亲的愿望（他甚至计划过此事）所产生的罪疚感，与实际杀死父亲的罪疚感似乎同样沉重。

弗洛伊德曾指出这样一个有意义的巧合：陀思妥耶夫斯基自己的父亲就是被一个不知名的凶手所谋杀的，后来，当陀思妥耶夫斯基本人因一个完全无辜的罪名被判监禁时，他忍受了可怕的惩罚而不反抗。这很可能就是因为，像德米特里一样，他也在无意识中因自己父亲之死而有一种罪疚感，并相应地有一种受惩罚的需要。他不仅没有杀死自己的父亲，而且他爱自己的父亲，从来没有自觉地希望过他死；然而在无意识中，情形却正如伊凡所说的那样。这也正是《俄狄浦斯王》《哈姆雷特》等著名悲剧的主题，是埃斯库罗斯、索福克勒斯、莎士比亚和其他许多作家的主题。

因此，凡怀有谋杀愿望的人，必然会感到，至少在无意识中会感到，自己有一种受到同样惩罚的需要。多年以前弗洛伊德就说过：许多自杀乃是变相的谋杀。这句话之所以包含着真理，不仅因为我们前面讨论过的内摄作用，还因为只有谋杀才会在无意识中要求死的惩罚——即使两者同时作用于自己也是如此。换句话说：抑郁症患者除了杀死自己外很难杀死他人，尽管如此，其内在动机却是希望杀死他人。

读者务必记住：这种杀人愿望往往是无意识的；它也可能偶尔被人意识到，但很快就又被爱、保护和服从等自觉态度所压抑和伪装。这一点，以及罪疚感附着在被压抑情感上的方式，使人产生了死亡愿望。下面这个两次自杀未遂的例子很好地说明了这一点。

A夫人是一位出身很好的瑞典女士，其父是一位著名的律师兼法官，非常专制，他把女儿送进一所收费昂贵的学校接受最后的教育。她毕业后在国外逗留了一年。当她从国外回来后，他坚持要她嫁给家族的一位世交，此人比她大好多岁，甚至那时就已经身患癌症。跟往常一样，女儿默默地服从了父亲。

一年零三个月以后，她丈夫死了，给她留下了一小笔家产。尽管她从未真正爱过丈夫，但是她此时变得异常消沉抑郁。她产生了这样的想法——自己病得很厉害，需要开刀，后来就真的动了手术！此后她又企图自杀，在厨房中打开煤气，中毒后被人发现送往医院，经抢救而幸存下来。

她痊愈以后爱上了父亲的另一位朋友，同样是一位律师，同样比她大很多岁。她要求与他结婚，他最后娶了她。婚后不久，她父亲去世，她再次变得消沉抑郁并且再次企图自杀。

对不熟悉精神病史的人来说，这个故事的主人公似乎是一位情绪不稳定的女人，她由于失去所爱的人而过分悲伤。然而仔细的研究使我们能够更好地解释她的自杀冲动。她确信她与第一个丈夫的婚姻加速了他的死亡，但即使如此，她又何必对此产生责任感和罪疚感呢？众所周知，她和他结婚并非出于她本人的意愿，而是服从其父亲的安排。我们能否假设，她之所以感到是自己杀死了他，乃是由于她怀着一种愿望。处在这样一种情况下，任何人都可能产生这样的愿望。而在这一例子中，这种愿望无疑被一种更深、更古老的愿望所强化——这就是希望父亲死去的愿望。她对她的父亲既爱又恨。她恨他是因为他的专制竟达到强迫她陷入悲惨婚姻的地步。（就良心的反应而言，希望别人死和实际杀死这个人，在无意识中是同等的。）因愿望满足而产生的罪疚感，又因为她继承了丈夫的财产而被加强。这种罪疚感先是使她变得抑郁，接着使她产生蒙受手术痛苦的冲动，最后则导致更为直接的自我惩罚——自杀。自杀未遂，她被迫采取另一种方式［技术上称之为"抵消作用"（undoing）］来缓和她的罪疚感。她去接近另一位象征其父亲的人，她要求他娶她，好像是说："请把我拿去，再试一遍！我要再重复一次我与男人的关系来证明我不至于杀死他。我并非索命鬼，我不希望你死，我希望我服从你。你高兴拿我怎么样就怎么样。"

碰巧这第二个丈夫是一个相当严厉的家伙，他无意中竟以一种虽略带温和但已足够严厉的方式，满足了她的受惩罚需要。跟他在一起，她非常幸福，直到她真正的父亲突然死去——他是她的爱的最初对象，也是她无意识中深深憎恨的对象。父亲之死再次唤醒了她的失落感，同时也唤醒了她渴望他死的罪疚感。正是后者迫使她故技重演，企图自杀。

一个抑郁沮丧的病人第一次坦然表达了她长期隐藏的对其母亲的敌意，在这种敌意中，她强烈渴望母亲死去。就在坦白之后的第二天，她自杀身亡。另一个病人则在接到父母写来的信——这封信使他十分气愤——后企图自杀。从技术上讲，十分重要的一点是：那些具有强烈行动倾向的精神病人，每当他们在临床上有所好转，能够表现出其长期压抑的敌意时，就应该对他们仔细加以监护。

对这种情形，任何一个精神病医生都可以举出各式各样的例证。也许，每天报纸上简明生动的自杀报道（虽然没有结论却富于启发性）就有某些意想不到的价值。当然，这些报道缺乏有关无意识因素的明确观点，它们也没有分析情境本身的复杂情形，但是有时候竟非常清楚地显示出正确的方向。试看下面这则富于启发性的报道：一个以杀人为职业的人最终用他的职业技术来对付他自己。这个人身上沉重的罪疚感在这里是表现得再生动不过了。

验尸官说刽子手杀了他自己

纽约州奥本2月23日电：验尸官今天的简明报告，澄清了有关×××之死的疑团。×××现年五十五岁，是州法院前任死刑执行人，长期以来一直被认为是奥本地方的"神秘人物"。

×××医生的验尸报告做出的结论是"因自杀而死"。这位退休的死刑执行人昨天被发现死在家中的地窖里。

铁一样坚韧的神经使他能够在其刽子手生涯中冷静地把一百四十一名犯人置于电椅中处死。医生的报告表明，这种坚韧的神经到最后也没有崩溃。在他的尸体上发现了两处伤痕，一个在左脚，但未能立即致死，于是才有了右太阳穴上的另一个伤痕。

——摘自《托皮卡每日要闻》，1929年2月24日

奥索金（Ossorgin）在他的小说《静谧的街道》中也描述了类似的情景。书中那位冷酷无情的刽子手在面对他自己的死亡时变得

恐慌，他终于在手术后屈服于死神，他的身体似乎再也不能帮助他从手术中得到痊愈。

1.自杀中的遗传问题

报纸和日常谈论常常涉及自杀的一个缘由，我们在这里必须对此加以讨论。下面就是一个例子：

重蹈父亲的覆辙

堪萨斯1月30日电：这里今天获悉××自杀身亡的消息。××今年二十九岁，系内布拉斯加师范学校的农学教授。他毕业于州立大学，长期以来一直居住在本城，直到前几年才离开这里。六年前，其父也因自杀身亡。

——摘自《托皮卡每日要闻》，1932年1月21日

关于自杀的家族关系问题，迄今几乎没有什么科学的研究。这种新闻报道表明：在一般人心中，自杀倾向是遗传的。在我个人的研究中，我曾接触到好几个家族的成员，其情形也是如此。例如，有一个病人在六十一岁时被送到我们这里，她有强烈的自杀倾向，好几次企图满足自己的这种嗜好。病人的三个姊妹皆以同样的方式自杀身亡，病人的母亲和外祖母也曾以同样的方式自杀身亡。并且病人母亲的孪生兄弟也已自杀身亡！

另一个例子是：一个受人瞩目的家庭有五个儿子两个女儿；最大的儿子在三十五岁时自杀；最小的儿子变得抑郁消沉，好几次企

图自杀,最后在三十岁时死于其他原因;三儿子自杀的方式与大儿子相似;二儿子则用手枪自杀;大女儿也在一次聚会中服毒身亡。整个家庭中只有两个子女幸存下来。

我的档案中还有许多同胞姊妹或同胞兄弟自杀的例子。其中一例是三姊妹同时自杀。

这些例子虽然足以引起人们的注意,但是还没有足够的、令人信服的科学证据来证明自杀冲动来自遗传。相反,精神分析倒有大量证据证明:同一家庭中的多起自杀事例可以从心理学的角度做出解释。说得肤浅一点,这是由于暗示(suggestion)作用,比这更深刻的原因则是无意识中的死亡愿望在同一家族的成员中得到了最高程度的发展。一旦家庭的某一成员死亡或自杀,家庭的其他成员在无意识中渴望他死的愿望即出其不意地得到了满足,由此而导致突然发生的强烈的罪疚感,它像强大的浪潮一样取代了业已得到满足的谋杀愿望。这一浪潮如此巨大、如此压倒一切,它足以使"被告"以死亡来惩罚自己。精神分析学家知道,这种惩罚有时候是通过做梦来实现的,梦中"被告"被处决、被绞死或以其他方式被杀,再不然就是被判终身监禁。在另一些情形下,暗示作用已足以解释这种自我伤害。

何况,即使对同胞兄弟的自杀,我们也只能猜测说,有可能存在某种来自共同背景的相同的心理结构,以此来解释同一行为。当然,没有两个人(即使是孪生子)是完全一样的,其生活环境也不可能完全一样。但即使是分隔天涯的兄弟姊妹,也能显示出一个病态父亲对他们的相同的影响。

因此，我们认为解释多发性家族自杀，不一定要求助于遗传。

2.自杀方法的意义

联系到受罚需要和被杀愿望通过自杀而得以满足的方式，我们必须对自杀采用的方法稍加考虑。从统计数字来看，人们普遍认为：男性更喜欢开枪自杀，女性则经常通过服毒、跳水或用煤气来自杀。这些方式显然与男性和女性在生活中的角色有关：男性在生活中扮演了积极主动的进攻者角色，女性则扮演了消极被动的接受者角色。

考察某些不常见的自杀方法，往往更具有启发意义。这些方式清楚地说明了受惩罚的需要，而且往往以受惩罚的形式暗示出附着在某些象征性行为上的特殊的爱欲价值。下面这段文字摘自三十年前发表的一篇文章，它对这些现象做了清楚的展示。

> 在自杀记录中，最令人惊奇的是自杀方法的多样性和新奇性，人们正是借助这些方法来逃避人生的痛苦和不幸的。人们会自然而然地以为，一个下决心自杀的人会选择最容易、最方便、痛苦最少的方式；然而此类文献的结论表明，每年有成百上千的自杀者采取了最困难、最痛苦、最不同寻常的方式。几乎没有哪种可以想象得到的自杀方式不曾被试验过。当我第一次从报纸上剪下一例用汽油和火柴自焚的报道时，我认为这是相当不同寻常的自杀方式，但是我很快就发现，比较而言，自焚还算是普通的方式。

我有非常真实可靠的例子，在这些例子中，男人和女人以各种方式自杀：上吊，服毒，从很高的树上往下跳，扑向飞快旋转的圆锯，点燃含在口中的炸药，把烧红的铁棒插入喉管，拥抱烧红的火炉，全身脱得精光在冬天的风雪中冻死或在冷藏车的冰堆中冻死，在带刺的铁丝网上撕破自己的喉管，头朝下地淹死在大桶中，头朝下地呛死在烟囱中，跳进白热的烤箱，跳进火山口，把来复枪和缝纫机结合起来向自己开火，用自己的头发把自己绞死，吞吃毒蜘蛛，用螺丝锥或缝衣针刺心脏，用手锯或羊毛剪割喉管，用葡萄藤上吊，吞吃内衣衣带或吊裤带的纽扣，用马群撕裂自己，跳进肥皂桶，跳进熔化玻璃的炉子里，跳进屠宰场的贮血桶，用自制的断头台斩首，或者把自己钉死在十字架上。

这些不同寻常的自杀方式在过去只会被认为标志着自杀行为的疯狂性质，但那时我们还不知道所谓的疯狂行为也是有意义的。弗洛伊德的工作以及荣格（在这个特殊方向上）的工作，早就使精神病学家更能敏锐地观察和理解精神病人的一言一行所包含的意义和性质。精神病行为之所以使门外汉感到难以理解，部分原因恰恰是它如此坦率、如此清楚、如此不加掩饰地揭示出无意识的心理内容。当然，还有别的一些原因，例如精神病患者所使用的象征属于更古老的类型。人类的交流建立在使用象征的基础上，但这些象征大部分都是被随意使用并被机械地加以标准化了的。与此相反，精神病患者的语言和行为使用了更为原始的象征，这些象征虽然具有普遍性，但是不为一般人所熟悉。

因此，我们无权随便打发任何一种特殊的自杀方式，仅仅说它没有意义就算了事。根据临床经验，我们确切地知道：这些象征和这些方法，有一些是有意义的。让我们以上面说到的拥抱烧红的火炉为例。这一行为除了自我毁灭的动机之外，还暗示出一种病态的、渴望被爱的强烈愿望。一种内心如此寒冷以致竟需要拥抱烧红的火炉的感觉，就像是破坏性满足最后的高潮，它仿佛是说："我的心毕竟是温暖的。"人们只消想想瑟维思（Servioe）的幽默打油诗《山姆·麦吉的火焚》，以及几年前的一首流行歌曲《打开暖气》就知道了。那些同神经症病人打交道的临床医生，都十分熟悉病人的痛苦抱怨——"这世界太冷了"，所以他们比一般医生更容易相信这一点；而一般医生对外在痛苦倒是比对内在痛苦更为敏感。

把自己钉死在十字架上显然是在以耶稣自居，这种救世渴望如果不是表现得这么极端，往往并不被视为病态。许多教会就这样教导大家：一个人应该尽可能做到像耶稣一样。而在有些宗教崇拜形式中，这一要求竟被付诸实施，例如在新墨西哥洛斯赫莫洛斯的悔罪者，就曾把该区最虔诚的信徒作为假基督钉在十字架上。由此类行为到同一类型的自我伤害和自愿殉道行为，不过是一步之遥。

投身于熔化玻璃的炉子、肥皂桶或火山口之中，显然是跳进水中淹死的更痛苦、更富于戏剧性的形式。淹死这种幻想所具有的意义，是精神分析最早的发现之一，这不仅因为它作为一种自杀形式是如此常见，而且因为它是许多人在精神生活中以伪装和不加伪装的形式出现的共同幻想。经过精神分析的研究，这种幻想似乎确实与希望回到子宫中的幸福安宁的愿望有关。在我的《人的心灵》一书中，我引用了《圣经》、诗歌作品、人们路边的谈话、教堂的赞美诗、报纸上报道的事件、疗养院的病例以及雪莱和弗洛伊德的著作，对这一幻想做了大量论证。

如果有人问，自杀者为什么要选择这种可怕的地方来淹死自己呢？那么我们只需记住：这种幻想可能伴随着强烈的罪疚感。何况，关于子宫或子宫的入口，本来就存在着可怕的概念。这一点我们是从象征进入来世生活的神话描述中发现的，那里有恶狗刻耳柏洛斯，有可怕的冥河斯堤克斯，[①]有炼狱以及诸如此类的东西。

与此相关，人们自然会想到哈里·胡迪尼[②]（埃里克·韦斯）的非凡生涯，他特别喜欢从种种不可逃脱的条件下脱身而出，包括紧身衣、各式手铐、脚镣、囚室、木箱、绳索、玻璃盒、锅炉等。他双手紧缚从桥上跳入河中；他倒挂金钩从紧身装置中挣脱出来；他让人家把他铐起来埋在接近两米深的地下，或者锁在保险箱中，或者钉死在大货箱中。一次，经过整整一小时的努力他才得以脱身，这之后他说："这种挣扎的痛苦、磨难、烦恼和悲惨，将永远

[①] 刻耳柏洛斯：希腊神话中把守地狱入口的三头恶狗。斯堤克斯河：希腊神话中环绕冥土的冥河。——译注

[②] 哈里·胡迪尼（Harry Haudini，1874—1926）：美国著名魔术大师，胡迪尼是他的艺名，本名为埃里充·韦斯（Ehrich Weiss）。——校注

铭刻在我心中。"他脱身的方式变化多端,应付任何束缚都不在话下。他的拿手好戏是从埋在地底的棺材中逃出来,或在水底挣脱镣铐。与此相关的事实是:他无意识中对自己的母亲有深深的依恋,这种依恋极大地影响了他的整个生涯。人们在此可以看见,上面说过的那种解释还是适用的。1925年,在他母亲去世的周年纪念日这一天,他在他的日记中插进了曼斯尔德写给他母亲的一首诗:

> 我的生命在黑沉沉的子宫中发端,
> 母亲的血肉将我铸成男子汉。
> 人的出生须经历漫长的日月,
> 母亲的美哺育我,使我身躯伟岸。
> 若不是母亲为我牺牲了自己,
> 我怎能观看,怎能呼吸,怎能动弹。
>
> ——摘自约翰·曼斯尔德《诗歌与戏剧》,
> 麦克米兰出版公司,1918年版,第111页

布拉格曼(Bragman)正确地指出:"胡迪尼表演的每一绝技,几乎都象征着一种假自杀。"

至于其他自杀方式的意义(例如让卡车、火车从自己身上碾过,即非常类似于以一种消极被动的方式屈服于一种不可抗拒的力量)可以被用来作为进一步的证据,以证明上面讨论过的自杀行为中的第二种成分,即被杀的愿望。

最后,我们应该考察一下用烧红的铁棍插入喉管这种自杀方式

（由于其类似于服毒和开枪自杀）的意义。许多医生都感到奇怪：为什么有些希望服毒自杀的病人，往往吞吃并不一定能够致命但是肯定会带来巨大痛苦的石炭酸（phenol）？有一个病人平静地喝下纯盐酸（rawhydrochloric acid），当然立刻就呕吐了。此后他又企图再次用这种东西自杀，这次是用姜啤酒将它稀释。这导致了长期的手术治疗，因为盐酸烧伤造成了食管狭窄。只要痛苦的（口腔内的）手术仍在继续，他就显得十分高兴，精神振作，并拒绝任何必要的精神分析。最后他出院了，重建了家庭和事业，但大约一年以后，他吞下爆竹自杀身亡！

这些方式很可能跟强烈的口腔欲望有关。我们已经讨论过这种口腔欲望的起源，即口腔性爱机能的强化以及一种经过病态夸张的对爱的需要，这种爱是以幼稚的方式（即通过口部）被接受的。那些熟悉弗洛伊德《性学三论》的人会发现这些方式与儿童吮吸拇指和成人口交（fellatio）之间有心理上的关联。如此可怕而又强烈地渴望那被禁止的快感，这同一张嘴也相应地成为体验巨大惩罚的焦点。爱说脏话的儿童的母亲会用肥皂使劲擦洗他的嘴巴。当他长大以后，他很自然地会想到，如果他沉溺在更为可怕的口腔性幻想或口腔性行为中，一旦被人发现，惩罚会更加可怕，不亚于用火或酸来烧灼他的喉管。

这种以口来获得性快感的心理定势（preoccupation），对那些不熟悉神经症病人幻想生活的人来说，往往是令人震惊和难以置信的。即使那些对其病人了如指掌的医生也难以相信，这些病人竟会沉溺在这些令人厌恶的想法中。值得提醒的是：即使是病人本人，一旦发现这一点后，也会万分震惊。正是这种可怕的厌恶感以及随之而来的对惩罚的恐惧，才会给病人带来如此巨大的紧张情绪。这些病人的早期口腔教育在某些方面有缺陷或受到过度制约，从而使他们不自觉地倾向于这些愿望。当这种内心冲突变得难以忍受时，他们就可能像上面说过的那样，表现为这样可怕的富于戏剧性的满足和惩罚。

我们不可能知道所有这些自杀方式对这些不同的特殊个体来说究竟意味着什么，但从精神分析的角度，我们却十分熟悉它们，它们与神经症幻想和梦极其相似，因此这在一般意义上是无可怀疑的，也巩固了我们关于自杀动机所做的结论，即自杀动机在同一行为中既表现了谋杀又表现了赎罪。然而我们也注意到：在这种谋杀中，在这种赎罪式的屈服中，还存在着某种新的东西，这是一种较少暴力较多浪漫色彩的因素。这种奇怪的因素在分析过程中会显示出极大的重要性，远远超过人们最初的估计。这就是爱欲因素。

3.爱欲因素

正像指向他人的破坏性活动经爱而软化甚至完全被爱所遮蔽一样，被动地屈服于暴力也可以爱欲化（enotized），即可以为建设性倾向或爱的倾向提供某些机会以使其得到发展，并且部分地或整个地与攻击性倾向融合在一起。如前所见，爱欲化意味着这些给予快感的建设性性质是附加的。它们可以达到部分的融合，从而使人表现为在痛苦中得到性满足。从痛苦中获得快感，这在治疗中被称为"受虐狂"（masochism），这一临床现象曾是许多心理学研究的课题。众所周知,有些人喜欢被鞭打,而且在挨打时明显地伴随着性享受。即使这样,我们也很难想象这些人会愿意把他们这种带来愉快的痛苦推向被人鞭打至死的极端。但是,《奥利佛·特威斯特》[①]中的南茜就这样做过,而且我们都知道还有其他人也像她这样做过。过去的一些殉道者在面对死亡——甚至是以最痛苦的方式死亡时,也曾表现出最大的欢乐和快感。

要理解这一点就得记住这一原理:无论破坏性倾向走到哪里,以爱和性欲为特征的建设性倾向都会接踵而至。

我们所说的"暴露癖"(exhibitionism)倾向,就是这样一种通过使自己屈服于他人的攻击性或屈服于自我伤害来增加快感满足的方式。暴露癖患者当众显露自己以获得一种病态的满足,这一行为通常被解释为一种针对他人的攻击性行为并因此而受到憎恨,但深入分析会发现,它事实上是一种被动的快感。它仿佛象征着戏剧性地屈服于旁观者的眼光——不是攻击性的,而是受虐性的。"为了使你获得因我的死而能产生的激动与满足,我以这种方式来牺牲自己。"受惩罚的需要因此而戏剧性地获得满足,并且伴随着由显露自己和影响他人的情感而获得的自恋快感,并被这种快感所软化。

的确,很难找到下面这样清楚地说明了这一原理的例子:

---

① 英国作家狄更斯的名作之一,通常被译为《雾都孤儿》。——校注

他"说明"了一种自杀

宴会上的客人与人打赌,喝下了毒死少女的毒药。

宾夕法尼亚州T城1930年1月1日电:二十六岁的××,昨天晚上在新年晚会上与人打赌,喝下了一瓶毒药,今天死去。当时客人们正在议论十九岁的×小姐最近的自杀,××独自到厨房取来一瓶同样的毒药回到客人们中间,他问有没有人敢赌他喝下这瓶毒药。大家以为他是在开玩笑,瓶中装的毒药已换成了水,于是有一位客人与他打赌,而××则喝干了这瓶毒药。

奥斯卡·王尔德在《主人》(*The Master*)中清楚地谈到这一点:

> 当夜幕低垂笼罩大地,约瑟夫手提点燃的松明,从山顶走到山谷。他在自己家中还有事要办。
>
> 他看见荒谷中有一位少年,赤身裸体地跪在燧石上哭泣。他有蜜一样的黄发,花一般的白肤,然而他用荆棘刺伤自己的身体,在头发上洒满灰土当作他的冠冕。
>
> 富有的约瑟夫对这位赤身裸体的少年说:"你这样悲痛我并不奇怪,因为耶稣无疑是一位正直的人。"
>
> 少年回答说:"我并非为他而哭,而是为我自己哭泣。我也曾经把水变成酒,曾经治好过麻风病人,曾经使盲人重见光明。我也曾经在水面上行走,为坟墓中的死人驱走过恶魔。我

也曾经在没有任何食物的荒漠中接济过饥饿的人，曾经使死者起死回生，曾经当着许多人的面命令一棵无花果树枯萎消逝。这人做过的一切我都做过，但他们还是不肯把我钉死在十字架上。"

与自杀中的"暴露"动机紧密相关，自杀往往也与手淫有联系。人们曾经观察到：自杀往往发生在习惯性自淫活动中断以后。这种中断可能来自外部力量的禁止，也可能来自个人自己良心的禁止。不管是哪种情形，导致自杀的机制都是相同的：手淫导致沉重的罪疚感，因为在无意识中，它始终表现了一种针对他人的攻击性。这种罪疚感需要惩罚，只要自淫活动仍在继续，这种惩罚就与满足相依为命，因为许多人都以为手淫对健康、对一个人今生和来世的生活有巨大的危害。这种危险感和不顾一切的冒险感增加了受虐的快感。然而一旦中断这一过程，自罚的满足和自淫的满足也就突然中止；与此同时，由强加的禁令刺激起的攻击性却正在高涨。于是，自我毁灭的倾向便转向自己，剥夺了淫欲的缓和作用，自杀遂得以发生。之所以如此，不仅因为它代表了性占有的一种更为暴烈的形式，而且因为它提供了一种方式来惩罚那些剥夺其乐趣的人。就像童年时代自己的乐趣遭到父母干涉时那样，现在他也可以这样说："你看，你的狠心、你的禁止、你的无情把我逼到了什么地步！"因此，在担当此事者身上实现的惩罚，同时也被视为对干涉他担当此事的惩罚。这种自己对自己采取的攻击性的性关注，乃是手淫满足的本质。而正像我们看见的那样，这也正是自杀的实质,所以我们不妨认为:这两者有时候是可以互换的。

精神分析关于手淫的观点是:手淫是一种自我毁灭,这并不是在通常人们所假定的那种意义上的,而是在这样一种意义上的——它建立在针对他人的攻击性情感之上,并且表现为对自己的占有。

格罗代克(Georg Groddeck)的一个富于创见的启示,把我引导到有关创世故事与生死本能的关系上。"正是为了把他的爱从自我中心的投注中引开,正是为了使他不致仅仅寻求自己的快乐,他(男人)才被给予了一个配偶……一个帮助他的人……帮助他在别的地方而不是在他自己身上找到快乐。"

当然,格罗代克并不是说夏娃的创造是为了帮助亚当,但是他确实从哲学的角度提出了这样一个问题:为什么世界上要有两性存在?对这一问题,生物学家有他们的解释,心理学家也是如此。从我们的本能理论的角度来看,两性差别的存在,很可能是为了使生命本能经由对象投注的培养而得到发展,这个对象与自己有足够的相同之处,从而能够为自己所接受,但又与自己有足够的不同之处,从而能够互补。这意味着在我们短暂的一生中,我们要爱他人而不是爱自己——这完全符合耶稣和柏拉图的种种说法。

与作为一种自杀因素的手淫相关,我们不能不提到那些与检查恐惧直接相关的自杀。众所周知,许多人对检查有一种过分夸张的神经质的恐惧。正像萨德格尔(Sadger)最初提出的那样,这种恐惧在青春期和学龄儿童身上,可以在许多情况下追溯到害怕被问到某些个人习惯。萨德格尔指出:学龄儿童出于检查恐惧而发生的自杀，有一些无疑是害怕他们的手淫习惯会被发现。他还举出一例很有代表性的例证。

令人费解的是，生命本能还以另一种方式在死亡中得到满足。这种方式体现在自恋这种最大的爱欲投注中。自己杀死自己而不是被别人处死或被命运毁灭，能够给自己留下一种全能的幻觉，因为"甚至在自杀时，我也仍然掌握着我的生死"。这种全能的幻觉，尽管受到诗人和精神分裂症患者的赞美，实际上却应被视为一种幼稚的遗风。他们预先假定存在着一种未来的生命并以复活为前提，从而在自杀者心目中，这种自杀并非真正的死亡。当自杀是为了避免死于他人之手，为了展示勇气、忠诚、刚直的时候，也有同样的幻想在发挥作用。比如前面在暴露癖自杀中讨论过的自恋，现在看来就是受到了虚幻观念的鼓舞。

（三）死的愿望

任何人只要曾经坐在因自杀而濒临死亡的病人床边，听见过他怎样恳求医生救活他——而仅仅几小时甚至几分钟之前，他还企图自杀——就一定会注意到这样一个悖论：希望杀自己的人却并不希望死！

流行的说法是：在屈服于突然的死亡冲动之后，病人现在"改变了主意"。但这种说法并没有回答为什么这一行动会促使病人改变主意。要说痛苦，这痛苦一般并不很大。要说看见了死神，实际上此时还不如企图自杀时更接近死神，因为"只要活着就有希望"。人们得到的印象是：这些人的自杀有时是一种装模作样的表演，他们应付现实的能力如此不发达，以致他们的所作所为竟仿佛是他们能够在实际上杀了自己而又并不真正死去。我们有理由相信，小孩子对死亡的想法是——这不过是暂时"走开"，走了以后又可以回来。的确，来生观念对许多人说来是如此现实，它很可能就建立在这种把死亡等同于走开的想法上。同样，正如弗洛伊德指出的那样，它也类似于小孩在玩"藏猫猫"游戏时所表现出来的欢乐。

人们必须区分自觉地希望死（或希望不死）与不自觉地希望死。如我们所看见的那样，前者是无数协同作用或相互冲突的向量的结果。在频繁地企图自杀但最终总是因为技术上的错误而不能成功的人身上，我们怀疑有一种不想死的无意识愿望，或者说得更正确一点，这些人此时并不存在想死的愿望。报纸上报道过许多这样的情形，例如：

> 洛杉矶的×先生，先是企图在吊灯上上吊自杀，吊灯坍塌下来。他又割自己的喉管，但还是没有死。他又砍自己的手腕，结果也没有死。最后他切开肘部的脉管。当两位侦探同一名医生来到现场，宣布他已死去的时候，他突然跳起来与这三人厮打。
>
> ——摘自《时报》，1930年11月17日

在新泽西州的福特利（Fort Lee），××写完两封告别信后，爬上约七十六米高的桥栏杆准备跳下去。就在他跃跃欲试

的时候,警察向他高喊:"下来!否则我就要开枪了!"××于是从桥上下来了。

——摘自《时报》,1934年7月16日

在丹佛(Denver),××买了一支价值一美元的手枪企图自杀,他狂笑并用手枪向自己的胸膛开火,结果子弹毫无威力地从他的胸膛上弹回来。在警察的安抚下,他表示他愿意继续活下去。

——摘自《时报》,1936年12月7日

带有明显攻击成分和惩罚成分的强烈自杀倾向,在任何情况下只要受到阻碍,都似乎是由于死的愿望比较微弱。关于诗人威廉姆·考珀(William Cowper)的这段文字说明了这一点(转引自温斯洛1840年出版的《自杀之解剖》)。我引用这一大段文字,因为它与精神病医生从病人身上观察到的某些行为类型是如此吻合。

一位朋友把他推荐到国会上院任朗读官,完全忘了他那种神经质的羞怯像"致命的毒药"一样使他不敢抛头露面,无法履行其职责。这种困境占据了诗人的心灵,他的才能暗淡下来。在他的请求下,他的职位变成了期刊部官员。然而任职之前的当众考核却威胁着他,使他痛苦不堪。他又下不了决心拒绝他无力去做的事情。他朋友的利益、他自己的名誉以及希望得到支持的需要,迫使他不得不尝试他一开始就知道非失败不可的事情。在这种不幸的状况中,就像哥尔斯密(Goldsmith)

的游客"害怕得停不下来，晕眩得无法前进"一样，他一连六个月每天去办公室检查期刊，准备考核。每次走进办公室的门，他的心情就像犯人来到行刑的地方一样。他机械地翻阅书本，却不能从中摘取任何有用的段落。随着考试日期的临近，他的痛苦也日甚一日，愈演愈烈。他相信他就要发疯，也只有疯狂才能拯救他。他也试图鼓足勇气自杀，然而他的良心坚决反对他这样做。无论他怎样坚持，他也无法劝说自己相信这样做是对的。然而他的绝望终于占了上风，他从一个药剂师那儿找到了一种自杀的方式。就在他必须当众亮相的前一天，他偶然从报纸上看见一封信，这封信对他这失灵的脑瓜来说不啻是对自己的恶毒诽谤。他立刻扔下报纸，冲到野外，决心跳到沟里淹死自己，但他突然心生一念，想到他或许应该逃出国去。以同样的狂热，他又为逃走做仓促的准备，然而正当他打点行李的时候，他又改变了主意，打算跳河自杀。他跳上马车，命令车夫立即开到码头，丝毫没想到在那种热闹的场合，这一目的根本不可能被实现。直到走近水边，他才发现有一个脚夫高高地坐在货堆上，于是他只好又坐上马车驰回寓所。途中，他曾试图饮下鸦片酊，但每次举起药瓶，他就全身痉挛，激动得无法将它送到嘴边。这样，他既悔恨自己错失了良机，又没有力量战胜自己，他回到寓所时已筋疲力尽。他关上门，倒在床上，把鸦片酊放在身边，企图等鼓足勇气时一口吞下。然而一个内在的声音仿佛在不断地警告他，每当他伸手去拿毒药时，他的手指都会痉挛地缩回来。这时，正好有几个房客过来拜访，他于是又强作镇静。等人走后，他的心情发生了变化。这种事在他看来是如此令人厌恶，他把鸦片酊药瓶摔得粉碎。这之后，他一直在一种无感觉状态中度过，晚上他睡得跟平时一样，但在凌晨三点钟就醒了。他拿起铅笔刀，用尽全身力气刺向自己的心脏。然而刀断了，没有刺进去。天亮后他起床，把一条结实的袜带一头系在自己脖子上，另一头系在床架上。床架承受不了他的重量，但后来他把袜带系在门上就比较成功，他被挂在那里一直到失去知觉。过了一会儿，袜带还是断了，他掉到地板上。他没有死，然而内心的冲突已大到理智无法忍受的地步。他对自己无比轻蔑。无论什么时候，他走到街上，都好像有无数双眼睛在愤怒地谴责他。他觉得他已深深亵渎了神明，他的罪孽将永远得不到宽恕，他的整个心都充满了绝望的创痛。

有些人像诗人和哲学家那样，一方面相信死是一件好事，另一方面，要是叫他们自杀或被杀，他们又不干。例如当"现代意大利最伟大的诗人"利奥帕蒂（Leopardi）还是一个孩子的时候，就在华美的韵律中表现出了对死的渴望，然而当那不勒斯暴发霍乱时，他却在可耻的恐怖中第一个乘飞机逃跑。甚至伟大的蒙田，他对死所做的宁静沉思已足以使他不朽，然而当瘟疫在波尔多暴发的时候，他却像兔子一样逃之夭夭。从叔本华以来的所有悲观主义者都相信死是一件好事，然而他们仍然不能不活着。

科学研究已表明：渴望死去的意识极其普遍。这在精神疾病中，特别在弗洛伊德称之为"受苦者"的病人身上尤其明显。

……他对真理有敏锐的眼光……但当自我剖析走得过了头时，他往往把自己说得渺小、自私、虚伪、缺乏独立性，他还说他的全部努力都是为了掩盖他自己软弱的本性。据我们所知，他对自己的了解很可能已经非常接近于自我认识。我们唯一感到奇怪的是：为什么人在发现这类真情之后必然患病。

这种病人，特别是具有很高的智力和较为缓和的痛苦的病人，往往能举出种种几乎无可反驳的理由来证明死是值得向往的。他们会雄辩地、无懈可击地指出：人生是艰难的、痛苦的、徒劳的、无望的；生活中的痛苦多于欢乐；活着并没有什么好处，也没有任何目的，而且，根本就想不出有任何值得活下去的正当理由。我的一个病人在抑郁症发作的时期写下了这样一些痛苦的想法，我把它摘录如下：

不要问我为什么想死。如果我心情好，我就会驳斥你认为我应该活下去的理由。但是当我对死有如此根深蒂固的偏好时，我现在只对你的理由感到惊奇，甚至连惊奇也懒得惊奇。

客观而言，或至少是试着客观看待的话，我知道我是被妄想蛊惑了。然而这种妄想折磨着我，竟使我茫然不知何为妄想、何为现实。在我生活的世界中，我戴着令人讨厌的面具，面具下藏着妄想。它向我谄媚，它掩盖了现实。

再没有任何成功的希望能使我继续努力。我宁可告别这世界复归于尘土，再也不为那些妖魔鬼怪承担任何责任。

那曾经使我感到满足的自我，此时却令我不屑一顾。我因为曾经上当受骗而轻视自己。一个像我这样无用的人，对自己对他人都没有任何价值，最好还是滚出这个世界，最好还是让它在河面的漩涡和涟漪上做最后的优美表演，然后沉入水中做精彩的了结。

这种对死的自觉渴望，是否就是死亡本能的直接表现呢？我认为不是。琼斯（Ernest Jones）说过："从轻型的躁狂抑郁症（cyclothymia）患者身上，我们往往可以观察到这种有趣的现象——病人在抑郁期往往能生动地感觉到自己现在更正常，他感到自己更能真实地感受生活，认识到在他的兴奋期，他完全是在受种种幻想的影响，这些幻想歪曲了他对现实的感受。尽管如此，深刻的分析仍不断地表明，即使是哲学上的生命悲观主义，也与对享乐和自我满足的内在抑制相依为命。这些内在抑制，若从起源和归宿上分析，只能被视为个体进化过程中人为产生的东西。"

很可能，死亡本能在冒失鬼的活动中比在抑郁症患者和哲学家的悲观沉思中更为明显。正像亚历山大指出的那样，除此之外没有别的东西能够更好地解释登山者、赛车者在毫无必要地使自己处在巨大危险中时所获得的乐趣。有时候，这种蔑视死亡的冲动已变成一种显著的性格特征。"从成功的力量中获得的自恋满足在此的确也可能发挥了一些作用，但是任何人都可以看见一种与此全然无关的冲动……一种与死神嬉戏,使生命处在巨大的危险中……一种最终使死亡本能得以满足的冲动。"

我个人的看法是:生理过程能够以赞成或反对的方式作用于整个人格。这种由观察得出的结论,也可以被解释为死亡本能活动的证据。弗洛伊德称之为"肉体妥协"(somatic compliance)现象,可以视为人对受心理限制和支配的本能倾向所做的生理服从。人们常常看见类似芝加哥的凯瑟琳·培根医生(Dr. Catherine Bacon)在病例研究中报告的现象。这位病人的自我毁灭活动仅限于抓破皮肤,有意引起皮肤感染,然而他说自己希望死去。这在装病者中也十分常见。我的一位病人故意坐在通风口以期患肺炎死去。但是真正决定这些感染能否致命的因素是什么呢?我们能否像细菌学家那样假定,这个问题完全取决于毒素与抵抗力之间量的关系,或者换一种说法,完全取决于运气呢?很可能,这些感染只在那些有强烈而活跃的自我毁灭倾向的病人身上才变得严重——这种自我毁灭倾向可能有也可能没有可发现的证据。很可能正是死亡本能决定了生物体接受这一外来的机会,以达到自我毁灭的目的。

还有一种现象也值得一提。有人提出:死的愿望也许只是另一种常见现象的表象,这种现象通常被称为"出生幻想",或者更准确地被称为"返回子宫的欲望"。正像我说过的那样,跳水自杀很可能特别近似于这种倾向的象征性表现。但是我认为这种解释很可能恰恰是一种本末倒置——种种出生幻想,种种渴望返回子宫中宁静状态的现象,在最深的层面上,很可能不过是无意识中死亡愿望的生动表象。

与证明其他两种因素①存在的明显事实相比，死亡本能的理论和自杀行为中"死的愿望"仅仅是一种假说。然而思考和推测其与自杀现象的确切关系，是一件有趣的事情。

为了解释临床上的种种事实，我们不得不假定：在自我毁灭能量（死亡本能）中的一个尚未分化的部分独立于已经转化的部分之外——已经转化的部分或者转化为外向性的攻击性以服务于自我保存，或者转化为良心。然后我们可以进一步假定：自我毁灭能量中这种未分化的残余物，最终将缓慢地突破生命本能将它暂时限制在其中的潜伏状态，而表现为正常人的死亡。但是在自杀者身上，它却突然挣脱了原有的束缚，爆发为巨大的力量，并立刻结束个人的生命。这种情形应被视为例外，它只在生命本能相对微弱的人身上发生。也就是说，这些人有某些缺陷而不能发展其爱的功能，而只有爱的功能（爱欲本能）才能将破坏性倾向转变为自我防御，转变为对社会有益的适应性或转变为良心。当然，所有这些手段最终仍将失败，而死亡终将获胜。然而有时候死亡获胜得太早，特别是当爱的中和功能不全或功能不足的时候。在这种情况下，正像我们在后面的章节中将要看见的那样，人很可能以牺牲来获得暂时的免疫。

人们可以从植物身上看到某些类似的情形（这可能取决于某些深刻的生物对应），植物也以这种方式生长繁衍，它把无机土壤这种坚硬的、无生命的物质转变为柔软美丽的组织，与此同时又保

---

① 指杀人愿望和被杀愿望。——译注

护土壤不受冲蚀（如果没有它，水土流失是注定要发生的）。在生长和繁荣的过程中，植物能够吸收和利用土壤、空气、水等成分，把它们转变为暂时的果实。然而或迟或早，无机物终将取胜。风吹蚀，水泛滥，生命的滋养者成了生命的破坏者。这些无机物质不仅毁灭植物，而且正如每个农夫悲哀地懂得的那样，它们还要毁灭自己。土壤被冲走了，水分也蒸发了，剩下来的只有空气和荒芜的沙砾。

第四章

论点

在这一部分中,我旨在阐明以下论点:

(1)世界的破坏不能完全归咎于命运和自然力,而必须部分地归咎于人自己。

(2)人的破坏性中包含大量自我毁灭的成分,这与自我保存是生命第一规律的公式大相径庭。

(3)能够解释所有已知事实的最好理论,是弗洛伊德关于死亡本能(原始的破坏性冲动)与生命本能(原始的建设性冲动)相抗衡的假说;正是这两极之间相互作用的若干阶段,构成了生命的心理现象和生物现象。

(4)按照弗洛伊德的设想,破坏性倾向和建设性倾向最初都是自我指向的,但随着出生、成长和人生经验的增长而逐渐向外。在与他人的接触中,个人首先以攻击性倾向向外做出反应,随后则以爱欲倾向或建设性倾向向外做出反应。后者与前者的融合,有可能对破坏性实现不同程度的中和（neutralization）。

（5）一旦这种外部投注（investments）被强行中断，或遇上巨大的困难而不能继续维持，破坏性冲动和建设性冲动就都转向它们的来源，也就是转向个体自己。

（6）如果分离发生作用，破坏性倾向领先或持续占压倒性优势，自我毁灭就会在或大或小的范围内发生。在此，人们即可发现渴望杀人的证据与渴望被杀的证据，也能发现这两种愿望的爱欲化了的形式（the eroticized forms）。

（7）如果自我毁灭的冲动被追上、被中和（部分地而不是全部地被中和），它就演变为各种形式的局部自我毁灭和慢性自我毁灭，这在后面的章节中将被加以讨论。

（8）如果自我毁灭冲动遥遥领先于建设性冲动的中和作用，其结果就是立刻发生的戏剧性自我毁灭，即通常所说的自杀。

（9）对自杀的深层动机做仔细的考察就会证实这样一个假说，即存在着来自至少两个，有可能是三个不同来源的因素。它们是：来自原始攻击性并凝结为杀人愿望的冲动；来自对原始攻击性的限制和矫饰（良心）并凝结为被杀愿望的冲动。我相信能证实有一部分原初的自我指向的攻击性（死亡愿望）也假手于各种复杂玄妙的动机，参加到迫使自我毁灭发生的向量与合力之中。

（10）这种情形无疑会因各种外来因素（社会态度、家庭模式、集体习俗）而变得复杂，也会因人格发展不完全的人对现实的歪曲而变得复杂。一个人童年时代的经验如果严重地压抑了其情感的发展，从而难以建立并维持合适的外在对象来吸收他的爱与恨，他就很可能无力应付现实，那么自杀不过是另一种"去耶路撒冷"的把戏。

（11）我们确信自杀不能被说成是遗传、暗示的结果，也不能被视为往往在先前就有的适应失调（maladjustment）的结局。毋宁说，我们早在自杀完成之前很久，就能发现自我毁灭倾向稳步发展的最初征象。

（12）像这样考察了破坏性倾向和建设性倾向导致直接自杀的作用和程序后，我们就可以着手考察较为成功的中和作用了，这种中和作用表现为慢性的自我毁灭和淡化了的自我毁灭。

第二部分

慢性自杀

第五章
禁欲与殉道

引言

自杀行为是自我毁灭突然的、急性的表现形式。与此相对照地,自我毁灭还有另外一些表现形式,在这些形式中,个人仿佛是在缓慢地、一点一点地自杀。我想,这些形式可以被称为慢性自杀或慢性自我毁灭。

例如,以种种巧妙的方式来延长生命,以达到忍受更多痛苦目的的禁欲主义,就算得上是一种精致的慢性死亡。许多慢性神经性虚弱也属于这种类型,即属于受抑制的自杀形式。此时,病人往往显得仿佛要紧抓住他那似乎不值得享受的生命。酒精瘾(alcoholic addiction)虽然是一种较为剧烈的方式,但无疑也是在以受抑制的方式成就自我毁灭。除此之外,还有其他种种更富于戏剧性的慢性自杀方式，例如殉道和所谓"长期倒霉"。此时，个人往往借助于某些富于刺激性的方式，放纵其对于自身的毁灭并高贵地忍受这种毁灭。在这里，微妙之处在于，受害者往往极其巧妙地利用自己的处境来服务于自己的目的。当然，这一切都是在无意识中进行的。

我们主张对这些慢性形式的和淡化形式的自我毁灭做心理学的研究，把从中发现的动机与前面已经讨论过的直接的不加掩饰的自杀行为的动机关联起来。前面讨论过的动机是：外向性攻击成分、受惩罚的需要（即因某种罪疚感而屈服于惩罚）、性爱动机（获得快感，其基本的性欲性质往往为精致的伪装所掩盖），以及旨在消灭个体的自我毁灭冲动。

慢性自杀与"急性"自杀有根本的不同。在慢性自杀中，个人无休无止地拖延死期，其代价是活受罪和功能损害——它相当于局部自杀。这的确是"虽生犹死"。虽然人并没有死，但在这些人身上，破坏性冲动往往具有进行性。它要你付出越来越高的代价，直到最后有一天，个人仿佛突然"破产"而不得不以真正的死亡来收场。自然，这种逐渐放弃的过程也发生在每一个人身上，用穆索琉斯[①]的话来说：

> 正像地主收不到地租就拆下门窗、拆走房梁、填满水井一样，自然一旦从我身上一点一点地拿走他租借给我的眼、耳、手、脚，我也就被赶出了这小小的躯体。

---

① 穆索琉斯（Musonius）：不详。——译注

但是在有些人身上，这种自然过程却通过人格积极的配合而得以加速。

尼采说过，基督教仅仅允许两种形式的自杀——殉道和禁欲，它用最高的庄严和无上的渴望来装饰这两种自杀，而把所有其他形式的自杀斥为可怕的异端。

根据对早期僧侣和中世纪僧侣苦行生活的记载，他们中许多人确乎以这两种方式缩短了他们的生命。阿西西的圣弗兰西斯[1]据说在临死时曾认识到：他让肉体蒙受被剥夺权利的痛苦是对肉体的罪过。当晚祈祷时，他仿佛听见有一个声音在说："弗兰西斯呀，只要幡然悔悟，世界上没有任何罪人是上帝不能宽恕的。但那以严厉苦行杀死自己的人，永远得不到上帝的怜悯。"遗憾的是，他认为这声音是魔鬼的声音！

显然，禁欲主义者或多或少是以自我强加的严厉方式来毁灭自己的，但要识别殉道也是一种自我毁灭是比较困难的，因为殉道往往是被动完成的。禁欲主义者是自愿挨饿、受鞭挞、过艰苦生活的，殉道者则与之不同，是在追求某种理想时受到他人的虐待。从而，惩罚仿佛是偶然的、意外的，并不是自己追求的。也许，在许多情况下的确是这样。殉道，正如其他形式的伟大举动一样，有时候的确是他人强加的，但在有些情况下，它却显得是自愿（尽管往

---

[1] 阿西西的圣弗兰西斯（St. Francis of Assisi）：天主教托钵修士，方济各会的创始人（弗兰西斯旧译方济各）。他生于意大利的阿西西，曾麻衣赤足，手托乞食钵，劝人加入方济各会过清贫、禁欲的生活。——译注

往是无意识地）追求的。

科学家为了进行研究而甘冒致命的风险,爱国者为自由而宁愿牺牲其生命,教会使徒或其他人为了社会、为了他们所爱的人而献出生命,这种英勇牺牲通常并不被视为自杀。因为其社会效益表明,取得胜利的并非他们天性中的破坏性因素,而是他们天性中的建设性因素。此时,不管个人是否希望毁灭自己,只要他们所做牺牲的社会价值和现实价值十分明显,就足以证明自我毁灭的力量并没有取胜。狄更斯描写的锡德尼·卡尔登[①],尽管显得有些浪漫,与现实及其各种可能性脱节,但从心理学角度来讲,他是健全的。那些完全驯服了自己的攻击性而献身于拯救他人事业的殉道者,他们付出了极大的代价,但他们也赢得了爱的最后胜利。

因此,为了揭示自我毁灭,我所选择的是这样一些自我牺牲的例证。在这些例证中,自我毁灭的愿望比较明显地显示出来并与中和性的生命冲动和爱的冲动相分离。我们也可以从中找到证据说明受害者不仅接受了自己的命运,而且引以为荣,以此服务于他自己的目的。或者,在这些例证中,个人是在蓄意追求自我毁灭,而且从其牺牲的功用性来看,并不存在社会的价值因素,即使存在,也是明显地从属于个人满足的。

禁欲在某些时候也可能是建设性的,这要看他们通过这种方式,自觉地追求什么样的目标。为了某些根本目标而约束自己的身

[①] 英国现实主义小说家狄更斯所著长篇小说《双城记》中的主人公之一,他为了他所爱慕的女人而冒名顶替其丈夫,被送上断头台处死,是为爱而甘愿自我牺牲的典型。——译注

体需要（例如在训练期禁欲的运动员，某些必须暂时放弃其习惯性嗜好的病人等），实际上与那种摧残身体、完全忽视其正当要求的禁欲是截然不同的。

一、对殉道与禁欲的临床研究

历史上有许多禁欲和殉道的例子，我们大家对此都十分熟悉。与此同时，临床上也有许多禁欲和殉道的例子，唯有精神病医生才对此特别熟悉。前者往往被公众引以为荣，后者却被人们看不起，人们往往对之采取轻蔑、取笑甚至憎恶的态度。在我们这个物质主义的时代，殉道者或多或少必须以社会功用为他的殉道做出解释。但是曾经有过一个时期，那时的殉道者并不需要用社会功用为自己的殉道辩解，那时的殉道有其自身存在的价值。对此，"临床上的殉道者"将为我们提供最有用的材料，使得我们可以研究本章的问题。

精神病学既不为这些人辩护也不对这些人进行谴责，而仅仅考察其人格结构和心理机制，弄清为什么其主要的人生满足来源于受苦受难这一事实。从痛苦中获得欢乐，这一悖论或许是生理学最大的难解之谜，由此已衍生出许多哲学理论。一旦我们自觉地辨认出这种快乐具有性的性质，我们就把这种现象归结为公开的受虐狂（masochism），而按照精神分析的观点，即使没有辨认出这一点，性爱因素也在不同程度上渗透到所有这些现象之中。因此，许多精神分析学文献，特别是早期的文献，都立足于这样一种假定：受虐倾向乃是殉道的主要特征。然而，新发现的无意识动机并不支持这一假设。

神经症虚弱（neurotic invalidism）使精神分析有机会反复研究禁欲与殉道的临床例证，这种病的特征是无力接受或享受人生的欢乐，它有一种老是想陷入可怜处境并以此获得他人同情的强制冲动。我将以几个典型的病例来说明其主要特点。

第一个是一位女性。在她的身上，禁欲和殉道作为种种性格征兆是十分明显的。尽管她在许多方面都十分幸运，但是在大多数朋友眼中，她是可怜的和值得同情的人，因为她总是不得不忍受他人和上帝要她忍受的苦难。在小圈子中，她似乎扮演着禁欲者的角色，因为她完全不能利用种种享乐的机会，而她似乎是故意地和毫无原由地放弃这些机会。

由于父母方面的牺牲，她年纪轻轻地就被送进一所学院。在这所学院中，她老是让她的学术机会与社交渴望相冲突。要么她必须以学习为理由而断绝其社交生活，要么她必须以一个女孩子有权享受社交生活为理由而放弃其学习。她没有毕业就退学了。尽管她很有才华、美艳惊人，但她坚持要从事一种卑微的、单调的商业性事务工作。在工作中，她苛刻地要求自己直到终于生病。此后不久，她的才能之一得到发展，她成为一个技艺娴熟的音乐家。但由于她一直拒绝并放弃了一切教授和学习音乐的机会，十年后，她竟把她已经学得的音乐知识和技巧忘得一干二净。这一点与中世纪那些禁欲者何其相似，他们也放弃了能够给自己带来欢乐的才能。例如，一位天才的语言学家，他精通二十种语言，却强令自己沉默三十年之久。

几年以后，好运来临，她有机会居住在纽约，这正是她长期以来的梦想。然而到那里以后，她却不断地放弃任何大都市的享受——像艺术展览、图书馆、音乐会、博物馆这些能给人以快乐的地方。尽管她完全有才能欣赏、有机会领略，但是她完全加以回避。此外，更不要指望她会在种种轻浮的娱乐中消磨时光。她辛勤地做不适合她的工作，希望对她的丈夫有所帮助，而她的丈夫事实上并不需要这种帮助。他们居住在贫民区，这即使不是出于她的选择，至少也是基于她的同意。她没有任何朋友，日子过得单调、枯燥、没有色彩。她唯一的安慰，是当她想到自己多么不幸时对自己产生的大量自怜。当然，在这一点上，她似乎与禁欲者有所不同。禁欲者对自我牺牲和苦行生活引以为傲，仅仅在暗中对自己有所怜悯。

此后，这女人在生活中又有了更多的机会去获得愉快和社会教育。她在欧洲的某一首都居住了好几年，悠闲地漫游了欧洲大陆、英伦三岛和远东地区。然而她再次重演其古怪的自我特征，至少在涉及真正的欢愉时是这样。她有许多熟人，但是没有朋友，她到处赴宴、纵酒豪饮，却并不欣赏这一切。她丈夫在美国政府中的官阶使她能够进入最高层的社交圈，她丈夫的金钱和服装趣味加在一起（正如我有一次听一位朋友描述的那样），足以使她成为全欧洲衣着最豪华、最漂亮的女人。有一段时间，她有无数追求者，但由于她奇怪地不能受用这一切，她的朋友们自觉徒劳没趣，一个个相继离去。

她的禁欲倾向也影响到了她的婚姻关系。她不仅性冷淡（尽管在自觉意识中，她希望不是这样），而且出于一种良知而不许自己享受任何别的婚姻生活的乐趣。例如，尽管她很想有一个孩子，却不能相信她应该有一个孩子。她结婚十年才怀孕，一旦怀孕，她就完全冷落了她的丈夫，好像她感到自己只能拥有一个人似的。她带着孩子到了英国，孤独地在那里隐居了几年，拒绝或至少是冷落了她在那里新认识的人给她的友情。她丈夫给了她许多钱，但她省吃俭用，从不炫耀。她衣着平常，不引人注目，居住在狭小寒碜的房舍中；由于她不注意保护自己的容貌，昔日的风采也暗淡了；她不接待任何人，甚至偶尔接受了别人的邀请也不回请别人。总而言之，她过着禁欲隐士的生活。

还可以举许多别的例子来说明她的禁欲倾向，但是我现在要说说她扮演殉道者角色的方式。我区分了禁欲者角色和殉道者角色，其依据是上面描述的自我剥夺与自我限制中的大多数都是她自己强加给自己的，她本人也坦率地承担这些责任。而在殉道行为中，个人往往实际上把自己视为环境或他人残酷摆布下的牺牲品。在这一意义上，禁欲者比殉道者稍微清醒一点。殉道者尽管也成功地使自己受苦受难，却意识不到这在极大的程度上是自作自受，而将责任归咎于命运或他人。这个女人对她所受的某些痛苦，往往倾向于责怪他人。当然，她更多地是以间接的方式而不是以直接的方式来谴责他人。例如，尽管她并没有指控她丈夫把她送到英国的穷乡僻壤，她却使事情显得好像是这样，她甚至还承认他有充分的理由这样做，因为她是如此不讨人喜欢、如此冷淡麻木、如此吹毛求疵。

在孤身独处的这段时间，她不断地生病，有一次竟病得很厉害，并持续了好几个月。此时，她的确是一个可怜的人儿，独自一人带着孩子，远离丈夫，远离所有的熟人，又自己把自己排除在当地人的同情和帮助之外。她病体羸弱、形单影只、楚楚可怜。唯一从外界得到的满足，乃是因这种处境从她的亲戚和她丈夫的亲戚那里唤起的同情，而在这种同情中，始终混合着他们的困惑不解。

在此后的精神分析治疗中，她像许多精神分析病人一样总是喜欢故技重演，这种把戏在童年时代能够使她取得成功，但在后来的生活中却如此悲惨地使她遭到失败。这就是：一方面通过使自己陷入悲痛的境遇而唤起他人的怜悯；另一方面又试图让精神分析师或其他什么人来为她遭受的痛苦承担责任。例如，她喉头有一点轻微的炎症，因此她拒绝了一位熟人的多次邀请。她希望精神分析师给她检查喉头并开出处方。精神分析师告诉她，这种治疗不应由精神分析师承担，她应该去请教一位耳鼻喉科大夫，并且告诉了她姓名和地址。她去找了这位医生，却坚持说他的治疗使她病情恶化。于是喉炎果然变得严重，竟使她卧床休息了一星期。当她充分恢复、能够继续进行分析治疗时，她竟指责精神分析师不关心她，没有给她做喉头检查，没有给她开处方，而是把她打发给一个使她病情严重的医生，从而幸灾乐祸地摆脱了她一星期……随后，她突然收回所说的一切，长长地叹了一口气，仿佛是甘愿听天由命，并坚持说她把这一切都看作她的命运。

这种殉道可能与读者心目中欣然蒙难的殉道观念不尽相同，正像她的禁欲也缺乏自我满足的成分而与某些著名的禁欲者的行径不尽相同一样。但是必须记住：这女人是一位失败的殉道者和一位失败的禁欲者，也就是说，她的殉道和禁欲并不能充分满足她。如果不是这样，她就根本不会上门治疗。真正的殉道者根本不认为自己需要治疗。精神病学家把极端的殉道者和禁欲者视为个人在这方面走得过了头，业已接受了对人生所做的一种虚幻的解释，是一种为社会所认可的精神病。神经症患者之所以介于正常人与精神病患者之间，是因为他仍然执着于现实。这女人的禁欲倾向和殉道倾向固然使她变得神经质，但也遭遇了失败，从而使她不致成为"纯粹"的精神病患并且保留了恢复正常的可能性。经过治疗，这种可能变成了现实。

由于认识到这种成人的行为很可能来源于童年时代的经验，我们将考察这女人的童年经历，特别要涉及促使她采用殉道、禁欲伎俩的环境因素。

在她的梦中，她经常把自己想象成一个黑人姑娘，一个令人生厌的老妇，一个肥胖的、毫无魅力的女人，或者其他毫不可爱的角色。我们发现，这差不多正是她希望成为的角色。然而她小时候非常漂亮，因此她那贫穷而又有所向往的父母就利用了这一点。他们做出种种牺牲以便能从她身上得到好处。为了给她买漂亮衣服，使她能够享受他们居住的小城所能提供的一切社交机会，他们不惜牺牲自己和其他子女的基本需要。她的一位姐姐格拉迪丝，无论从主观上讲还是客观上讲都可能是最大的受害者。我们的病人从来不学习做家务也从来不需要做家务，父母只让她过漂亮而懒惰的生活。与此同时，格拉迪丝却被认为不够漂亮、不大可能缔结美满姻缘而被强迫学习烹饪，并为了妹妹的前程而放弃其对于服装的要求。病人名副其实地成了家里的皇后，为此，母亲、父亲、姐姐和幼小的弟妹都得受罪。

她这种不光彩的满足伴随着强烈的内疚感，以致她竟终于不能品尝由此而来的成果。这正是她为什么在此后的生活中必须不断地证明她并不幸福、并不走运、并不值得羡慕的原因之一。人们只消看看那些为她的成功做出了牺牲的人后来的结果如何，就不难明白她为什么会有如此强烈的内疚感。姐姐格拉迪丝在年迈的父母家中成了一个忙碌劳累的老处女。父亲破产后离家出走，流浪外乡。母亲过着贫穷郁闷的生活，靠其他子女的救济维持生计。

这就说明了罪疚感和自我惩罚的因素往往是殉道的内在动机之一，但除此之外往往还有其他动机，从病人身上，我们也找到了这些动机。

让我们考察一下她是如何把自己的殉道和禁欲用作一种攻击的方式的吧。问题的这一面对她丈夫来说无疑是再清楚不过的了。她几乎毁了他的一生，不断地使他不能享受和充分利用自己的机会；使事情显得仿佛是他在可耻地对待她，他应该为她的不幸承担全部责任。由于他的能力和他的慷慨，她才能够随心所欲地旅游和生活；他供给她许多人生的享受，而她无法享受这些东西，这并不是他的过错。然而，作为回报，她不仅不遗余力地使他在他人眼中显得是一个卑鄙之徒，而且因为自己的痛苦而如此无情、如此不公平地责骂他，致使他的家庭生活变得难以忍受。为了医治她这自己强加的痛苦，她花费的医疗费用高达几万美元。

既然我们看清了她的殉道生活中包含的攻击性因素，我们就必须从她的童年生活中为这一因素找到一个解释。这部分地来源于上面说过的生活背景，只有一点需要补充。不妨设想，病人在童年时代享受到全城美女的声誉，唯一例外的是由此导致的良心的刺痛。家庭无疑承担了这一切，但事实是，她甚至在还是孩子的时候就充分意识到家庭为她做出的牺牲背后隐藏着物质的目的；她意识到他们是希望利用她的美貌来获取经济和社会地位方面的回报。她由此而产生的憎恶和创痛在精神分析治疗中表露无遗，并且最后竟表现为这样一种奇怪的方式：有一段时间，她顽固地拒绝恢复正常人的生活，理由是那样只有利于精神分析师的名声。她曾经被家庭所利用，表面上看来是为了她的未来，实际上却是为了达到家庭的目的。现在她感到，精神分析师之所以希望她痊愈，主要并非出于对她的关心，而更多的是出于想让世人知道他是一个多么了不起的分析师。因此，她很长一段时间都拒绝恢复其音乐生涯，即使这正是她自己的愿望，她的音乐会也很受欢迎。她企图以这种方式对她自认为不够真诚的精神分析师进行报复，正如她要对她那确实不够真诚的家庭进行报复一样。她是如此痛苦地意识到她家庭的不真诚，以致她绝不能相信那些口头上说爱她的人是真心爱她。这一点也部分地由于她本人从来就不真诚，但她认为这是外界强加给她的。

最后，我们还得考虑到这女人的殉道中包含爱欲的动机，这在分析过程中生动地表现出来——她企图用自己的痛苦来赢得精神分析师的爱，正如以前她对其他人做过却并不自知的那样。我们已经讲过她喉头发炎的事例，除此之外还有许多类似的插曲。在分析过程中,她回忆起一件事。在青春期到来之前,她在一所学校读书。她记得她曾发现,她可以借书本或书桌的掩护,用手击鼻子使自己流鼻血。而这既能成为她不做功课的借口,又能赢得老师和同学们的同情。

在分析过程中,她逐渐明白:在她的悔恨后面隐藏着一种功利的动机。用她自己的话说:"在假装因我造成姐姐的不幸而深感内疚的时候,我在表面上是在惩罚自己,实际上是在以不同的方式实现同样的目的。我同样是在吸引他人的注意,只不过我现在是靠展示我的痛苦、展示我那可怜的样子,而过去是靠展示我的漂亮衣裙、展示我的漂亮卷发。"我们已经讨论过"展示"(暴露狂)在性生活中的用途,然而它在殉道中还有更深的意义和价值,这是在对她进行分析的过程中所获得的发现之一。在种种矫饰、撒谎、披露、浅薄的伪装和轻浮的调笑下面,病人深深地渴望被爱并深感自己受到了伤害。尽管家人全力"抬举"她,把她打扮得漂漂亮亮地去赢得外界的爱慕,但是他们(特别是父亲)真正怜爱的却是大女儿格拉迪丝。母亲固然对病人有一些偏爱,但正如我说过的那样,这种偏爱令病人感到是不真诚的,从而也是不能接受的。尽管她拒绝了这种爱,但这种拒绝不可能是全心全意的,因为这将使得她孤零零地不被任何人所爱。由于这一缘故,她不得不在一定程度上认同于这位她既不感到亲切也从不对她亲切的母亲。母亲否弃了自己,扮演了殉道者的角色以抬举病人。病人虽然觉得这是一种不真诚的爱的表现,但这是她唯一拥有的爱,所以尽管憎恶,她却不能不抓住它。人们对此可以简单地总结说:她只有通过自己的不幸来认同她的母亲，才能得到爱的满足。

说了这么多不得不说的话，我们现在看见：一个女人的禁欲和殉道是如何关联着深藏的罪疚感、报复心和被扭曲了的爱的；所有这一切都发端于童年时代，并以潜伏的形式继续存在，直到在中年时代开花结果。撇开其生活和人格的其他材料，这一切几乎最明显不过，然而这对她自己和她的朋友来说却并不明显。像所有神经症患者一样，她在她朋友眼中是一个难解之谜，他们只能困惑不解地给她以同情和怜悯，仿佛这就是她所需要的。

神经症殉道的另一个典型病例，在此我们也可以简略地考察一下，因为它表明了在这些临床殉道者身上有着基本相同的模式。这个病例来自斯特克尔（Stekel）的报告。一位二十三岁的少妇前来治疗，表面上是由于她结婚三年后仍然性冷淡，但她有许多别的症状。她的生活中完全没有欢乐，她对任何事情都不感兴趣——这是许多家庭妇女生活中的共同特征，迈尔森曾认为这应该被称为"失乐症"（anhedonia）——她经常头痛，经常处于抑郁状态，不停地哭泣，有时候一连好几周都是如此。她是家庭忠心耿耿的奴仆，从不离开家庭圈子。每当需要做决定时，事无巨细，她必请教她母亲和姐姐。家务、育儿、挑选衣物，一切事情都要征求她们的意见。她抱怨丈夫没有每天给她布置任务，没有能让她一直不停地做她该做的事情。

尽管信仰新教，她却从小被送进一所天主教教会学校一直到十八岁，因为在她居住的地区没有好的公共学校。她非常虔诚，在忏悔时，往往只用一条床单睡在地板上。她曾希望当修女，但又不愿说出她从前的性行为（包括曾与许多伙伴和一个哥哥有过性游戏，以及曾被一个叔父诱奸过）。为了弥补这些罪过，她曾发誓绝不再委身于任何男人，而且自认无权享受性生活。

治疗时发现，尽管她忠心服侍家庭，但她在骨子里仇恨家中的每一个成员。她恨她的姐姐，因为她一度被树立为她的楷模；她强烈渴望母亲死去，因为她既嫉妒母亲又怨恨母亲使她婚姻不幸福；她恨她父亲则是因为他不信教。她的攻击性在她丈夫身上表现得最为充分。尽管她平时十分俭省，但是她会周期性地陷入一种"购买狂"冲动。在这种时候，她会花大量的钱去买各种无价值的、不必要的东西。而那些当时她觉得非买不可的东西，事后却被扔在一边。丈夫谴责她的这种挥霍，她也下决心不再干这种蠢事，但很快就又故态复萌。有许多间接的证据均表明她对丈夫怀有敌意——极端的依赖、缺乏主动、热衷于幻想被他人所爱、性冷淡、不满足等。她不能照料孩子，孩子总是使她变得神经质。她在治疗过程中承认，她往往想打孩子，有时候甚至想掐死孩子。

精神分析揭示了：她这种极端的委弃和服从，是对其内在仇恨和不满的一种幼稚的补偿方式；她的性冷淡则是一种自我惩罚和对丈夫的攻击。这些症状经分析而治愈，她的殉道态度也被充分发掘出来，现在她已能离开其父母独立生活。

此刻，在我们这个国家，即使没有几百万，至少也有几十万家务受难者在过着枯燥沉闷的生活。如果这些我选来说明这种情形具有基本的相似性的极端例子，被读者错误地以为只是一些偶然的、怪诞的事例，那么我将会感到十分遗憾。事情很可能恰恰相反，我们大家都很可能在一定程度上在殉道的伪装下沉溺于自我毁灭，并以种种文饰来保护自己不受指责和怀疑。的确，我们不妨拿出一定的时间，来考察一下周围朋友生活中那种明显的慢性自杀倾向。这些朋友既不认为自己是神经症患者或精神病患者，显然也并不是什么宗教殉道者。一个职员，平时一直成功地获得提拔，后来却突然放弃他一直为之努力的最后晋升机会，而他所采取的手段则似乎是一种故意的、精心设计的疏忽大意；另一个人一直平步青云，有种种迹象表明其前程无量，他却突然改变策略，转而从事人人皆认为希望渺茫的工作；有的人没有任何充分理由就突然变得萎靡不振、撒手不干，令所有对他抱有希望的人大失所望；有的人眼看已成功在望，最后却通过一连串仿佛精心算计过的行动使周围的人对他产生反感，从而一笔勾销其先前的表现和成绩。这些例子，以及其他许多例子会自然而然地涌上心头。一位读过本书早期手稿的读者写信来说："我最近亲眼看见一位前程似锦的人怎样以一种明显类似于自杀的方式断送了自己的生涯。这就完全证实了你的主要论题。我花了好几个小时的时间，试图对他指出，虽然他的这些感觉也有某些现实根据，然而总的说来，这些最后导致他辞职的感觉却与现实大相径庭，因而是神经质的。我向他指出，他应该做的事情是使自己顺应世界而不是企图让世界来顺应自己……这些情形是普遍的，其机制很可能在不同程度上……为所有人所具备，而且往往不被自己、自己的朋友、自己的医生所发现。"

然而尽管不能被自己发现，有时候却能被朋友们发现。我曾认识一位妇女，她有很大的社交野心，但除了明显的野心之外，她也有许多优点为人们所称道。有一次，她应邀参加一个小型宴会。由于她并不认为这次宴会对她社会地位的提升有特别重要的意义，所以在宴会上表现得十分放肆。她这样做的结果是断送了自己的社会地位。在场的人当中有一些是该区的头面人物，另一些则是专事飞短流长的长舌妇。夹在这两种人之间，这可怜女人的命运遂被其行为后果所注定。这不能被视为纯粹出于偶然，而应被视为隐藏在她平时甜蜜外表下面的攻击性和敌对性的表现。那些熟人和目击者都看得十分清楚：这一特别的插曲实属自我毁灭，它表现了她人格中的一种趋势。

这种事实际发生得比我们想到的还多。每个读者都不难回忆起许多情形，例如他主动放弃了应得的报酬或应有的成功，而这些报酬和成功本来无疑可以使他免于种种自我毁灭活动。

然而，只有当这种自我背叛超过了忍耐限度，我们才惊醒过来并寻求帮助——甚至有时即使超限仍不觉悟。人们有时能发现自己生活中自我挫败的波动往往遵循一定的模式。我记得有一个人在他生活的各个方面都证明了这一点。他深得女人们的欢心，最后从她们中赢得了一位漂亮的新娘，然而他紧接着就与之疏远并离了婚。他成了一名技艺精湛的高尔夫球手，赢了无数场球，然而正值成功的顶点却开始急剧地走下坡路，而且无论怎样练习也难逃厄运。他对我说，他注意到他打高尔夫球有一个奇怪的特点，他往往一开始就遥遥领先，最后却莫名其妙地以失败告终。当然，在生活中的每一桩事情上他都是这样，也就是说，尽管一度稳操胜券，他最终却总是放弃成功的机会。他因此属于弗洛伊德所说的那种性格类型，即由于成功中隐含的罪疚感而不能忍受成功。

此人后来的情形进一步说明了他的这一性格模式。在走进商界以后的短短几年中，他赚了大量的钱，但最后，他不仅把自己的钱输光了，还把许多合伙人的钱输光了，输得一文不名。

日常生活中的禁欲和殉道，其背后隐藏的种种动机很可能与我们讨论过的神经症病例中的潜在动机一样。无疑，每时每刻，当我们自认为是在取得成功的时候，我们往往是在企求失败，企求毁灭自己，而且实际上也正是在毁灭自己。

精神病殉道者

殉道（以及禁欲）的无意识动机在那些献身于信念（或冲动）甚于忠实于现实的人身上，往往变得更加明显，更富于戏剧效果。我指的是在精神病患者身上可以观察到的殉道（和禁欲）。每一个精神病诊所，每一所精神病医院都十分熟悉其不同的表现形式，例如，众所周知的弥赛亚妄想[①]就往往导致人企图把自己钉在十字架上。

在此插入两例有代表性的病例并加以简短说明，这对我们的目的可能是有价值的。在这两个病例中，攻击性、爱欲因素和自我惩罚的成分清晰可辨。我们将进而考察那些更著名的人物。他们生活的年代距今已十分遥远，因而我们不可能对他们做精神病学诊断，

---

① 即救世主妄想。弥赛亚一词源于希伯来文，意为"受膏者"；犹太人相信，上帝终将派一名受膏者前来复兴犹太国。后基督徒宣称，他们信奉的耶稣就是弥赛亚，他不是复国救主，而是所有信徒的救世主。——译注

但是无疑可以对他们的行为做同样的分析。

病人K是八个子女中的老二。他的母亲是一位理想主义者，父亲则严厉、嗜酒。病人K早在童年时代就深受来自母亲方面的宗教教育，他印象特别深的是耶稣的受难和地狱的烈火。

尽管如此，他还是具有某些青年人的反叛行为，例如渎神、撒谎、偶尔偷窃。十六岁那年，他正式受洗并决心过一种"好基督徒"的生活。他开始积极参加所有定期举行的宗教活动和不定期举行的宗教复兴会。

病人K的父亲创办了一个小型工厂，而后，该工厂在病人K的领导下被创建者的儿子们大大扩展，从而使其家庭变得相当富裕。有几个兄弟后来转而从事其他活动，于是病人K实际上拥有了一份很大的产业，这份产业凭借他天才的规划和温和的人格而获得极大的成功。

在他事业上取得成功的这段积极活跃的时期，他越来越笃信宗教；到了三十五岁，他认定他已赚够了钱，应该将自己的余生奉献给上帝而不是继续奉献给他自己的"私利"。他焕发出极大的热情来支持某些公共事业，付出了大量的精力和钱财，包括数十万美元的费用。他相信这是他"作为一个好基督徒对一切上帝子民的福利"应尽的责任。但是，他的慷慨行为使得他的事业更为兴隆，这一出乎意料的结果使他决心以更大的努力来为社会服务，而这次的确需要他付出极大的代价。

就在这时候，他卷入了一场战斗，去反对一次对宗教的恶意诽谤。他为此十分激动，在亲戚们制止之前，他已花费了几千美元对他的对手们提起诉讼。亲戚们一度不知道该拿他怎么办。因为，虽然他显然愚蠢地花费了大量金钱,但与此同时,他始终以一种极谦卑、极富于自我牺牲的方式生活,而且他的活动确实间接地使家族的事业更加兴旺发达。但毫无疑问,现在他这种牺牲自己、服务他人的观念已达到病态的程度,何况精神病学报告也证明他确实患有精神疾病。他认为他不配进私人精神病医院,因而去了州立医院。在那里,他多次企图逃跑,"以便被抓住、被鞭打"(引用他的原话)。有一次,他的愿望得到了满足,由于他对自己的伤害,家人把他绑在床上达好几个星期。

当他病情缓解出院后,他住进了一家旅店,在那里独自花了三天时间来折磨自己。他故意在散热器上烧烤自己的手和脚,在脚板和手掌上凿洞,在自己前额上刻十字架。他不吃也不睡,只是不停地热烈地祈祷。

他患了坏疽和败血症,有好几个脚趾头必须被切掉。此后好几个月,他一直病得很厉害。对这段插曲,他自己的解释是:他觉得要做一个好基督徒,就得惩罚自己,以便让上帝相信他的真诚。以这种方式,他相信他可能会最后赢得他所需要的报答,赢得一个纯洁美丽的女人的爱。而这又导致他不断地为自己的手淫行为和对淫荡妇女的幻想而忏悔。无疑,正是这种自卑自贱、自罪自责的感觉,以及由此而来的受惩罚需要,以其强大的力量促使他采取种种自我戕害的行为。

在这个病人身上,禁欲倾向也以种种方式表现出来。他完全忽视并放弃了他的事业,即使当他需要钱的时候,他也拒绝接受家人给他的钱。有一天,他把自己的好衣服统统给了一个流浪汉并从他那里得到一身破烂衣服。他不穿鞋子在雪地上长途跋涉，冻坏了仅剩的脚趾头。他沿途搭车，以便去芝加哥帮助推动一项公共事业（他一度积极参与此事），最终却饿倒在路途上。他一次又一次地拒绝别人给他的帮助，坚持要像他的基督徒同胞一样过贫穷匮乏的生活。

在一次驾车旅行的途中，他扔掉了最后一张汽油票。当汽车燃料耗尽时，他平静地放弃了汽车，步行走完剩下的路程。他衣着褴褛，没有食物也没有钱，走到中途的时候，他捡到一张两美元纸币。他把这视为奇迹，相信这是因为上帝在天上关注着他。既然这是上帝的礼物，他就必须把它归还给上帝。所以他珍藏着这钱，直到最后把它送给教堂。

如前所说，病人K的爱情生活与其宗教观念紧密相关。他声言他自五岁开始，就一直是世界上最为热情澎湃的人。他一生都渴望得到一位纯洁少女的伟大的爱和激情，就像《圣经》中描绘的那样，为了得到这种爱，他宁愿忍受任何痛苦与考验。他说他的一生代表了痛苦、和平与爱。在结婚前的岁月中，他曾好几次堕入情网，但每当关系临近亲昵时，他便向自己敲起了警钟。他害怕他所谓的"通奸"会带来可怕的后果。他热烈追求的往往是那些连碰也不准他碰的少女，他尊崇她们的纯洁无瑕。

一次，他梦见自己与一女人发生性关系，醒来后，他被强烈的罪疚感所压迫，立刻跳下床，跳进滚烫的浴盆，严重地烫伤了自己。在追忆这件事时他说："我越是受苦，就越富激情。"他说他从未体验过激情的顶点，但是"上帝知道，我期待有这么一天，如果不在今生，就在来世；或者，我希望上帝把这种事免了，因为这种悬念不断地折磨我，其痛苦无人能知，从我儿童时代开始到现在一直这样"。

这病人自愿殉道的心理动力，我们或许可以部分地从其背景加以推论。他对母亲的热爱、对父亲的恐惧，使他把扮演"好孩子"的温顺角色视为获得爱的满足的唯一安全途径。这一角色意味着要否弃一切性欲和正常的攻击性，把它们视为"坏事"。由于他既爱又怕他那威严的父亲，他很早就认同于他那圣徒般的母亲（他本人的"激情"从五岁时开始，按照弗洛伊德的理论，此时正是孩子被两种感情所撕扯的时候，即一方面想从父亲手中夺走母亲自己独占，另一方面又害怕父亲的力量而想与之和解）。这种对母亲的认同本身就具有殉道的性质，因为其母本身就是其父的受难者。尔后，作为一个强有力的、受过惩罚的、不允许他有任何性表现的父亲的儿子，他的殉道理想在对耶稣的认同中变得越来越明显。由于与自己的认同理想相距甚远，病人K不得不通过许多过度的补偿来抵消他对性幻想的沉溺，在这些补偿中，他再度把自己等同于耶稣，并从把自己钉在十字架上的受难中获得受虐待的快感。他这样做不同于真正的受虐狂。他并不要求这种折磨来自一个严格的父亲形象，而且，像古代的殉道者和禁欲者一样，他甚至对自己也隐瞒从苦行中获得的性爱满足。病人K在殉道活动中的攻击性成分在他对家人和朋友的行为中表现得十分明显，表现为对他们的忽视，拿他们需要的基金去做过分的冒险，以及他自己承认的好斗性。他追求那些不喜欢他的女性，这也表现了他的攻击性，因为他往往把这做到使女性感到受了侮辱的地步。他也经常与自己的妻子争吵,虽然他经常自愿挨她的打而从不企图保护自己。

Y先生的病例更富戏剧性。他是一位富有而有教养的古巴绅士,时年四十岁。两年前发生的一个小小插曲,他认为意义重大。他在哈瓦那的大街上看见一个女人,他不可抗拒地被这女人吸引,并尾随她直到她的寓所,看见她进门、消失在屋内。就在这时,他突然看见这幢房屋的庭院中坐着一个卖花的小贩,长长的棍子上排列着许多花环。由这位神秘美丽的姑娘和这个卖花小贩所产生的联想,使他突然觉得这仿佛有某种象征意义:他必须在生(由少女象征)与死(由小贩和花环象征)之间做出选择。他决心选择生,并大胆地上去敲这姑娘的房门。仿佛是个吉兆,这姑娘亲自来开门并非常优雅地邀请他进去。但他只耽搁了一会儿就告辞回家。

午后,这场经历使他十分疲倦,他躺下来休息。在沉思中,他想到他对"生"的选择是一个幸福的选择,它的确是这样幸福,以致他似乎应该为此做出某种牺牲以预防上帝的报复。他认定他应该与自己的妻子脱离关系,尽管她在一切方面都是他所能找到的最多情、最称职的妻子,尽管她除了尽量使他幸福之外再没有别的愿望。由于没有生育能力,她没能给他生孩子,但他并没有提出这条理由作为拒绝她的借口。在这样沉思默想的时候,他睡着了,没有按原定计划与妻子见面共进晚餐。他把这件事看作上帝支持他下决心做出牺牲的信号。

就在这段时间,他注意到人们开始以一种奇怪的方式看他,在他的办公室中也发生了一些奇怪的事情——他的信件被人拆看了,人们对他说一些莫名其妙的话。这一切使他坚信，他已被一种力量以某种方式将他与他人分开。他无力驾驭这种力量，也不知道它的性质。就在这段时间，他看见了电影《十字架的象征》的广告，他立刻认定：这正是那为了某些伟大使命而特意选中了他的力量或组织的象征。接着，病人开始对那些他认为"女人气"的男人非常恼怒，为了证明他本人并不"女人气"，而是一个强壮的男子汉，他决定接管全部业务。他解雇了所有的职员，只留下他的一个密友。他召集公司的所有理事，告诉他们他已决定将例行会议延期，直到条件成熟时再召开。在此后的几天中，他变得越来越躁动不安、纠缠好斗，对自己的妻子充满了敌意。他命令她离他远些，并威胁说如果她走进他的房间，他就立刻杀死她。

当病人事后回顾上述这段时期时，他相信他的所作所为乃是一种尝试，最终是为了保证他离开古巴到美国。当他被送到美国接受精神病治疗时，他认为他是被他的政府所选中、来美国和成千上万的姑娘发生关系、生下几十万孩子使美国人口暴涨的人。起初，他异常固执地坚持要立即开始这一行动，但遭到挫折后，他认为这挫折意味着他还没有做出巨大的牺牲来配得上这一伟大的使命。

为了使自己做好准备，他用燃烧的烟头烫伤自己的皮肉，并苦苦央求护士给他一把小刀好在自己身上划伤口。尽管他处在一名特别护士的日夜看护下，他却假装睡觉，偷偷把手放在蒸汽管道上严重地烫伤了自己而面不改色。他有时会一连几天拒绝进食，尽管他平时喜欢美食，而且人们也用尽各种方式、用他最喜欢的美食来诱惑他。即使强迫他吃，他也只吃用牛奶、鸡蛋、橘子汁、鱼肝油、糖和盐混在一起的大杂烩。在一次长达三个月的拒食中，他同时放弃了吸烟、读书、跳舞（他平时十分喜欢跳舞）、看电影、户外活动，而独自一人身着破旧衣服坐在房间里，不与任何人说话。当人们告诉他，他的一个姐姐很可能患了不治之症时，他没有任何表示，只说他实际上已放弃了一切，现在似乎也必须放弃这位姐姐。他对他事业上的责任丝毫不再感兴趣，说这些都是世俗事务，而他早就戒绝了一切世俗事务。

尔后，Y先生变得越来越反感他所谓"女人气"的男人，他说他们是想"软化"他，使他成为在这个世界上过平庸生活的样板；说他们无力面对他现在加诸自己身上的种种艰辛；说他们所做的一切都缺乏创造性。他认为他与这些人形成了一个鲜明的对比，因为他已被选中来完成一项使命，这使命对世界的利益不可估量，因而需要一个"铁一样"坚强的人。

当进一步了解Y先生以后，人们就会明白，他的病是对同性恋冲动的反抗。在他的病史中，他从卖花的小贩（小贩所卖的许多花环穿在一根棍子上，这对病人来说很可能是一种性象征）转向陌生的姑娘这一选择，乃是从同性恋诱惑逃向异性恋。在这一事件中，倒错的性诱惑很可能已接近意识，但在此之后，他又加强了他的防御机制，突然从一个脾气随和、被动顺从、最大的乐趣乃是在家中踱步的人，转变成一个攻击成性、好酒嗜饮的人，并开始不断嫖妓和与朋友争斗。此后，在精神病疗养院，人们注意到，每当企图把女护士换成男护士来照料他时，他就变得躁动不安。他不断强调自己的性力，也正如他对"女人气"男人的仇恨一样，这是一种防御机制。这在我们从他梦中发现的材料中被进一步证实。他梦见他结婚了,然而使他大吃一惊的是:他不是新郎而是新娘,新郎是他的一个朋友,新郎手持一根长棍,不断地想要刺进他的身体。

在这一病例中,造成殉道禁欲之生动情景的各种因素皆清晰可见。性的因素也明白无误——它具有被混淆的性质,即以异性恋的面具来否认同性恋的冲动。自我惩罚的因素也为病人所坦率承认并且明确无误地表现出来。谁要是只读了上述文字而没有亲见其人,他也许会不大相信病人的确具有攻击意向和攻击行动。但如果他清楚地看见此人如何顽固地拒绝为其家庭和事业承担任何责任,如何愤怒地蔑视和反对某些人,如何难以看护和照料,这些怀疑就会烟消云散。病人不折不扣地是一个殉道者和禁欲者,有着明显的攻击性、性混乱和自我惩罚的罪疚感。

二、历史上的殉道者和禁欲者

对一般读者来说,上面引用的这些例子似乎过于极端。他们会说:"或许的确有这些不同寻常的人,出于这些不同寻常的理由而做这些不同寻常的事。但这并不是我们知道的殉道。我们知道的殉道,乃是一件严肃的事情,其间并未掺杂任何疯狂的缘由。"然而在精神病学家眼中,"疯狂"和正常之间并没有巨大的差异,只有程度和重心的不同。精神病患者("疯狂的"殉道者)更容易全然无视社会价值,或认为社会价值仅仅从属于他自己的本能冲动——他更直接地表现了他的行为动机,而正常人则往往用苦心经营的伪装来掩盖这些动机。

人们一旦认真思考有关殉道者和禁欲者的历史记载，就不难发现，殉道的潜在因素是怎样经过文饰（例如以"伟大的事业""不可逃避的处境"来文饰）而被完全遮掩了的。为了充分明了被社会所认可的自我毁灭已经达到何种程度，我们有必要回顾这些历史记载。当然，自我毁灭的形式是多种多样的，其方法也变化无穷，从个人为了达到精神上的完善而不结婚、放弃人生的乐趣、持斋、把财产给穷人、居住在陋室但并不能脱离人世，一直到个人为了追求神圣而完全脱离其同胞，过着隐士的生活，忍受巨大的匮乏和孤独，往往还额外给自己加上种种折磨，如饥饿、鞭打、暴晒、疲劳等。

> 圣·杰罗姆[①]曾极其钦佩地宣称他看见过几位僧侣。一位僧侣，三十年来每天只靠一小块大麦面包和一小口泥浆水为生；还有一位僧侣，居住在山洞中，每天最多吃五个无花果；第三位僧侣一年中只在复活节的星期日这一天才理发，他从不洗衣服，长袍要到烂成布片时才换，他让自己忍饥挨饿一直到两眼昏花。他的皮肤"就像鳞状的岩石"……据说，亚历山大城的圣·马卡留斯[②]赤身裸体地睡在沼泽地里，任凭有毒的蚊虫叮咬达六个月之久。他一贯在身体上绑缚重达四千克

---

① 圣·杰罗姆（St. Jerome，342—420）：古代著名拉丁教父。——译注
② 圣·马卡留斯（St. Macarius，约300—390）：埃及隐修士。——译注

的铁块。他的弟子圣·优西比乌[①]背负着一块七十千克的铁块在一口枯井中生活了三年。圣·萨比努斯[②]只吃玉米,而且是在水中泡了一个月后的发霉的玉米。圣·比萨利翁[③]在刺丛中呆了四十个昼夜,而且四十年来一直站着睡觉。这种忏悔方式,圣·帕科米乌[④]也实践过十五年。有些圣徒(例如圣·马西安[⑤])限制自己每天只吃一顿饭,饭量之少竟使得他们终日饥肠辘辘。据载,其中一位圣徒,他每天的食物量是不到二百克的面包和一点草药。从来没有人看见过他在垫子上或床上休息,哪怕只是稍稍舒展一下手脚。只是有时候,由于过度疲倦,人们看见他在吃饭时闭上眼睛,任凭食物从口中掉出来。另一位著名的圣徒约翰,据说曾背靠岩石站着祈祷了整整三年。这期间,他从未坐下或躺下,而其唯一的养料乃是星期天送来的圣餐。有些隐士住在野兽住过的洞穴中,还有一些住在枯井里,也有一些在坟地中找到了自己满意的栖身所。有些人赤身露体,散发披身,像野兽一样在地上爬行。在美索不达米亚,有一个地区因所谓"食草者"(Grazers)而得名。这些食草者从不住在室内,他们既不吃肉也不吃面包,而是始终生活在山边,像牛一样在草场上吃草。肉体的洁净被视为灵魂的污

[①] 圣·优西比乌(St. Eusebius,约260—340):古代基督教教会史学家。——译注

[②] 圣·萨比努斯(St. Sabinus),不详。——译注

[③] 圣·比萨利翁(St. Besarion),不详。——译注

[④] 圣·帕科米乌(St. Pachomius,约290—346):古代基督教集体隐修制的创始人。——译注

[⑤] 圣·马西安(St. Marcian),不详。——译注

染，而那些最受崇敬的圣徒已变成浑身凝结着污垢的可怕的怪物（W.E.H.莱基[①]，著作引文，第2卷，第107—109页）。

威拉·卡瑟（Willa Cather）曾非常优美地描写过一位新大陆的禁欲者。珍妮·李·彼尔是蒙特利尔最富有的商人的独生女儿，她在童年时代备受溺爱。她的父亲喜欢社交，招待过蒙特利尔所有著名的来访者。他喜欢炫耀他这个迷人的女儿，而她也赢得了他们的礼物和好感。

尽管这孩子热情友善，但是她早年即表现出一种禁欲倾向。在学校中，她总是把家中送来的高级糖果分给大家。在父亲为她买的华贵漂亮的外衣下，她总是穿着粗布的贴身衬衣。

当她到了该结婚的年龄，其父希望为她找到一个好夫婿，竟为她准备了一大笔陪嫁，引得无数追求者上门求婚，其中一位还是她童年时代青梅竹马的好朋友。然而珍妮恳求父母准许她进修道院。父母及其精神导师都恳求她不要发此宏愿。她答应了，却获准在家修行，发誓五年内不嫁，而且在这五年期间不与家中任何人说话。她父母之所以同意这一安排，是因为心想十八岁姑娘的决心很快就会改变的。但从她开始修行的那一天起，他们就再也无法与她说话，甚至难以看见她，除非她偷偷从他们身边溜过，去教堂。这一沉重的打击使父亲的心破碎了，他再也不参加社交甚至避开家人。母亲在临终前派人告诉女儿，恳求她来她身边，然而珍妮拒绝了。

[①] W. E. H. 莱基（William Edward Hartpole Lecky，1838—1903）：爱尔兰历史学家和评论家。——译注

五年结束后，珍妮又发誓五年内不嫁，就这样在父母家中过了十年孤独的隐居生活后，她拿走了她的陪嫁，用这笔钱建了一座小礼拜堂。在这座礼拜堂中，她为自己在祭坛后建了一间斗室。这斗室共有三层。第一层装有铁栅栏，是她出席弥撒而又不致被人看见的地方。人们把她那一点既简单又少得可怜的食物从一个小窗口递进去。第二层是她睡觉的地方，大小只能容纳一张窄床，在加拿大最寒冷的冬夜，她睡在这张床上，只有一床被单，所幸她的枕头距墙另一面的祝福圣餐只有十几厘米之遥。第三层是她刺绣美丽的圣坛桌布或为穷人纺纱织袜的地方。

这座狭小的石头塔楼就是她的活坟墓。从此她足不出户，哪怕是出来换换空气、活动筋骨。她只在每天半夜走进教堂祈祷一小时。冬天，她的斗室中有一个小小的火炉，但只有在天气极其寒冷、手指头僵硬得不能工作的时候她才生火。据说，尽管她自我否弃一切生活享受，却生活得非常高兴，以致她喜爱自己的斗室胜过世界上任何地方。

我将让读者自己评判：这一了不起的禁欲榜样和自我选择的殉道生活与上面讨论过的临床例证在细节上有何不同。显然，从痛苦中获得欢乐的成分，从痛苦中获得爱的满足的成分、自我否弃（如果说不上自我惩罚的话）的成分、针对父母和情人的攻击性成分——表现为使他们失望、碰壁——都是十分明显的。

同一作者还描述过另一位历史人物，一位早期加拿大传教士殉道的事迹。这位名叫诺埃尔·沙巴奈尔的传教士死于印第安人的一次袭击。他从法国的图鲁斯来到美洲。在法国，他原是一位修辞学教授，天性优雅，不适于在野蛮地方过传教士的艰苦生活。尽管如此，他仍然自愿居住在野蛮人中间，以期学会他们的语言并说服他们成为信徒。在印第安人烟雾弥漫的树皮屋中，他和狗、野蛮人睡在一起，吃在一起，饱受蚊叮虫咬，被各种秽物的臭气熏得恶心，吃着肮脏的、半生不熟的狗肉一类的东西，忍受着无穷无尽的折磨。奇怪的是，尽管他除了自己的母语法语外，还会说希腊语、希伯来语、意大利语、西班牙语，但即使经过了五年的学习，他仍然无法掌握这帮他深深厌恶的人的语言。印第安人轻蔑地对待这位年轻的温文尔雅的学者，他们利用一切机会来伤害他、恐吓他。据书中记载，有一次，他们诱骗他吃肉，事后才告诉他那是人肉，接着便因他的痛苦而开怀大笑。他始终未能像其他传教士那样习惯这种贫穷艰苦的生活，而是生活得痛苦不堪。他往往为了逃避印第安人肮脏的木屋而宁愿睡在雪地里，他吃的是没有煮过的玉米，还经历着各种粗俗的玩笑。他因为没有开展好工作而感到羞愧，同时又厌恶这帮野蛮人的暴行和猥亵，并且不断地思念自己的法国故乡。

他的上司眼看他完全绝望，根本不适合从事这一工作，曾建议他返回法国。但沙巴奈尔神父凭借着坚定的信念，彻底放弃了昔日宁静优雅的生活，发誓在有生之年不离开呼伦地区，不放弃其传教使命。两年后，他死在荒野里。尽管无人知道他究竟死于冻馁，还是死于印第安人的谋杀。

直至今日，苦行仍然是许多教派奉行的宗教崇拜的一个组成部分。也许，在这方面最负盛名的（至少在美国）要算那些居住在新墨西哥北部和科罗拉多南部的墨西哥籍鞭笞悔罪者，人们称他们为洛赫玛诺斯苦修士，通常就简称为"苦修士"。据教会典籍记载，这一教派于十三至十四世纪在欧洲形成并盛极一时，其成员为平息神怒，常常当众鞭笞自己。

非利波夫茨属于此类的另一教派，巴林（Baring）曾描写过这一教派。据巴林所说，在十八世纪，属于这一教派的俄罗斯人，曾全家甚至全村设置栅栏把自己禁闭起来以求饿死在里面。亚历山大二世在位时，一农民劝说了二十人跟他一道隐居山林，最终饿死在那儿。

斯特普尼亚克（Setpniak）叙述过另一个俄罗斯教派。这一教派称自己的成员为"基督们"（Christs），而局外人则嘲讽地称他们为"chlists"，意思是"鞭苔"，因为在他们的宗教仪式中，自我鞭笞的确是一个重要的组成部分。他们反对家庭生活，宣称要绝对地禁欲。我们后面要讨论的斯柯普茨（Skcptsi）或卡斯特拉蒂（Castrati）就属于这一教派。

必须强调的是，这些严厉的方式并不仅仅为基督教各教派所采用。大多数宗教都有同样的现象。据载，伊斯兰教徒、佛教徒、婆罗门教徒以及其他教徒都有过禁欲实践。犹太人、希腊人、罗马人和其他许多人都相信：牺牲可以防止神的嫉妒。朱文纳尔（Juvenal）曾描述过在罗马，伊西斯[①]崇拜的赎罪仪式是怎样唤起人们的狂热的。妇女们在冬天的早晨，敲开台伯河上的冰层跳进水中三次，或用流血的膝盖跪行在塔昆郊外，或千里迢迢前往埃及去

[①] 伊西斯（Isis）：古埃及最重要的女神，司生命和健康，能保佑丰产。——译注

向女神赎罪。

禁欲理想并不局限在宗教思想中。许多非基督教哲学家（包括柏拉图和西塞罗）都曾教诲说：肉体应通过自我否弃而隶属于精神。

尽管这些广泛传播的禁欲实践是如此有趣，我们却不能仅仅以个人的心理动机来解释这一切。我们不应该忽视那些能够为历史上的禁欲与殉道做出合乎逻辑的辩护的理由，这些理由有赖于当时的社会状况。人否弃自己的日常安乐甚至否弃自己的生命需要，人把自己暴露在毫无必要甚至是愚蠢鲁莽的危险之中，这种情形，固然可以解释为意味着人们的态度为指向自我毁灭的个人的强烈的无意识倾向所决定，但与此同时，这些冲动无疑也受到时代或文化所鼓励的流行风气的刺激。通过这些方式，生命在另一较大的意义上获得了拯救而不是遭到了毁灭。每一种文化都包含着许多鼓励个人自我毁灭的因素。这些影响可以是机械的、经济的、哲学的、教育的、社会学的或道德的。我们不可能对我们今天的文明中所包含的毁灭性倾向做出客观的评价，因为我们与它的距离太近，不可能对它做出正确的透视。我们现在把上面所说的这些自愿殉道视为自我毁灭，但我们很可能忽略了我们今日文化中的许多自杀因素，或者甚至把这些自杀因素视为自我拯救的因素。在未来的岁月中，我们这个时代甚至有可能被看作自毁倾向臻于最大限度的一个时代。例如，我们不妨想一想我们大量的交通事故、频繁的军事活动、对自然资源的大肆浪费，以及我们对人的价值的忽视。

因此，如果我挑选出来并加以引用的这些明显的例证，即这些古怪的、有自我毁灭倾向的宗教狂热分子,在他们当时的文化背景中,并不比任何团结一致、为捍卫一种理想而反对自己敌人的其他组织做得过分,那么我应该公正地受到批评。我并不是有意要挑选这些例子的,或者说,我挑选它们,是因为这些与早期殉道者有关的详细的、学术性的并往往是十分精彩的记载,使我感到它们比其他社会组织更便于研究;也因为在搜集禁欲与殉道的例证以说明种种消耗、攻击和爱欲要素(这些要素也已经显现在另一些慢性自毁的形式中)的过程中,我已经大量地借助于宗教编年史和各种历史记载。

(一)自我惩罚的成分

据报道,一个名叫因尼皮戈特,在犹他州怀特洛克斯印第安代办所工作的印第安人,在喝醉酒后杀了他的母亲。此后,他离开了自己的部落。在整整三十年的余生中,他像一个自我拯救的罪人那样忏悔,像一个隐士那样,靠一些可怜他的人所施舍的一点食物为生。虽然暴露在严寒酷暑之中,但无论冬夏,他始终不穿任何衣服,也不住在任何能够庇荫的茅屋中。这样,当他睡在雪地中时,他的头发往往冻成冰块,而他不得不把它们敲开。

如此简单地显现在这一故事中的自我惩罚动机,在历史上和传说中的禁欲者与殉道者的生活中通常并不如此明显。这并不是说他们的悔罪方式不那么严厉,而是说他们用来惩罚自己的行为不那么明显。圣人们往往自称罪人,说他们的受难是赎罪。然而一般人却倾向于把这种说法看作出于极其敏感软弱的良心而不是出于内心的罪疚感。这些人忘记了自我惩罚的需要并不一定与凶恶的罪行和痛苦的罪过联系在一起。以不同寻常的努力把种种痛苦和耻辱加诸己身，乃是个人受到罪疚感的折磨，渴望以惩罚来拯救自己的明证。大多数人并不知道，一般人的良心并不与其对待外部世界的标准相吻合，它比理智更严厉和不可通融。在无意识领域中，犯罪的想象所导致的罪疚感与实际犯罪所导致的罪疚感同样沉重，而且同样渴望惩罚。甚至种种本能冲动（尽管其本身是无辜的）也可以成为痛苦和悔恨的来源。

按照精神分析的理论，自我谴责和自我批评反映了儿童在早期生活中内化在自身中的父母的态度和职能，其作用是指导儿童未来的行为。无疑，文明的种种限制和宗教教义所要求的种种放弃，意在强化这些来自父母的态度，但是它们本身与罪疚感全然无关。所以，原始人尽管对严格意义上的宗教教义和各种哲学一无所知，但是罪疚感仍然要在他们身上发挥作用。

历史上有大量的证据足以说明禁欲者身上罪疚感的存在。据载，他们的精神痛苦是如此巨大，以致尽管有种种自我折磨，他们仍然得不到安宁而只能不断地与各种诱惑进行斗争（这些诱惑往往表现为想象中的魔鬼和邪恶的精灵）。与此同时，他们还受到种种并不神圣的念头的折磨，他们深信自己正受到魔鬼的勾引，这些魔鬼像他们想象的那样，伪装成美女在深更半夜来到他们可怜的斗室。显然，尽管有种种赎罪方式，他们仍然屈服于沉重的绝望和恐惧。关于这些罪过和悲哀，据记载，曾有一位圣徒自皈依宗教后终日以泪洗面,而另一位圣徒因为不断哭泣而掉光了他的眼睫毛。

有的人把这些罪疚感投射到自己身体的某一部位,并通过虐待它来使自己的良心得到满足。这些人坚信肉体是邪恶的,是与精神生活相悖逆的。肉体以自己的要求使人不能达到完美的神圣之境。如果加诸肉体的残酷行为使肉体的要求不能得逞,那该有多好!读者不妨拿这种态度与上面描述的精神病人以种种方式向自己的肉体复仇的态度进行比较。

这种自我惩罚之所以必要,不仅是因为它使良心得到了安宁,也是因为它缓和了恐惧(即害怕受到来自更高权威的更大的惩罚和毁灭)。人为什么会产生这样一种思想,即认为受苦可以取悦上帝,这一点是很难理解的。除非我们预先接受这样一种理论,即设想它能够平息和消除报复的力量。但接着就会产生这样的问题:为什么对惩罚的恐惧会与吃、喝、性行为的乐趣联系在一起?为什么人们认为放弃这些行为就能避免被报复?关于这一点,精神分析理论给出的解释是:最初,在个人的生活中,个人必须求得谅解的权威力量乃是其父母,禁欲行为就取决于父母的态度。儿童对父母干涉他的愿望往往怀有极大的不满,但他往往竭力掩饰这一点,因为他害怕父母会不高兴。有时候,他会沉溺于某些被禁止的行为,也正因为如此,正因为他怀有隐蔽的反抗心理,他会感到罪孽和恐惧。为了使良心得到安宁,为了避免来自父母的严厉惩罚,他可能以某种方式自我惩罚、自我否弃。既然性行为被这样多的禁忌所包围并且对儿童来说是绝对禁止的,那么它会落入如此严厉的禁忌范畴以致一直持续到成年期也就不足为怪了。

使自己忍饥挨饿的倾向在起源上更难理解，人们只能对此做出这样的解释：禁食不过是一种有效的受难方式，也正因为如此，它才吸引了那些希望惩罚自己的人的注意。然而我们已经知道，在无意识中，惩罚通常与罪恶紧密相关。因此，要对这种倾向做进一步的解释，我们就必须再次回到儿童时期的处境上来。禁欲倾向常见于那些拒绝营养品的儿童身上。当然，在儿童的这一行为中往往存在着多种动机。这些动机的混杂只会混淆我们的视线。幼小的儿童不吃东西，可能是希望得到照料，唤起同情和关心，希望对其父母行使权力，试图反抗或激怒父母。然而比所有这些更深的动机，则是因想象中与吃东西有关的危险所产生的焦虑。对孩子说来，吃东西有一种与吃人的幼稚的幻想相关联的奇特的心理含义。精神分析学家和其他研究者均已发现这样的证据：在无意识中，吃人倾向并未像在社会风俗中那样被废除。在讨论口腔性格时我已经涉及这一问题。如果吃东西的整个行为过分沉重地受到吃人幻觉或被吃恐惧的牵连，儿童的恐惧不安和罪疚感就会导致一种抑制。不妨将这一点设定为一条公式：只要有与某个东西有关的恐惧感和罪疚感，就必然会形成一种抑制。

无论从种族发生史还是从个体发生史上讲，吃掉自己的敌人都是一种基本的童年幻想。但是不要忘记，许多童年思维模式会始终不变地存在于无意识中并支配成人的种种行为，虽然正像梅兰妮·克莱茵（Melanie Klein）指出的那样，正常的成人能够以种种方式把他们的厌恶合理化；但在儿童身上，这种厌恶会被说成淘气或怪癖。比如，成人可以把自己对肉类的厌恶说成水果和蔬菜更卫生，吃肉是口味不高的表现，或者说自己的胃不适宜消化肉类，不吃肉是对上帝的虔敬，等等。

特殊的厌食行为有时候会发展到拒绝吃任何东西的地步，这种情形常见于抑郁症（躁狂抑郁性综合征）。在这种疾病中，厌食症状往往极为重要。罪疚感、无价值感和自我惩罚是这一疾病的又一特征。幼儿的吃人幻想在这种疾病中也有重要的作用，而这往往由对所爱对象的失望诱发。病人对这种失望的反应，不是对该对象发起实际的攻击，而是在无意识复仇幻想中吞吃该对象。他以这种方式既杀死了那令他失望的人，又将他珍爱地保存在自身之中。正是由于这种巨大的"罪恶"，抑郁症患者才怀着特殊的痛苦谴责自己，而厌食则既是对这种幻想行为的反抗，又是对它的惩罚。

（二）攻击性的成分

除了殉道者和禁欲者不得不去满足的这些较为隐蔽的罪疚感因素，在殉道中还有某些正面的满足值得我们分析。其中之一就是趋向破坏和攻击的本能冲动。我们在分析自杀的潜在动机时已经揭示过这一点。的确，由于文明要求我们控制和隐藏这种冲动，我们只能将它很好地隐藏起来。当然，公众通常是不会把这种冲动与那些为伟大事业服务的人联系起来的。而在殉道者身上，尽管人们注意到了这种冲动，但这种冲动本身由于其付出的极大代价而被批评家和崇拜者打了折扣。然而在对行为的心理动机所做的科学考察中，我们不能因为个人为满足某种冲动付出了代价，就将这种重要的决定性因素轻易放过。何况，在惩罚的需要中隐含的巨大罪疚感（如前所说，这在禁欲者和殉道者身上十分明显），本身就意味着一种意向性的或完成了的攻击与破坏。对这种攻击和破坏，我们必须予以系统的研究。

有时候，这种攻击性十分明显，例如，绝食就具有一种公开的攻击意向。这看起来似乎与人性相悖：一个人只需迫使他的对手目睹其受苦的情景，就能迫使他人屈服于自己的意志，迫使他为此承担道德的责任。这虽然不合逻辑，但在较为直接的攻击遭到失败的场合，这种方式往往能够奏效。据说，墨西哥和秘鲁的西班牙征服者就常常遭到这种方式的反抗。绝食的匈牙利矿工也以集体自杀的企图证明了这一点。有些债主往往坐在负债者家门前，威胁说如果不还钱，就要饿死在他家门口。有一个印度的传说：有一次，拉贾①命令把一个婆罗门②的房舍毁掉，把他的土地充公。这婆罗门的报复方式是坐在宫门上一直到死，死后化为厉鬼摧毁了拉贾及其宫殿。这一传奇与孩子的行为极其相似，孩子在和父母赌气时会对自己说："我要是死了，他们一定会感到悲哀。"

从这种有自觉指向的、带攻击性的受苦，到那种受苦者本人并不知道自己有伤害他人之心的受苦，这之间不过一步之遥。人们常说，对本能冲动的人为遏制会导致人格的萎缩和社会适应能力的削弱。所以禁欲者最后往往成为隐士，与其家人和同胞割断一切情感

---

① 拉贾（Raja）：古印度的首领。——译注
② 婆罗门（Brahman）：古印度的最高种姓，是一切知识的垄断者。——译注

纽带。人们普遍相信，对正常的肉体快感实行严厉的限制会破坏人的幽默、慷慨、坦诚和活力。在一定程度上，这的确是事实。但精神分析理论更多地强调起因，认为其带有软化性质，能够中和敌对冲动，发展宽容、仁慈、慷慨的爱。本能如果一开始得不到发展，就会导致人格的严厉与苛刻。禁欲者强加在自己身上的严格控制，并不足以驾驭那在爱的发展受到阻遏和窒息的人身上变得异常强大的攻击性，而只能改变这种攻击性的外观和方向。例如，其外观往往是消极被动的，对他人的伤害是附属于受难者本人的更大痛苦的，给他人造成的损害不是人为的而是由禁欲者或殉道者所崇奉的事业造成的——这样，良心就不必为攻击性承担任何责任了。

对于禁欲者所具有的攻击性，克拉伦斯·戴（Clarence Day）在其四行诗中说得最为明确：

> 当可爱的女人嫁给凶悍的男人，
> 最终知道爱不过是残忍时，
> 她会小心翼翼地扮演一个受难者，
> 与此同时，使丈夫也成为受难者。
>
> ——《纽约人》，1935年3月2日

在对殉道者身上典型的攻击性加以研究后会发现：这些攻击性通常指向那些与之有密切关系的人，一般是其家庭成员。据说，有一位仁慈的圣徒，他对任何人都从未表现得严厉和不近人情，唯独对其亲属例外。这并不奇怪，因为每个人都不同程度地具有这种倾向。恨的需要与爱的需要都是人的基本需要，而这两种情绪在我们对他人的感情中是结合在一起的。通常，爱的需要与被爱的需要十分发达，能够主宰个人与其家庭的关系，但这种亲密关系的不断破裂却证明了一种潜在的恨。在殉道者身上，正像我们指出过的那样，爱的本能极不发达，因此恨的冲动具有压倒一切的力量。

我们州的一位英雄约翰·布朗，曾经领导过反对奴隶制的著名战斗。二十年来，他一直在贫穷中八方奔走、宣传、呼吁、战斗、杀人、放火，直到自己最后以叛逆和谋杀被判处绞刑。他具有真正的殉道者精神。在被处死之前他曾多次说道："我现在认为绞刑比其他任何死法都更有价值。"仿佛他的愿望从一开始就是要为他以其鹰一样凶狠的精神所献身的事业而死。他的律师这样写他："……他的回答是：即使监狱的门大敞开，他也绝不出去……是的，我相信最好的办法是放弃营救我们这位老朋友。因为他渴望绞刑！请上帝拯救他的灵魂吧，他真正渴望的是绞刑！"

当布朗到处奔波，以其勇猛而盲目的热情追求其幻想时，他那耐心的妻子却在荒凉的艾蒂隆达克农场上与饥寒和贫穷搏斗。家中十三个孩子死了九个。全家住在一所漏雨的、没有糊墙纸的房舍中，在一个个漫长而严峻的冬天中忍饥挨饿，既没有钱，又没有食物。当这些儿子成年、对父亲有用的时候，他写信给他们，要他们献身于他那神圣的战争。孩子们的母亲不愿交出那个以男子汉气概顶替了父亲的位置而成为一家之主的儿子，她向丈夫诉说，战争的责任对他（儿子）那稚嫩的双肩而言过于沉重。但这种温和的抗议，在布朗自认为有权做出的要求面前却遭到无情的拒绝。这儿子写信给他父亲说：他的哥哥们都各自忙于自己的家务，不愿意再参加这场血腥的、无望的战争。他们都知道在堪萨斯州被人追捕、被他们自己严厉可怕的父亲所呵斥、为他们父亲那令他们作呕的杀人行径而下狱是什么滋味。他的一个儿子疯了，一个儿子被枪杀了，然而他们的父亲仍然无情地要他们为他战斗。他这样写道："告诉我的儿子们，尽管他们强烈反对我，但我绝不放过他们。"他没有这样做是因为他的两个儿子在哈帕斯渡口的围剿中惨死。当时有一千人包围了这座小镇，众寡悬殊，布朗的一小批人马显然取胜无望。但布朗拒绝投降，他派他手下的一个年轻人去与敌军谈判停火，此人立即做了阶下囚。于是布朗又派出他自己的儿子（即母亲希望留在她身边的那个儿子）去与敌军谈判。他在父亲眼皮下中弹倒下，受了致命伤，痛苦地挣扎着爬回军械库慢慢死去。但这老头仍然拒绝投降，最后被以武力活捉。他似乎没有对他儿子们的怜悯，当他们苦苦哀求他，让他们回家过宁静生活时，他那铁石心肠竟不能被软化。

在殉道者的历史中，人们一再发现这种无视所爱者所受痛苦的冷漠无情。伟大的探险家和科学家都曾抛弃其家庭与应尽的责任，独自承担起冒险的使命。我们都熟悉那种"事业奴"，他们为了自己的野心而牺牲其家庭的幸福甚至牺牲自己。有无数例证能证明，在那些自我牺牲的人身上有着无意识的攻击性：为了艺术而放弃自己的生活（甚至像高更[①]那样抛弃自己的家庭）的艺术家；为了理

[①] 高更（Cauguin，1848—1903）：法国后印象派画家。——译注

想而献身、不仅危及自己的生命而且将家庭和朋友置于危险之中的革命者；使自己成为家庭的殉道者、把自己埋藏于家务事中并以此弄得全家人不幸福的家庭主妇，等等。我们的心理学研究不允许我们得出这样一种天真的结论，即对他人幸福安宁的冷漠完全是附带的、偶然的和不可避免的。

许多与圣徒有关的早期记载都叙述了他们是如何逃离母亲的，他们不仅离开她，还实际地拒绝她、冷落她。据记载，母亲（或姊妹）往往尾随禁欲者到他的隐居地，乞求见他一面，而这位圣徒却铁石心肠地拒绝了她的任何请求。在这些记述中，圣徒在挫败母亲的行动中获得快感的因素十分明显。有时候母亲说服其上司命令她儿子出来见她一面，儿子却想出这样的巧妙办法，如化装后与母亲见面，并且闭上双眼，这样，母亲就认不出他，而他也不曾看见母亲。

圣·波曼（St. Poeman）及其六个兄弟都抛弃了母亲去过禁欲的生活。这位老妇人在临死前不久再次去沙漠中看她的儿子们。就在他们离开洞穴去教堂的时候，她看见了他们，但他们立刻又跑回洞穴，当着她的面"砰"的一声关上门。她在门外痛苦地哭泣，求他们让她见一面。他们拒绝开门，却告诉她死后自会见到他们。

著名的西米恩·斯泰利茨（Simeon Stylites）的经历更清楚地表现出他对他母亲的攻击性态度。莱基（Lecky）在谈到他时曾这样说："他的父亲热烈地爱着他，而他，如果我们可以相信他的赞颂者和传记家的话，他开始其圣徒生涯之日，就是他父亲为之断肠之时。他父亲在他远走高飞的时候悲痛地死去，但是他的母亲幸存下来。在他失踪二十七年后,当他的严谨使他远近闻名之时,他的母亲才第一次知道他的住处,便急忙去看望他。然而她费尽心机也是徒劳,他的居住地根本不容许任何女人入内,他也不许她哪怕只看他一眼。她痛苦的恳求混合着伤心的眼泪和有力的谴责。据载,她这样说道:'我的儿,你何以如此?我为你十月怀胎,你却用痛苦摧我肝肠。我用奶汁把你养大,你却让我终日以泪洗面。我吻你、疼你,你却让我伤心痛苦。我为你含辛茹苦,你回报我的竟是最残酷的虐待。'最后,这位圣徒找人向她传话,说她很快就可以见到他。但整整三天三夜,她一直徒劳无益地哭泣恳求。悲伤和年迈终于使她衰竭,她软弱无力地倒在地上,在那紧闭不开的门前咽下了最后一口气。直到这时,这位圣徒才由其门徒陪同第一次走出门来。他在被他杀害了的母亲尸体面前洒下几滴虔诚的眼泪,并为她祈祷,愿她的灵魂进入天堂……然后,在其弟子们的赞叹声中,这位弑母的圣徒又回到其信仰之中。"

就是这位圣徒,其忏悔在痛苦和创见上都胜过其同时代的所有禁欲者。"他的身体发出一股可怕的、旁观者难以忍受的恶臭。只要他一动弹,蛆虫就从他的身上掉下来。他的床上也满是蛆虫。有时候,他会离开寺院,睡在据说是魔鬼住过的枯井中。他相继建了三根台柱,最后一根高约十八米,周长不足两腕尺[①]。三十年来,就在这根柱子上,他不管刮风下雨,酷暑严寒,始终不停地一边祈祷,一边飞快地弯曲身体一直到脚尖。一位旁观者试图记下他屈身

[①] 腕尺:古代的一种度量单位,自肘至中指端之长,约合五十厘米。——译注

的次数,但数到1244次就累得数不下去了。据记载,圣·西米恩曾用一只脚站立了整整一年,另一只脚则满是溃疡。与此同时,他的传记者奉命站在他的身旁,把从他身上掉下来的蛆虫捡起来放回伤口上,而这位圣徒就对蛆虫说:'吃吧,吃上帝赠你的食物。'"

殉道者在蔑视和伤害爱着他的人的过程中能获得无意识的骄傲和满足,这一点在著名的殉道者泊皮图阿(Perpetua)的日记中十分明显。珀皮图阿是一个出身良好、受过良好教育的年轻女人,是溺爱她的父母的独生女儿。尽管她只有二十二岁,但在一同被监禁的那一帮早期基督徒中,她以其坚定的信念而显得与众不同。她记下了她与年迈父亲的斗争,讲她如何抵抗住了父亲的劝说而坚持他认为是危险的信念。有一次,她的父亲被她的蔑视深深激怒,跳起来扑向她要挖掉她的双眼,但正像她得意地记载的那样,"最后却灰溜溜地走了"。她接着写道:"于是,感谢上帝,有好几天我都不再被父亲搅扰,我为之心旷神怡。"

这部日记被认为写于她殉道前不久,正当她被囚禁之时。日记中描写了若干令其父亲痛心的场面。他父亲满怀忧伤地来到她面前,要她可怜可怜他的满头白发,告诉她他喜欢她胜过喜欢所有她的兄弟,央求她不要毁了家庭、使家人被人骂被人怀疑,"因为如果你出了事,我们家便没有一个人能够像自由人那样说话"。他抱着她幼小的儿子去探监,哀求她可怜这孩子,"你走了这孩子是没法活的"。主持这次审讯的地方官希拉利安(Hilarian)被这种场面所感动,敦促珀皮图阿可怜她父亲的满头白发和她儿子幼小的生命,但是她听不进去。最后,就在她父亲不停地劝说她的时候,希拉利安命令他退下，有人用杖打这可怜的老人。但事情并未就此了结，就在临刑的日子即将到来之际，他再次去看她，开始扯自己的胡须，并呼天抢地地说了许多"可以感动所有人的话"。然而珀皮图阿仍然毫不动心。

特图利安（Tertullian）记述了珀皮图阿之死，他报道说她一直到最后仍不泄气，还和护民官就某些具体安排争执。此后，她以她在斗兽场中的勇敢表现赢得了人们的崇敬。最后，就在她被一头野牛掀倒之后，她还能抓住一个年轻斗牛士发抖的手，把他手中的剑尖指向自己的咽喉。她的编年史作者说："很可能，像这种女人，若不是自己愿意，别人是根本杀不了她的。"

（三）挑衅性攻击

目的上不同于上述攻击性的，是那些其主要目标在于挑起迫害以获得自我惩罚或受虐满足的攻击性行为。在基督教的早期历史中，某些信徒的宗教狂热表现为攻击异教徒、烧毁神殿、打破偶像、掀翻祭坛、与企图保卫其神祇的农民作对。这些无礼行为激怒了所有人因而危及基督徒们的生命。伊利伯里斯教会（早期教会之一）发现有必要订立一条教规，不给那些因挑衅而被处死的人以烈士称号。尽管如此，某些狂热分子，例如阿菲安（Apphian）和艾迪修斯（Aedesius），仍然把这种殉道视为高尚的荣誉加以追求。阿菲安和艾迪修斯是两兄弟，是莱因阿（Lycia）一个著名家族的子弟。阿菲安成为基督徒后抛弃家园来到凯撒利亚（Caesarea）。

在那里，他加入了一个学生社团，在过了将近一年严格的禁欲生活后，适逢敕令要求所有人都参加官方的祭祀仪式。就在总督以酒祭神的时候，阿菲安偷偷从士兵和官员们中间溜过去，抓住总督的手命令他停止仪式。他被抓住投入监狱后，受到了种种折磨，他被要求悔过自新。人们把在油里浸过的布条缠在他的腿上点燃，最后把他抛入大海。

他的弟弟艾迪修斯决心不让别人胜过自己。他受过很好的教育，熟悉希腊文学和拉丁文学。在哥哥死后不久，艾迪修斯被判刑在巴勒斯坦的铜矿做苦工。当他获释以后，他追随一位哲学家过苦行生活，直到有一天，埃及总督宣布要对亚历山大城（当时艾迪修斯正羁留此地）的基督徒姑娘们做出判决时，他毅然走上前去，左右开弓地给了总督两耳光，把他打倒在地。和他的哥哥一样，他也受尽种种折磨，最后被抛入大海。这两兄弟一个都没有实现父母对他们的过高期待，其中一个则因为这种期待太令人受不了而逃离家庭。他们都对据有高位的人发起了攻击。这些事实表明了一种与权威的冲突，为此他们竟付出了自己的生命。对权威的这种蔑视和挑衅，正如我们所看见的那样，乃是许多禁欲者和殉道者的特点。其中值得注意的是反抗权威和被人制服的明显愿望。这种反抗的目的在于以迅速而确定的方式获得惩罚。

许多地方长官都曾隐隐意识到这种挑衅的作用并试图不让它获得满足。他们的任务十分困难，一方面要竭力控制那些被基督徒的好斗性激怒了的民众，另一方面又要制服而不是满足基督教团体的狂热成员对殉道具有的那种热忱和愿望。候选的殉道者之间彼此竞争，似乎已成为一种司空见惯的现象。

一位作者认为：殉道者对法庭的讯问所做的回答（正如《殉道者列传》所叙述的那样）是如此富于挑衅性，因而即使法官们对这些殉道者失去耐心也是情有可原的。但是相反，据记载，在许多情况下，法官们往往表现出极大的耐心和仁慈，竭力挽救这些殉道者不要自蹈覆辙；而这些殉道者却用精心构思的回答（例如："我们只承认永恒君王的权威，对世俗权威根本不屑一顾。"）来反抗法庭的权威。刽子手往往对自己这种可怕的工作感到厌倦，想方设法为囚犯开脱。法官也常常同情这些人的年轻和缺乏人生经验，要求把那些年轻的基督徒保释给他们的亲戚。有时候，由犯人的朋友请来的辩护人违反犯人的意愿，向法官谎报案情以拯救犯人，而法官也更愿意听他们说而不愿听犯人自己说。但是，这些殉道者总是挫败这些仁慈的努力，一再以粗鲁的叫嚣对权威表示轻蔑，希望光荣地死去。

（四）快欲的因素[①]

我们已说过殉道中另一种情形的满足，即缓和凄楚的痛苦并将痛苦转化为快感的具有正面性质的满足。我们的临床经验和我们对历史记载的研究给我们以这样的印象：有时候，甚至在这种受苦中也有生理上的快感存在。这种快感即使并非直接表现了与性本能满

[①] eros, erotic, erotization（爱欲，爱欲的，爱欲化）在本书不同章节中分别有不同的含义，此处据上下文译为快欲。——译注

足有关的那种快感，至少也类似于那种快感。许多男人和女人都难以置信地寻求苛待以获得自觉的性满足，这一点已经广为人知。但人们或许并不知道，受虐狂现象同样可以表现在（虽然未被认识到和承认）受苦的热情中，表现在为事业服务而遭受剥夺、贬抑和肉体折磨的神秘的销魂体验中。这些体验在历史记载中常常被描述为感官体验。

除了这种满足，还存在别的满足。这些满足尽管也来自同样的本能因素，却更有利于使命运变得可以忍受。这些满足在当时的著作中往往有富于表现性的描写，包括利用痛苦在今生和来世获得权力和声望，也包括展示自己（暴露癖），这两者都明显地表现在有关殉道者生活的记载中。

无论从受苦中获得快欲满足是原发的（动因）还是继发的（利用），我们往往都不能分辨，因为利用某种处境的可能性往往表现为一种决定性的动机，虽然与更为直接的本能衍生物相比，它可能不那么有力（快欲因素对攻击性的中和作用）。从痛苦中获得快感的悖论存在并影响了殉道者，这一点不难从历史记载中得到证明。我试图更进一步，选择一些例证来说明这种满足在某些处境中可能具有的性质。

许多殉道者之所以能够忍受自己的痛苦，是因为期待以此获得权力和相信他们的祈祷会比一般人的祈祷更有效。有记录的梦和幻觉证明了存在一种对显赫的特殊声望的孩子似的关注，人们以为经由殉道就可以获得这种显赫的声望。在这种非人间的但仍然是迫切的权力饥渴中，受苦的程度被认为是至关重要的，它能决定一个人飞黄腾达的程度。正如西普里安①写信给四个在罗马监狱中囚禁了很久的基督徒时所说的那样:"你们受难越久,你们的地位就越高,时间的流逝远不能减损你们的荣耀而只能增加这种荣耀……每一天都会给你们增添新的荣耀,你们的功能会逐日增强。受苦一时的人,得到的只是一时的胜利;不断受苦的人,不断地遭遇痛苦却并没有被征服的人,每天都要戴上胜利的桂冠。"(这种主张也可以解释为什么人们往往选择慢性的自我毁灭而不是较为直接的自我毁灭。)

与权力饥渴有几分相同的是,它是从展示个人在残酷待遇下的坚忍精神中获得满足的。自我展示的快欲根源较易辨认。未加掩饰的虚荣心(自恋)往往为社会所不齿,这或许是因为它具有反社会的性质,但也是因为它具有快欲意义。自我展示的古典的、未加掩饰的方式(即暴露身体)要受到法律的禁止,臭名昭著的自我中心的炫耀也普遍为人们反感。一个演员或供人娱乐者,一旦其自恋倾向突破了艺术的掩饰,就会立刻不受人欢迎。但是,间接的、为社会所接受的自我展示方式,只要其主观动机经过充分掩饰,就会受到人们的崇拜。禁欲和殉道(特别是殉道)就是一切伪装掩饰中最有效的掩饰方式,因为其中往往包含着巨大的、不相称的受苦因素。

这种满足并不一定伴随着任何自觉的快感。事实上,历史记载往往使我们相信:禁欲者通常是十分阴郁地在做他们的"虔诚的健

---

① 疑指圣·西普里安(St. Cyprian,约200—258):早期基督教的迦太基主教。——译注

美操"——一位作者这样称呼他们那种倦怠的强迫性仪式。这些活动似乎是强迫性的而不是自觉的、愉快的,虽然有些圣人曾经证明过种种与苦行相关的神秘的狂喜。但是,当殉道者以其强迫性冲动抛弃其生命时,人们往往把他们描写成欢快的甚至愉悦的。

有一个例子似乎明显地显示出自我展示的因素。这是一个年轻的基督徒,他由于自己的信念而被判处死刑(法官宣布立即将其投入河中)。这个年轻人相当失望,据记载,他曾这样说:"我以为我会受到你们曾经用来威胁我的所有的折磨,然后才最终死于刀剑之下;然而你们竟不肯用任何一种折磨来对待我。我求你们履行你们的诺言,这样你们才会知道,基督徒们通过他们的信念,是怎样地懂得蔑视死亡。"据说,罗马总督竟大发慈悲,恩准在原判基础上外加刀劈剑刺,这位年轻人对使他能够经受更多痛苦的这个人表示感谢。

有人或许会反驳说,殉道者自我漠视的欲望在许多情况下似乎剥夺了自己获得自我展示的满足的机会;但这种说法是假定他需要大量的观众。事实上,他遭受的痛苦往往只展示给一个人看。而在另一些情况下,他往往满足于他本人的自我关注,正如希腊神话中的那喀索斯[①]一样(从技术上讲,这是纯粹的自恋,而不是继发的自恋或自我展示)。在宗教的自我牺牲中,自我展示可能是直接指向一位神祇的。在神明面前委屈自己(一种用来襃扬神明并

[①] 那喀索斯(Narcissus):希腊神话中的美少年。他不爱任何女人,只爱自己在水中的倒影,最后掉进水中淹死,后化为水仙花。精神分析中所说的自恋(narcissism)即由此得名。——译注

当众贬低自己的做法）作为一种风俗是广泛而普遍的。威斯特马克（Westemarc）提到过，摩尔人把祭司们捆起来丢进池塘，希望他们的可怜处境能使神明降雨。因此人们不妨设想，殉道者受难的动机之一是为了唤起神的怜悯与关怀，动机之二唤起旁观者的怜悯与关注。我们已经提到过这种态度起源于儿童希望唤起父母关心的欲望。怜悯类似于爱并往往被用来代替爱，因而受到人们的渴求。

但撇开自我展示，殉道者和禁欲者的受苦既显得与快欲冲动的满足无关，又确实与对性兴趣的放弃有关。放弃性欲（sex）的倾向在早期教会人士身上如同在上述临床病例中一样明显。让我们略举几例以说明这种倾向：圣·尼鲁斯（St. Nilus）本有一妻二子，后来却渴望成为禁欲者并最终说服其妻同意与他分居；圣·安蒙（St. Ammon）在新婚之夜竟对他的新娘大谈婚姻生活的罪恶，最后他们同意立刻分居；圣·美拉尼亚（St. Melania）经过长期热烈的论辩，终于说服了她的丈夫同意她献身于禁欲理想；圣·亚伯拉罕（St. Abraham）则在新婚之夜逃离其妻。

鉴于这种教条的弊病，尽管不那么狂热的教会领袖规定已婚者未经双方同意不得进入禁欲生活，但放弃性生活仍然被普遍地视为圣洁的证明。

人们或许会问：像这样明显地逃避性欲，怎么能给人带来快欲满足？在这些事例中，令人们惊讶的毋宁说是良心的严厉——它不仅禁止个人的欢愉，而且禁止人生的所有其他乐趣。但正像人们所评论的那样，这一因素乃是殉道者个人所感知到的唯一因素，与此同时，他从这种处境中获得的受虐待快感往往被完全忽略了。这种快感，只能由对受苦者的行为做更仔细的观察才能加以推论。

在有关圣徒们逃避婚姻生活的传说中，有圣·阿历克西斯（St. Alexis）的传奇。他在新婚之夜离开新娘。许多年之后，他回到父亲的家中。此时，他的妻子仍在那里为自己被遗弃而感到悲哀。圣·阿历克西斯乞求他们发慈悲让他寄宿家中，但一直到死都不让他们知道他是谁。这种情形中所可能包含的快欲满足十分明显：这种情形使这位孤独无爱的人能够生活在他所爱的人中间；能够没有家室又生活在家人中间；能够像他在婴儿时期和童年时代那样被自己的父亲照料、供养；能够被人爱戴崇敬而又没有成熟与婚姻的负担。这样，由于他放弃了被家人认出自己的乐趣，他也就在巨大损失的假象下获得了极大的满足。

波利尤克塔斯（Polyuectus）和尼尔宙斯（Neamhus）的故事——这个故事曾被高乃依①用作他的一个戏剧的主题——揭示了殉道选择中一个几乎未加掩饰的快欲动机。无论其全部细节在历史上是否真实，它都是十分有趣的，因为它表明作者对个人在为一种抽象事业受苦的过程中所能寻求和得到的强烈的个人快欲满足有着直观的感知。

大多数不同形式的受虐狂都要求，惩罚和虐待是由一个他所爱之人施行的或至少是经他认可的。虽然在宗教受虐狂身上，这种倾向为精神的神秘快感所掩盖。例如威廉·多伊尔神父（耶稣会会员、现代殉道者，死于1917年）就曾以种种方式折磨自己，包括穿

---

① 高乃依：法国古典主义戏剧家。——译注

麻衣、戴镣铐、披荆戴棘、半夜把自己浸在冰水中。他睡在寒冷的石头上；他鞭打自己；除了最基本的需要外，他摒弃了一切食欲的满足。他的笔记本中详细地记载了糖、蛋糕、蜂蜜、果酱和其他美食对他的诱惑："好几次抵抗住吃蛋糕的强烈诱惑。不顾一切地想吃果酱、蜂蜜和糖。受到吃蛋糕、喝凉茶、吃甜食的可怕诱惑。"

他的日记中有这样一些话，足以证明这些牺牲乃是为了上帝："在这段时期，上帝一直敦促我完全放弃奶油。""临近结束的时候我看见了一道亮光，由于我现在已在食物问题上为耶稣做出了我可能做出的牺牲，他现在开始要求我在量上有所减少。"与一位严厉而又亲切的神的这种个人关系也表现在这些话中："夜里，我渴望回到我的小房间里，回到宁静之中，但是我还是怕，因为在那里，他是那样慈爱……这是一种无望的感觉，就仿佛在爱的波浪上颠簸……感觉到他内心那热烈的、灼人的爱，知道他渴望爱并最终意识到一个人的心是如此渺小。""我时时感到在上帝的爱中变得半疯狂。""他的神圣天性中的每一根纤维都因为对我的爱而颤抖……他温和的心的每一次跳动都是对我的强烈的爱的一次悸动……"这种神秘体验中强烈的快欲满足是不容置疑的。

但还有另一种形式的受虐，此时，痛苦本身就是满足的全部来源，而与施加这种痛苦的人全然无关。弗洛伊德把这种受虐称为"道德形式的受虐"。在这种受虐中，受苦是头等重要的事情，不管这痛苦来自朋友、敌人还是非人格的命运。这种受虐提供的满足表现为人急切地寻找受苦的处境，以及受苦总是能使他解除紧张感。人们意味深长地称这为"对痛苦的渴望"，这种渴望可以主宰一个人并给他的道德涂上一层"不道德"的色彩。这一点，早已被许多严肃的观察者注意到。正因为如此，禁欲者才"禁不住"要犯罪以便能够有更大的赎罪行为，而殉道者也才以超出正义热忱的疯狂去"激怒"自己的迫害者。

早期的教会神父们已认识到这一点并以此为遗憾，他们对那些过度耽溺于受苦的人附加了一些惩罚。那些志愿殉道的人即使免于审判也往往要遭到谴责。亚历山大城的主教曾说："自动地把自己交给那些魔鬼的随从和武士，借此使他们有更多的罪孽，迫使他们比平时更残酷，这并不是基督的意愿。"他并不谴责那些以交纳金钱保证自己宗教信仰不受干涉的人；他敦促他的弟子在受到危险威胁的时候躲藏起来以保护自己，哪怕他人因为自己而被逮捕；他也不责备那些受到暴力胁迫但同时也无意识寻求牺牲的基督徒。

尽管如此，殉道的热情仍在殉道者心中燃烧。在流行性的殉道热席卷早期基督教会的时期，"人们似乎的确酷爱死亡"。叙利亚安提奥琪（Antioch）的主教伊格内修斯（Ignatius）在殉道前就曾处在一种无比兴奋的状态中。他被判处刑罚——在罗马与野兽搏斗。在离开安提奥琪去罗马的路上，他写了七封书信。他唯一的恐惧是怕罗马一些有势力的基督徒会使他得到赦免。他给他们写信说："我害怕你们的爱，怕它会对我有害……啊，我会享受到那为我准备好的野兽。我会设法使它们快快结束我的生命……如果它们不愿自动地做这种事情，我会让它们这样做。来吧，烈火、十字架、野兽的撕扯、骨碎身裂、魔鬼般残酷的折磨！只要让我去见耶稣基督！"据说，没有任何事情曾像这种精神的陶醉那样增加其殉道的光荣，"这种精神的陶醉使他像流星一样飞快地从东方赶到西方去赴死"。

宗教史上有无数这样的热情殉道者。据说在早期基督徒之后很多年，曾有一位英国殉道者在其被囚禁的三个月中显得无比兴奋，以致人们都十分惊讶，因为他过去在家中总是十分害羞。行刑的那天，他居然比刽子手更先登上断头台，"就像新郎去参加婚礼一样"。爱德华·伯登（Edward Burden），另一位英国殉道者，因患肺结核卧病在监牢中，但当传讯他到法庭去的时候，由于受到即将来临的殉道所鼓舞，他竟精力充沛地冲上法庭，害得说他有病的狱卒被法官臭骂一顿。

总结

在本章中，我们考察了这样一个事实：许多殉道者和禁欲者的行为本质上是自我毁灭行为，无论牺牲者本人被人们视为圣徒、英雄、精神病患者还是愚蠢的朋友。据考察，禁欲和殉道中自我毁灭的冲动明显地相当于实际自杀中的自我毁灭动因——自我惩罚、攻击性和爱欲。但是显然，它们各自的比重不同。死的推迟证明了破坏性因素受到爱欲因素较大程度的中和，这种中和作用在不同的情况下极不相同。对于这些向量之间的相互作用，我们可以以少数例证来研究其精确性，然而由于例证数量的限制，我们无法认为这一推论适用于更大的范围：在慢性自杀中，爱欲因素的影响比在直接的自杀中强，而破坏性因素的影响却相对微弱。但这场战斗是可怕的、血腥的，即使在那些凭借巨大的牺牲而使其生命之微弱火花燃烧得较久的人身上也是如此。

具有哲学头脑的人或许会争辩说：每个顺应文明的需要、限制其欲望并控制其攻击性冲动的人，都已养成了一种禁欲倾向。按照这一思想，教育就是训练人们禁欲——这种禁欲的成果即不自私，每天为孩子、为集体的社会福利牺牲自己。但是，个人为共同利益所做的牺牲不能与我们上面描述的现象相提并论，这两者之间有着明显的差别。在正常的个体身上，他所做出的放弃和牺牲是基于外部现实的需要——健康律、社会律、经济需要律——并且旨在获得现实的奖赏的。换言之，这些放弃和牺牲是被作为生活条件而接受的。相反，在慢性自杀的受害者身上，这些放弃和牺牲却更多地基于内在的需要而不是外在现实的需要。而且，尽管当事者本人把这些放弃和牺牲视为使生命不朽的手段，但是在旁观者眼中，它们显然是自我毁灭的手段。

第六章
神经症疾病

有些形式的受难①并不像我们上面描述的那些传统形式那样受到普遍的赞许，它们显得缺少自愿的成分；但又很难准确地把它们说成不自愿的牺牲，因为这些受难并非为了任何理想而毋宁说纯粹是个人的甚至是自私的事情。由于这一缘故，它们不像将自己献身于一种事业的受难那样受到人们的赞许。

我所说的这些受难者在说出自己的意向上也并不那么坦率。正统的殉道者面对自己的命运，对牺牲的必然性有着充分的认识；而我现在要描述的慢性自我毁灭者，直到最后仍矢口否认这些毁灭是自找的。我指的是那种慢性病受难者。

当然，我要把那些来源于意外或外因的慢性疾病排除在外。癌症患者、因他人汽车肇事而受害的人、遗传性疾病患者，显然不能

---

① "martyrdom"一词同时有殉道和受难的意思，本章根据上下文译为受难。——译注

被视为自己甘愿的受难者。我现在指的是这样一些病例，这些病例通常被医生们称为神经症疾病和臆想性疾病（hypochondriacs），但我并不排除肉体症状和实际的生理病灶的发生。我们知道有些人惯于利用疾病并歪曲其重要性和严重性；我们也深知这些人对疾病有较大的敏感性。正如福赛思（Forsyth）曾经指出过的那样，这些病人曾接受过不必要的医药或手术治疗，从而强化了其神经症症状；要不然就是被告之，医生并不认为他有什么毛病，只是有些器官或系统需要检查；再不然就是被告之，他们并没有任何器质性疾病，全部问题都是"机能性的"，是"想象的"，"毛病就在头脑中"，并暗示他们是一些说谎者、装病者，是"该死的神经病"。所有这些正好迎合了这些病人的无意识需要，要使他们感觉到自己被误解、被冷落、被亏待——一句话，备受磨难。

这些慢性病受难者至少对医生们说来是十分熟悉的，再继续描述其症状或病史似乎纯属多余。很可能，所有为了宽慰而去找医生的病人，大多数都属于这种类型。因此我认为我们有责任从心理学的角度详细地研究一些有代表性的病例，以便说明这些病例与前一章中讨论的传统的、较少掩饰的慢性自我毁灭在心理动机上的相似性。

我将援引两个病例。其中一个十分极端并且根深蒂固，以致我们虽然能够从精神病学的角度去观察和理解，但病人本人完全不受任何治疗的影响。另一个病例也一度被认为无可救药，但最终被治愈。这个病例之所以在这里特别重要，主要并不是因为这一结果，而是因为治疗的方法有助于我们判断疾病的动机。这两个病人碰巧都是女性。也许女人比男人更容易沉溺于这种形式的自我毁灭吧！

第一个病人六十岁，已婚，尽管有无数痛苦但仍然保养得很好。她一直很担心自己的身体。除了夸大每一种身体疾病的严重性以外，她还总是害怕各种疾病，多次想象自己正在遭受种种恶性疾病的折磨。

尽管患有神经症，她仍然能够成功地从事种种工作。然而每一个位置她都自动放弃了，只因为一种真正的或假想的疾病。除了一般的童年期疾病，她能够记得的第一次疾病是她二十四岁时患的流行性感冒。在往后的岁月中，她总是把自己的各种痛苦和不适归咎于这次流行性感冒。她的特点就是把一切都归因于她的疾病，总是说她一直生活得很好，直到疾病发生使她陷于"逆境"。

她的全部病史是一连串的事件：前次疾病缓慢恢复以后，她总是设法找一个工作，强迫性地工作但又伴随着许多神经性障碍，多年来一直生活得极不幸福，直到下一次疾病发作——无论多么轻微，例如耳疮或流行性感冒。此时她总是辞去工作，无限夸张其症状，不断地抱怨、诉苦和担心，要求关心和照料，把亲属、医生和护士弄得心烦意乱；然后病情改善，找到另一个工作，如此又重复其全部过程。

她放弃了一个很好的工作，去跟一个贫穷的倒霉蛋结婚。对方的智力和文化程度均比她低得多。这种神经质的婚姻一开始就是失败的。结婚不到一年她就开始不断地、周而复始地难过、争吵并诉说种种身体症状。这些症状渐渐集中为一种假想的"慢性阑尾炎"。今天，大多数医生都把这种状况视为虚构的。她最后去动了手术，但是强烈的臆想性疾病和衰弱此时开始加剧，最后使她住进州立医院。和往常一样，她把一切都归咎于这次手术。她说她不应该在先前那所医院动手术，医生过早地让她出院回家，她应该去别的医院而不是那家医院。她总是说："如果不发生那种事情，如果我不那样做，所有烦恼和疾病就全都可以避免。"

有一段时间，她认为自己已十分衰弱和虚脱，以致不可能再恢复。她每天要摸几十次脉搏，对脉率的任何一点变化都忧心忡忡；她对心前区的每一种新感觉都不放过，把它视为恶性心脏病的迹象；有一段时间她十分关心自己的甲状腺，认为它越来越大，不得不做手术，而这次手术必定会要她的命；她一直十分关心自己的肠胃，饮食极其讲究以避免肠胃蠕动，并由于害怕这种蠕动即将发生而担心不已；当这种蠕动终于发生时，她立刻变得衰弱不堪，不得不卧床几小时才能恢复。当偶然有水溅到她头上或耳上的时候，她总是不断地抱怨，整天担心会迸发耳道感染；如果她撞在别人身上碰痛了眼睛，她就会一连几天呻吟不已，说她的眼睛已经瞎了；而当她发现自己并没有瞎时，她几乎感到失望。当她被带到牙科医生那里去拔掉一颗坏牙时，她一连好几天呻吟、悲伤，用一块毛巾或手帕捂着嘴团团打转，拒绝让医生检查口腔，声称这一次她再也好不了了，而在此之前她一直都很好，她根本不该做这次手术，等等。有一次寒潮来临，她患了一点轻微的感冒而卧床不起，其痛苦和不幸的样子直到寒潮过后才消失。以后这小毛病又变成另一种不可治愈的损伤。当她能够到外面短暂地散步，或在阳光中坐上一会儿，或到楼下去做水疗时，回来后她总是痛苦地抱怨，说她过分地劳累，伤害了自己，而那些鼓励、敦促她这样做的人总会受到她的谴责。

现在让我们进一步考察这些症状的起源和发展。这个病人是三姊妹中的老二，比大姐小三岁比小妹大九岁。她的父亲是一个偏执狂，毫无责任心，在小妹出生之前一直偏爱大姐，此后又偏爱小妹。他对病人十分鄙视，经常因为种种过错打她，但从不打大姐和小妹。病人在大约六岁之前一直睡在父母床上，置身于父母之间，她回忆说如果不用手摸着父亲的耳垂或母亲的脸颊，她就不能入睡。此后，当她独自睡觉时，她总是半夜醒来，发现周围一片寂静而竖起耳朵听家人的呼吸声。如果听不见，她就害怕得很，不得不起来巡视，证实每个人都还活着，只有这样她才能够再入睡。她有希望小妹死的自觉愿望，甚至有用刀子戳她的冲动。这使她十分恐惧。与此同时，她害怕她会伤害自己的身体，害怕祈祷也不足以避免她对自己和家人的伤害。至此，我们看见她是如何害怕她原希望降诸他人的疾病或损伤成为对她的惩罚的。

整个童年时代，病人在性问题上十分拘谨，但在十三岁时却开始手淫，同时伴随着对伤害自己身体的强烈恐惧。她经常对着镜子仔细检查自己，特别是自己的面部和生殖器，看看有无损害的迹象。她害怕自己会瞎，或者会受到某种内部损伤。她的手淫常常伴随着受到暴力攻击的幻想，以及家庭其他成员受到伤害死去的幻想。她觉得她从父母那儿从未得到过任何爱而只有谴责和惩罚，特别是来自父亲的谴责和惩罚；而她无疑也通过激起父母对她的惩罚来至少获得那种方式的关注。

十八岁的时候,她战胜了自己的性欲,此后有五年时间她感到自己是纯洁的。但后来她发现,每当她做错了什么事,她就会有一种焦虑感,紧接着就是一种不需要任何性器官刺激的性高潮。于此可见她的手淫和性欲之缓和已与焦虑和惩罚联系在一起。她直到三十七岁才结婚,婚后不久即产生强烈的梅毒恐惧,并且感觉到自己正在被这种可怕的疾病摧毁。

在医院中,她多次声称她要自杀,以作为唯一的解脱。每当焦虑不安,她就会幻想她用一片玻璃或一把小刀割断了自己的喉管或手腕,然后走进浴室,坐进浴缸,死在自己的血泊中。她常常幻想自己悬梁上吊或将毒药塞入自己的直肠,但事后她又往往恐惧这些幻想已无可挽回地损害了自己——损害了自己的心脏、甲状腺,损害了自己的健康。最后则使她非常焦虑不安地再次感到她唯一的出路乃是自杀。这样,病人便无数次地在幻想中毁灭了自己,而这些幻想都具有她既渴望又害怕的性攻击的象征意义。医生或护士对她有些许轻视或仅仅是假想的亏待,就会使她因愤怒而产生这些自我毁灭的幻想。显然,这种情形反复重演了她童年时代的境遇。

她经常出现的那种短暂的病情改善,往往是由于医生方面表现出某种爱,特别是当她能够从中体会到性的成分的时候。例如,当她与医生讨论性问题,医生对她就性问题做了某些解释说明之后,她就会整个下午都感到精神舒畅。接着她又会以往常的方式开始其性攻击的幻想,然后又感到害怕,特别是当她体验到性快感时更是这样。有一次,医生查房完毕,站起来准备离开她的房间时拉了拉自己的裤子,并调整了一下背心,她就认为医生这样做是为了激发她的性欲，因此而产生一阵温暖的快感和满足且持续了几小时。这样一直到别的事情发生而使她感觉到被拒斥和冷落，她才再次变得烦躁不安、充满敌意、沉浸在受虐的幻想中。自始至终，治疗对她不起任何作用。

人们从这个病例中看到了所有那些在分析自杀的深层动机时揭示的自我毁灭的要素，只是附带了一种拯救的因素，这种因素就隐藏在"慢性"过程之中。这个可怜的女人死了上千次，尽管她针对他人的死亡愿望并没有实际杀死任何人，但这些愿望的确使得许多人极不愉快。所有的医生都知道这种病人但又无可奈何。

严格地说，这些人是受难者，而与此同时，他们又使他人成为受难者。和上一章中讨论过的历史上的殉道者一样，他们的受难也具有同样的无意识动机——即经过爱欲化的攻击性和自我惩罚。但是，在这些疾病的受难者身上，自觉的动机显然极不相同：他们不是为了一种伟大的事业、一种宗教的或浪漫的目标，他们的注意力似乎只在自己身上。如果他们的受难除此之外确实成就了某种事情，他们也往往意识不到这一点，或只是事后把它解释为一种附带关系。人们会记得约伯①的朋友们是如何沾沾自喜地自以为能够解释约伯受痛苦的原因。我记得有一位现代圣徒备受风湿病的折磨，却勇敢地摒除自己的怀疑说："上帝并不将痛苦信托给任何人。"而其他人则并不考虑自己在多大程度上取悦于上帝，而是从自己在

---

① 约伯（Job）：圣经人物，曾受上帝考验而历尽灾难。约伯的朋友夸夸其谈地自以为知道约伯受罚的原因，实际却违背上帝的本意。后约伯反而备受上帝恩宠。参看《旧约·约伯记》。——译注

医生和朋友身上产生的影响中获得极大的满足。

　　下面我将较为详细地介绍另一个同样的病人的病史。这个病人较年轻，但同样病得很重，同样显得毫无希望，同样任何治疗对她都不起作用。这个病人是加利福尼亚一个本地贵族的女儿，她父亲的马群、果园和财产均不足以平息他因女儿生病所产生的焦虑。最初看见她的时候，她卧病在床，十分虚弱，不能走路，也几乎不能说话。她不断地身受剧烈痛苦的折磨。除了从身体的一个部位转移到另一个部位的疼痛外，她还经常头痛、不能吃东西、消化不良、月经失调，只有服大剂量的安眠药才能入睡。所有这些症状都是十六年前突然发生的，自那以后就经常急性发作，然后又局部缓解。成年后，她的全部生活就是不断地找医生、住医院，以求能治疗她的虚弱病。然而这种奔波总是徒劳无益，她的病情始终未见好转。许多医生也认为她将终身残疾、卧病在床。另一些医生却寄希望于这种或那种治疗。她动过十余次大大小小的手术，更不消说其他种类的治疗——药物治疗和食疗等。她本人已放弃了任何希望，不再寄期待于任何治疗。她被送上救护车，用担架抬上病床，然后整天整天地躺在床上不动。当不得不移动她的时候，她的脸会痛苦得扭曲，身体翻来覆去，弓着背，用手压着腹部或背部轻声呻吟，就像在竭力控制自己不要表现得更加痛苦的样子。她形容她身体的疼痛就像是有某种"柔软而又肿胀"的东西在体内，就像是有灼热的刀子戳进她的身体。

　　身体的检查、神经系统的检查和化验报告均不足以说明这种痛苦有任何解剖与生理的原因。她身上倒是有许多手术伤疤，但没有任何器质性病变足以说明她的痛苦。这样一个慢性病患者，这样一个"受难者"，十六年来任何医疗（和宗教）的努力都对她全然无效，甚至病痛还往往加剧到使她不能说话，她显然不能认为还有什么治愈的希望。但是，两年以后，这个女人竟然在临床上和社会上均成为一个健康人。这一点之所以重要并不是因为它证明了所采用的精神分析方法的价值，而是因为它证明了在一定的条件下，即使是顽固的受难也可以被征服。更重要的是，它证明了导致这种现象的动机可以被揭示出来与我们先前考察过的那些动机做比较。

当然，由于职业与篇幅的缘故，我不可能在此交代她病史中的许多因素。我也不打算详细引证她是如何逐渐意识到在她的病例中精神因素是值得考虑的因素的。一开始，她的确坚决认为她的症状是肉体症状，认为那些说它们起源于心理原因的人误解了她，说他们暗示了她的痛苦是想象出来的，因而是在怀疑她的动机和诚实。我们只需说她确信她的症状不是想象性的，而且确信她会因此而遭到误解。我们并没有向她指出她从她的疾病中获得的满足（这只会引起她的反感），而是向她建议，既然她并不知道她患病的原因，或许我们可以通过精神分析从无意识中找到某种解释。最后她接受了精神分析，但并不是出于任何个人的希望，而是如她所说的那样，"只是为了她母亲"。

任何时候，只要病人以这种显然做作的方式（但是是无意识地）谈到为某人而恢复健康，我们就怀疑他对那人怀有强烈的敌意，以致竟忽视了这样一个常识，即没有任何人是为了他人而求健康的。相反，我们知道，人倒是经常为了伤害某个人而患病。因此，上面那句话就是一个线索，它部分地承认了病人是在用她的病作为武器去对抗那个她现在说要为她恢复健康的人。换言之，这句话有着部分的真实性，它的意思是："我现在想部分地放弃我对某人的敌意。"

在这一病例中，我们的这种怀疑得到了证实。此后不久，病人即相当坦率地说：最初她希望她母亲从小以另一种方式对待她，后来她感到自己对母亲怀有反感和憎恨，最后她回忆起童年时代曾幻想她母亲死去。

她这样说有充分的理由。首先，她母亲一直以一种极其压抑和限制的方式把她养大，她从未对女儿讲过任何有关性的事情，只是说她不幸是个女孩子，不得不承担起这种命运的后果。像所有女人一样，她必须长期痛苦而耐心地忍受男人的残酷和专制。病人对男人怀有极大的恐惧和憎恨，因为她是家庭中唯一的女孩子。父母给四个男孩子以种种特权，而她却被拒之门外。更为严重的是：十二岁那年，就在她月经初潮的时候（这件事吓坏了她），父母却把她送到瑞士一所非常严厉的女子学校，从此有六年时间她断绝了和男孩子的任何接触。

病人很快就放弃了这种圣徒般长期受苦的虚伪面具——这种面具使她的病显得仿佛是不自愿的受难。由于频繁而反复地重演，她开始十分清楚地意识到她的病的起伏是她的仇恨的表现方式。由于感觉到这种憎恨是针对父母（特别是母亲）的，她便以她所精通的唯一攻击方式即消极的听天由命来进行报复（在疗养院中，她连最起码的事也不自理而完全依赖护士）。然后，由于其攻击性意向，这种消极的抗拒又会导致一种内疚感。为了平息这种内疚感，她又会进一步加剧其宗教倾向，特别是加剧其痛苦症状。为了向自己和世人证明她已因自己的内疚而做了实际的赎罪，她又不得不说服医生和护士相信她确实在受苦。这样就又强化了她那种消极怠惰的攻击性效果。反过来这又使她产生沮丧感、绝望感、自责感和罪疚感，于是又重复整个循环过程，并且每一次都像滚雪球一样越变越大。她完全颠倒了女性吸引他人注意的方式，不再是"看我多漂亮、多迷人、多有才华"，而是"看我多么病弱、多么不幸、多么痛苦"。精神分析的经验已经证明，这种以"怜"代替"爱"的转变，取决于一种因强大而受到抑制的攻击性而产生的罪疚感。

我们不可能详细地深入到对这病人所做的分析之中，但有必要清楚地说明病人何以会出现那些可怕的肉体症状和反复地接受手术治疗。关于这一点，第一个线索出现在梦中：

> 她和另一个人同在一间屋里。那个人似乎是她自己的一部分但又似乎是一个男人。她害怕有人看见这个人，因此跳上床去用被单蒙着头，但又仿佛是对那个是她自己一部分的人说："即使他们看见你又有什么关系呢？为什么还要继续隐瞒这件事呢？"

这个梦预示了她正越来越意识到她对自己作为女性的憎恨和对男人的嫉妒。在梦中，她承认她视自己的一半为男人、一半为女人，但又企图隐藏这个"男人"。事实上我们不妨说，她整个一生都希望成为像她兄弟们那样的男孩，并因为想盗取他们的男性性质成为一个男孩而深感罪孽。这正是她屡次接受外科手术的无意识动机。她常常强制性地去教堂赎罪，有一天在那里她突然想到，或许她长期以来的所作所为是希望像基督一样受难，甚至使自己的痛苦达到基督的程度。而理由则是：基督是一个男人。因此，像基督那样受难，就可以成为一个男人。

这种"非宗教"的想法（用她的说法）严重地困扰着她，但后来她却反过来意识到这正是她大部分宗教热忱的基础。它解释了她何以相信奇迹，何以对献身充满了信心，何以感觉到有一天她会得到报偿，上帝会允诺她的祈祷。她相信只要她受苦越多，她就能得到变成一个男人的权利。在分析过程中，这一点日益明显。她不断地抱怨她有一种失落感。她希望从分析中得到什么，这一点尚不清楚，但她显然期待某种奇迹发生。她希望精神分析能满足她成为男性的终生渴望。为此她向精神分析师断言她相信奇迹并暗示她期待着在分析过程中出现奇迹。她以种种方式表明，在无意识中，她的态度是：只要精神分析能使她成为一个男人，那么无论为此受多少痛苦都值得。

我们于此可以看出：这个姑娘的症状与兄弟仇恨和男性嫉妒以及与此相关的罪疚感有着直接的联系。如她所感觉的那样，由于父母应对她的歧视负责（因为她是一个女孩而不是一个男孩），那么她对他们采取间接的憎恨就是合情合理的。而这种间接的憎恨则是利用疾病来实现的。这样，她的症候就既被用来满足她的幻想，又被用来惩罚她的幻想，以使她能够获得一种取代或补充幻想的现实价值。家庭为她花费了数千美元,而她也博得了成百名医生和护士的关心和照料。她不断地奉献她的身体器官,而且常常都有明显的正当理由。但事情常常是:这种牺牲自己身体部件的方法,并不足以缓和那种导致她这样做的情绪。

在精神分析治疗的最后几个月中,她开始进入恢复过程。她不仅开始在梦、幻想、自由联想和自觉意识中拒斥她那种男性野心和她对其兄弟(特别是他们的身体)的嫉妒,而且有了明确的给予而不是获取的倾向。例如,她梦见送礼物给她的兄弟,而不是像先前经常梦见的那样从他们那里拿走什么东西;她不再在梦中吃掉她的小弟弟或吃掉他们身上的某一部分并把那一部分安装在自己身上,而是开始梦见自己像母亲那样喂她的弟弟和其他人。在进行分析的早期阶段,分析师、她的父母和其他人在她的梦和幻想中常显现为暴君、黑奴、国王,但现在她开始以较为自然的色彩,把他们描绘为朋友,并感觉到彼此之间是平等的。这种客观性的增加也反映在她得到改善的社会适应力上。

虽然与我们的理论并不特别相关,但读者或许对她往后的生活感兴趣。通过精神分析治疗,患者获得了对这些恐惧和冲动的洞察,最初的状况缓解到足以纠正其失望和憎恨的程度。至于肉体症状则完全消失无踪。疼痛没有了,生理功能也与正常人一样了。在外部行为上,她简直成了另一个人。她的体质和外表好转到令人难以置信的程度。她不再关注自己的病痛和关于治疗的新建议,她的注意力渐渐转移到正常女性应有的兴趣和快乐上。她重返学院,选修了几门感兴趣的课程;她有了活跃的社交生活,举行并且参加聚会。此后不久,她遇上了一位煤矿工程师,并且订婚、结婚,现在她已是两个孩子的母亲。

我援引这一结局并非成心褒扬医学的成果。精神分析在治疗上有成功也有失败,但无论成功还是失败都不是我们此刻要讨论的问题。事实上,这个女人出于某些完全可以免除的理由,在将近二十年的时间里一直把自己钉在疾病的十字架上,反复地重演其好心的但徒劳无益的尝试,企图以手术和医药来拯救自己。这并不是对那些治疗技术和那些施行治疗的人的反省,这个病人的自我毁灭就部分地表现在她固执地投向这些医生,要求他们给她施行这种治疗。拯救的第一步是由这些医生中的一个做出来的,他以暂时牺牲她的友谊为代价,向她指出她希望的治疗方式对她而言并不合适,坚持劝她好好考虑一下精神病检查与治疗的可能性。

总结

总括起来,我们可以发现:攻击性嫉妒以及相应的爱欲化了的自我惩罚,是造成这些疾病受难者的慢性自我毁灭的主要原因。这两个病人对疾病的继发性利用都含有攻击性、自我惩罚和爱欲利用(erotic capitalization)的因素。值得提醒的是,这正是我们在殉道者和禁欲者身上发现的同一种公式。实际结果的不同之处在于:殉道者和禁欲者通过献身于某种有广泛社会同情的事业,较为成功地获得了普遍的赞赏。而神经症患者则较为自私(每个与之打交道的人都会立刻感觉到这一点),或者用精神分析的术语说,较为自恋。至少可以说他们的自恋是更紧地包裹在身体感觉中,而不像殉道者那样可以由看不见摸不着的社会赞誉所满足。实际的差异也许更小,因为有些神经症患者成功地博得了许多人(且不说医生和护士)的同情和关注,而另一些神经症患者却激怒了所有的人,包括医生和护士。

在慢性疾病中,我们发现生与死的愿望有着明显的冲突。有时候病人自觉地意识到这一点,他们坦率地说他们"宁愿死也不愿像这样继续受罪",他们也把自己这种状况说成"虽生犹死"。有时候则是病人的亲属或朋友意识到这种折磨并不比死好多少,因而死倒可能是一种解脱。然而事实上,这种类型的慢性病却很少年纪轻轻地就死去,而且尽管他们常威胁说要自杀,但是实际上极少付诸实施。

那么我们将如何从心理学和精神动力学角度来解释这一点呢?当然,我们可以像病人本人那样天真地假定他是残酷命运的不幸的受害者。然而我们刚才提出的材料(更不用说每个临床医生的经验)却使我们坚信:这种"命运"在极大程度上是自找的。这样一来就可以轻而易举地用受虐倾向来解释这一切。但受虐倾向根本不是什么单纯的条件,而是多种因素组成的一种异常复杂的合力。一个人情愿受苦或喜欢痛苦胜于喜欢快乐,这种不同寻常的事实是不容易解释清楚的。要理解这一点,除非当人们发现此人身上可见的痛苦与不可见的痛苦相比轻微得多,或毋宁说与不可见的恐惧相比轻微得多。说得简单一点,对有些人说来,被人怜悯要比被人忽视好得多;被弃置在黑暗中(无论是被孤独无爱地遗弃,还是被阉割、被扼杀)要比忍受任何可想象的痛苦更可怕。因此,对这些人说来,爱只能以怜悯的方式获得,但这总比亡和比被人遗弃好一些。

但这些还只是一般的原则,它低估了这样一个事实,即这种与命运(或想象的命运)的交易和妥协要付出可怕的代价和昂贵的牺牲——牺牲相当一部分人格。在这一意义上,以慢性病作为生存的代价是如此巨大,以致几乎成了一种自我毁灭。为生命付出过分昂贵代价的主题远比本杰明·富兰克林①的著名故事要古老得多。不管怎样,我们必须明白,这种关于命运的观念或毋宁说错误观念,这种对整个人生情境的错误解释,如果不是基于超越个人经验或错误理解的东西,那就不可能持续下去。它似乎基于其中涉及的某种满足。而我相信,这种满足部分取决于执行本能的自我毁灭的机会。

换句话说,我认为我们可以把慢性疾病解释为毁灭力量和爱欲力量(即生存愿望与毁灭愿望)之间的一场拉锯战。如果死亡本能过强或防御力量较弱,病人就会死于他的疾病。如果爱欲能力较大,就会战胜毁灭倾向,而病人就会找到另外的生存方式和爱的方式,不必付出极大的代价,而以疾病作为其人生的唯一满足,从而不由自主地受难于疾病。

---

① 本杰明·富兰克林(Benjamin Franklin,1706—1790):美国作家、科学家、政治家,著作甚多,此处所指作品不详。——译注

第七章
酒精瘾

仅仅在几年以前,如果一个精神病医生要研究酒精问题,人们立刻会认为他将主要与震颤性谵妄这一著名的综合征打交道。二十年前,作为哈佛医学院的学生,我和我的同学们曾在如何鉴别诊断、把震颤性谵妄与另外一些心理症状区分开方面受到过详细的指导;而这也就是我学到的有关酒精及其危害精神健康之作用的全部知识。

多年以来,在精神病学的积极实践中,我每天亲眼看见各种病人,包括许多已经被酒精毁掉的和即将被酒精毁掉的病人,而我所见到的震颤性谵妄不超过三例。这并不是说这种病业已从地球上消逝,因为我敢肯定,在公共医院的病房中,在市立监狱的铁栏后,每天都在接收新的病例。但是今天它们已不像另一些病例那样令精神病医生感兴趣,这些病例提供了更好的机会去揭示病人喝酒的原因而不是病人喝酒的结果。

我并不认为这表明酒精对人体的影响有什么改变，毋宁说，这很好地说明了精神病学重心、兴趣和观念的转变。我们曾经好奇地——当然也是温和地和人道地——观察过那些其大脑最终以戏剧性的表现对这种逐渐累积过量的毒药做出反应的人。然而还有难以数计的人由于其自我毒害所制造的症状不那么生动地富于幻觉和恐怖色彩，遂被视为社会学问题而不是心理学问题。人们以自我毒害的方式自发地毁灭着自己，全然不顾灾难的降临、终生的悔恨和戒酒的决心，这种心理或多或少未受到精神病学家的注意，从而被留给牧师、社会工作者、禁酒主义者或索性留给魔鬼。

早在诺亚时代，人们就懂得酩酊大醉。但酒醉并非酒瘾，许多人常常喝醉却从未上瘾。更何况，我们也看见过酒精上瘾的人从未或极少在一般意义上"喝醉"（因为他随时都处在微醉的状态，而酒精的影响又因为缺乏可做比较的背景而不易被发现）。我无意讨论酒精在正常人生活中的作用和在交际场合饮酒的愉快。有大量的事实证明：在我们的文明中，酒精发挥着非常重要的作用，很可能是增加快乐、减少敌意的武器。

然而，仍然存在着反复过量地饮酒成瘾并造成自我毁灭的现象。每个人都知道这样的例子：人们由于喝得烂醉而放弃一切责任和机会，一心只在头脑中胡思乱想。每个社会工作者都知道这样的家庭，这些家庭由于父亲、丈夫、儿子或者甚至是母亲的酒精瘾而充满痛苦与绝望。每个精神病医生都能和作者一起列举一个又一个病例，说明许多先前杰出而成功的人（以及许多有可能成功的人）是如何以这种奇怪的方式毁掉了自己。我说"奇怪"，是因为一种千百年来一直给人以快乐、轻松和刺激的东西，居然对少数人来说会成为一种自我毁灭的工具。

说到这里，有人或许会开玩笑地说：不错，这可能是自我毁灭，但至少它总是自我毁灭的一种愉快的形式。对这种说法，任何一个熟悉酒精瘾患者及其家庭的不幸的人都不会同意。对旁观者来说这也许是可笑的，但对酒鬼的家庭以及对酒鬼本人而言，这却是一场悲剧。

与此同时，这种笑话也包含着一定的真理。这是所谓"绞架幽默"的一个例子——就像那个被判处死刑的人在走上绞架时说的那样："这的确将是对我的一个教训。"

既然酒精确能在一定程度上给人以解脱，使人摆脱面对现实的痛苦和由种种情感冲突造成的痛苦，那么，就其缓和痛苦的目的而言，酒精的使用确乎可以被视为一种自我拯救的尝试。一些酒精上瘾者承认这一点，但另外许多人坚持认为：他们的周期性发作不过是一些鸡毛蒜皮的小事，尽管结局也许不那么美妙，却没有人会以此反对他们。这种希望被人像孩子般对待，希望放过人的最严重的攻击性的愿望，乃是典型的陷在酒精瘾中不能自拔的人格特征。

这就使我们想要知道，究竟什么类型的人格或者什么样的经历会导致个体选择这种自杀。为了得出某些结论，且让我们描述某些典型的情境。

在追溯那些后来成为受害者的人的饮酒史时，我们往往发现很难确定社交式的和相对无害的饮酒从何时起演变为恶性的、无法控制的狂饮。事实上，这正是酒精对那些性格不稳定的人的一种潜在的危害。早期的典型过程大致如下：乔治是一个显赫家庭的长子，中学时代在社交和体育运动两方面均十分出色。虽然说不上十分辉煌，但他的老师和所有的同学都喜欢他。他被送进州立大学。直到此时他还几乎是滴酒不沾，他的父母也以各种方式反对他喝酒。在大学里，起初他见识过别人喝酒，但自己很少参加。后来，他渐渐发现和某些同伴在一起可以打发一个夜晚或一个周末，于是酒也越喝越多。他的父母风闻此事，家中免不了大闹一场。他表现得十分谦恭、悔恨，答应绝不再干这种事情。三个月之后，有人报告说他又开始喝酒，父母遂威胁要停止供应他的学费，于是家中又免不了大闹一场，而他也做了更多的认错和允诺。

在这种时候，父母偶尔（但实际上很少）会请教精神病医生，如果他们说的话和当时的姿势、表情、态度及举动可以加以综合的话，那么其意思大致如下："你们知道，我们是相当重要的人物。我们的儿子也很不错，而且事实上可说得上出类拔萃。他现在正在念大学。但最近他有一点小毛病，喜欢喝酒。当然，我们知道把这种事看得十分严重，或竟以为精神病医生会对此感兴趣，这未免有些荒谬，因为我们的孩子并没有疯。事实上他什么事也没有，只不过有一些坏同伴。我们并不认为他需要任何治疗，但或许可以稍微吓唬他一下，或者威胁说他再不戒酒就把他锁起来一两天。你告诉他他会得震颤性谵妄。他不过是在大学里被太多坏同伴教坏了。"

虽然有一些例外，但一般说来，嗜酒者的父母由于我们后面将要说明的理由，往往奇怪地对他们子女的痛苦视而不见。他们认为只要他们的子女在中学里十分出众，或者只要他们的子女在大学里组建了一个联谊会或运动队，他们便一切皆好，内心充满了宁静与满足。这种父母极少意识到那些外表出众、颇受看重的孩子内心往往无意识地隐藏着痛苦。一旦这些孩子发现酒精具有暂时的消解力时，再要阻止他们就不是家庭争端、指责威胁所能办到的了。我们精神病医生根据大量经验深知这一点，但我们发现，根本不可能使这些父母相信：我们并非杞人忧天，并非想吓唬他们使他们在自己认为不必要的情况下去严厉地对待他们的子女。他们往往把我们等同于最狂暴的禁酒主义者，而这些禁酒主义者对酒精的声讨很可能在阻止人们继续使用酒精方面的害处大于好处。

通常这些父母并不请教我们，也不向任何人请教。他们的孩子很快就混到了文凭并找到了工作。父母有时会听到谣传说他们的孩子周末聚众狂饮，但他们对此并不太相信。直到知道他们的儿子因酗酒而被开除了职务，他们这才如梦方醒。

于是他们的儿子很可能沮丧地回到家中。父母大发雷霆，痛斥这种行为，明确地表示他不受欢迎。母亲则伤心地哭泣。儿子受到这样大的屈辱，显然十分悔恨，其模样像是个大孩子。于是他再一次承认错误，痛下决心，允诺保证。这样过了几个月，家人们都相信他们的好孩子已经改掉坏习惯，今后会永远幸福地生活。

但他自然没有改掉坏习惯。我可以举出一个又一个病例以说明酗酒生涯正是像这样一个插曲接一个插曲——再次工作，再次饮酒，再次被开除，再次引起家庭争端，再次允诺保证，再次令人失望。无疑，存在着许多不同的情形。这些人往往结婚较早并且需要父母的经济帮助；一旦生了孩子，情况也会有所改变；有时候妻子会对他有所帮助，但在更多情形下，妻子往往不能有所帮助，甚至妻子本人也参与酗酒。我记得这样一个病例，在一个酗酒病人正在接受治疗的时候，他的妻子正在继续酗酒。她带着两个吓坏了的小女孩，驱车二百五十千米来到她丈夫接受治疗的疗养院，要求他放弃治疗跟她一起酗酒。

还有一种复杂情形需要提到，这就是尽管他们会不时地沉迷于酒精，但有时候他们的确是相当不错的甚至是十分出色的。他们中有一些人仅仅是在功成名就之后才开始狂饮烂醉的。读者会记得这种情形类似我们在自杀者身上观察到的情形：有些人自杀或企图自杀乃是在他们获得成功之后。我们不打算重复解释这一行为，这里只需指出它们的相似之处。

但或迟或早，大多数酒徒都会走入绝境，弄得众叛亲离、妻离子散、触犯法律——例如因酒后驾车肇事、酒后发生性丑闻、伪造支票、暴露下体等。海明威、菲兹杰拉德、约翰·奥哈拉、约翰·多斯·帕索斯①等小说家都描写过这种情形。

我不知道此后的情形会演变成什么样的局面。精神病医生所看见的不过是他们之中少数人的情形。我们知道其中一些人身陷囹圄，另一些人栖身收容所，还有一些人则索性自杀。我们还知道另外许多人从一所疗养院转移到另一所疗养院去做所谓的治疗。我们确实看见的只是那些由于其家人或朋友再也不能忍耐而被送上门来的人。的确，极少有酗酒者自动来找医生的，他们的到来通常都是

---

① 均为美国著名小说家。——译注

由于医生、法律或道德——有时是身体——的外来强制。那种阵发性的想拯救自己、想放弃周期性的无节制狂饮的企图，通常都是一些假话。他们是言不由衷、虚情假意的。之所以如此，其原因倒不在于某些邪恶的禀性，而在于每个酗酒者都私下里身受其苦的深深绝望。对他来说，任何人、任何机构想要使他摆脱酗酒习惯的努力，都仿佛是要夺走他从难以忍受的痛苦中获得解脱的唯一手段。由于这一缘故，这些病人往往躲避精神病医生和精神病医院（在那里，酗酒的潜在原因或许能得到研究），而以出外钓鱼、到牧场游览、回家照料孩子，以及所谓的"治疗"或"休息"来骗人。

一旦酗酒者确实来到精神病医院，随之而来的则往往是一些奇奇怪怪的事情。首先，他们总是渴望烂醉，尽管他们刚刚从先前的狂饮中清醒过来，正决定进行精神治疗。瞻望戒酒的痛苦、"再喝最后一次"的想法以及对那些"好心办错事的朋友"的一阵阵憎恨，都驱使他孤注一掷，而这往往又伴随着一段时间的羞愧和悔恨。在这种羞愧、悔恨中，病人一方面具有严厉的宗教态度，视饮酒为一种罪过，另一方面又分担着他的亲人朋友的憎恶、失望和怜悯。

在这种时候，病人会允诺一切，答应任何要求和规定。但渐渐地，这种情形就会让位于越来越强的偏执和蛮横——医院的一切都是"可怕的"，病人已"完全治愈"，随时准备回到工作岗位上（即使并没有任何工作等待他也是如此，因为病人已完全失去了任何工作机会）。

与此相关的，我必须提到另一种奇特而经常出现的现象。这就是病人和病人家属都经常"身受"的那种特有的病态乐观。我有意选用"身受"这个词，因为一般说来，这种乐观态度乃是成功地治疗这种病患的最严重的障碍。尽管病人一开始那么绝望，而其病史又那么令人沮丧，但是在这种事持续了几周或几月后，病人以及（最奇怪的是）病人的亲属就坚信他现在已经完好如初，他的心理已经发生了巨大的改变，再不会重蹈覆辙，相应地也就应该信任他、期待他去承担他的生活责任。甚至当这种把戏、这种保证和失望的公式一再重演时，人们仍然一如既往。其原因就在于病人的家庭需要相信这一点。这正是病人和家庭双方攻击性交互作用的恶性循环。

十分明显，这种乐观，这种虚假的安全感不过是自我欺骗，其目的在于逃避深层心理的彻底改变。酗酒者暗自忍受着难以言喻的恐惧而不敢正视。他只知道一种办法，那就是借饮酒来淹没这种恐惧感。而这种"治疗"（饮酒）接着就变得比疾病更坏，至少外部事实证明了这一点。当他的手法败露以后，他宁可暂时放弃这种自我治疗的企图，也不愿正视和承认他这样做的原因并接受更有希望的、科学的治疗方式。所以如上所述，他总是很快就逃之夭夭。

但只要方法得当，有些酗酒者还是能够接受分析以期发现究竟是什么东西驱使他们拼命饮酒的，是什么样的大烦恼逼迫他们寻求这种自杀式的安乐的。说这种烦恼来自外部生活的种种困难，这不过是一种遁词。没有一个酗酒的病人会对已经赢得他信任的医生这样说。生活中的确有种种烦恼，而有些不能解决的问题甚至能烦扰最健全的心灵。但问题不在这里，至少不仅仅是这些因素迫使人们在酒精中寻找出路（如果是这样，那么我们都将成为酗酒者）。酒精瘾的受害者知道他们的批评者所不知道的事情，他们知道，酒精瘾并不是他们罹患的疾病，至少并不是他们罹患的主要疾病。更进一步说，他知道自己并不清楚他心中那种可怕的痛苦和恐惧是怎么回事，而只是盲目地被它驱向用酒精进行自我毁灭。这就像有些可怜的野兽吃了毒药或被火烧伤，因而不顾一切地冲入海中，为逃避一种死亡而招致另一种死亡一样。

的确，我们经常发现病人以自觉的自杀意向开始，即以饮酒浇愁告终（或者他们第一次烂醉就是为了做自杀的尝试），仿佛这种死法不像开枪自杀那么实在。许多来治疗酒精瘾的病人，在他们清醒的时候都沉溺于自我毁灭的想法，有时并伴随着自觉一文不值、罪孽深重的意识。一些病人尽管已经喝醉，但仍然部分地实施了这些自杀意图。例如其中一个曾用剃刀在脸上乱砍，另一个则用小刀戳自己的身体。一些人从高处往下跳或试图从高处往下跳，更不用说还有成千上万的人酒后开车以寻找一种死的方式。

因此，酒精瘾不能被视为一种疾病，而应被视为一种逃避疾病的自杀方式，一种对看不见的内在冲突做自我治疗的可怕企图。这种内在冲突可以由外部冲突加剧，但主要并不是（像许多人认为的那样）由外在冲突引发。严格说来，酗酒者确如他们自己所说的那样，并不知道他们为什么要喝酒。

然而我们现在的确从大量精神分析工作者对无数酗酒者的无意识精神生活所做的研究中，知道了他们中有些人饮酒的原因。

让我们首先从较浅的层面开始。酗酒者几乎都是快乐的、人缘好的、健谈的、受人欢迎的人。他们似乎确有义务使自己为人们所喜爱并且非常精于此道。然而不难发现，这种过分渴望被爱的愿望（这种愿望迫使他们以这些痛苦去博得人们的好感）却预示着潜在的不安全感，这种不安全感必须不断地得到补偿和麻醉。

通过临床经验我们也知道：这些不安全感和自卑感很少来源于现实的比较，而更多地来源于无意识的、"非理性的"缘由——通常是巨大的挫折感和愤怒，以及由愤怒招致的恐惧感和内疚感。当然，这一切现在都是无意识的，但一度是被充分意识到的，是过分自觉的。事实上，酗酒的一个附带作用就是进一步压抑这些威胁着要重新进入意识的情感和记忆。这些人就像孩子一样忍受着痛苦的失望、难忘的失望、难以饶恕的失望！他们有充分的理由感觉到他们是被出卖了，而他们今后的全部生活都是以延缓的、乔装的方式对这种感觉做出反应的。

的确，每个孩子都会遭遇失望和挫折；这在现实生活中是不可避免的。我们降生到这个世界，然后不得不从按快乐原则生活转变到按现实原则生活，这是我们从痛苦的考验中逐步发现的。我们都不得不断奶，不得不放弃对父母的依赖，不得不放弃对圣诞老人的信念。在这方面，酗酒者童年时代所受的痛苦，在质上与其他人所受的痛苦并无区别，但显然在量上大相径庭。在酗酒者身上，这种失望实际上已大得令人难以忍受。它如此巨大，以致确实影响了他的人格发展，从而在某些方面，他的整个生命始终停留于我们所说的"口腔性格"。在讨论抑郁症的时候我们已涉及这一问题，在这里我只打算重复：口腔性格的特征是明显地滞留于这样一种心理发展阶段的，在这一心理发展阶段，孩子对待世界的态度取决于他希望通过口腔摄入来获得世界的愿望，以及用嘴来毁灭一切阻挠他的需要的东西的愿望。

饮酒——在我们此刻使用这个字的意义上——乃是典型的幼儿报复行为。首先，它是用嘴来进行的；其次，它将所欲求的这种东西的神奇力量赋以一种虚幻的最高价值；更重要的是，它的实际攻击性价值是间接的。成年人的报复行为更具有直接的攻击性。例如，一个成熟的人因为某些正当的理由而生父亲的气，就会把问题摆到桌面上，设法中止这种待遇，而不是以纵酒的方式去使他父亲痛苦伤心。然而酗酒者不管有多么气愤和憎恨，都绝不敢冒险放弃他紧紧依赖的所爱对象。更何况，他也像所有神经症患者那样，混淆了他的朋友和他（理论上的）敌人，他对待那些他爱的人的方式，就像他们就是那些他恨或曾经恨过的人一样。于是酗酒者同时既希望毁灭其所爱对象，又害怕失去这些对象。同时，他也害怕这种攻击性的后果，尽管这种攻击性不断地驱使他去反对他们，而他也只有以严厉的内在限制来阻止自己。一旦这种内在限制积累到一定程度，他就会去寻找一种麻醉方式，这种麻醉方式就间接地成就了他如此恐惧的攻击性及其后果。

在酗酒者这种强烈的矛盾情感中，在这种爱与恨相互冲突、混淆的态度中，人们会发现他一度经历的巨大失望的缩影和对这种失望性质的部分解释。让我们依靠观察经验而不是逻辑推论。我曾一次又一次地在那些接受深入的既往调查和心理分析的病人身上注意到：酗酒者的父母往往以人为的（尽管是无意的）方式，极大地增加孩子不可避免的失望。他们往往引导孩子期待更多的满足，而他们又没有准备这么多来给予，或者现实不可能有这么多。举一例子就可以说明我的意思。一个酗酒者的母亲给孩子喂奶一直喂到三岁——因为母亲本人如此欣赏这种喂奶体验。但后来由于在断奶时遇到种种困难，遂不得不用炉灰把自己的乳房涂黑以便吓退孩子。另一个酗酒者的母亲十分宠爱她的这个孩子而几乎忘掉了其他孩子，但当他稍大以后，她自然而然地就只能放弃原来那种宠爱的方式。还有一个酗酒者的父亲经常派他的儿子去街角的杂货店为他买雪茄，并告诉他只需对老板说这句神奇的话——"记账"。有一天，儿子用这种方式得到了一盒糖果并且发现没有给自己招来任何麻烦，但是当父亲知道此事后，对孩子一顿痛打。此举令孩子既惊讶又憎恨。还有一个父亲先是鼓励他儿子工作和储蓄，后来却把这笔钱据为己有。

这种前后不符的对待孩子的态度，揭示了父母方面的矛盾情感，并且说明了为什么朋友和亲戚往往称这些病人是"惯坏了"的孩子，是"永远长不大的孩子"。这些类似的说法暗含着对"孩子"及其父母两方面的谴责。这些说法有正确的地方，但错误地假定这些孩子之所以被"惯坏"是由于给予了太多的爱。究竟是否有孩子是被太多的爱惯坏的，我对此表示怀疑。父母方面过度的"爱"往往不过是恨或内疚的极其单薄的伪装。如果说邻居察觉不到这一点的话，那么孩子是能察觉到这一点的。过分关心、过分保护孩子的父母，往往给孩子大量礼物以避免在孩子身上花费时间和精力；另一些父母则以自己的人格去影响、鼓励、利用自己的孩子以满足自己的自恋倾向。这些人,不管他们自己怎么想,是说不上爱孩子的。对于所有这些攻击性,孩子总有一天(也许会付出极大的代价)会进行全面报复的。

在下面这个特殊的病例中,所有这些会变得十分明白易懂。

乔纳逊·理查森的父亲在美国是他们这一代人和他这一特殊领域中最著名的人物之一。我们第一次看到病人——乔纳逊的时候,是在他三十五岁的时候。在此之前的十五年中,他遭到了一连串悲惨的失败,丧失了只有极少数人才能获得的事业机会。他的失败,表面上的原因是酗酒——的确,他生活的悲剧恰恰是那些反对售酒、反对饮酒的人的最好的例子。

在外表和身段上,他极为英俊。他风度翩翩、智力良好(如果说不上超群的话)。这一切连同他家庭的声望和金钱,使他无论走到哪里都十分受人欢迎。他是社交场合的风头人物、杰出的运动员,是东部一所著名大学学生团体的知名领袖。他从未沾染上任何坏名声;他不骄傲、不势利、不虚伪。的确,他早期生活中的唯一过错,就是消极地接受了他的好运而没有靠自己的努力去赢得它。在大学第一年,他并没有喝酒。

由于他父亲认为他并没有努力学习,他被迫离开大学到另一所学院去受训学习他父亲的专业,以便实现他父亲的野心,即有能力胜任那将要移交给他的公司最高职位。但对这种机会,他做出的是一种奇怪的令人费解的反应。最先是缺乏热情,后来则是彻底厌恶。最后,不管他如何努力,凡与专业课程有关的一切科目他都不能及格。

与此同时，他开始饮酒。经常在晚上，在他应该学习的时候，他要到外面去"轻松"几小时，而回来则已烂醉如泥，于是误了第二天的功课。他的父亲在绝望中坚持说他应转入另一所学校，但紧接着同样的事情又发生了，直到此时他才明白他并不想继承他父亲的事业。他对此毫无兴趣，这种伟大的机会对他说来一钱不值。他父亲能够说服他，而他也总是承认他父亲很可能是正确的，但接着就又陷入沉默，并且一有机会就又开始醉饮。

他在绘画方面有一些才能并坚决要求让他尝试绘画。但他的父亲认为，一个像他这样在实业界有远大前程的人去涉足绘画乃是一件荒唐的事情，更何况他在绘画上最多也只具有中等的天赋。

接着，几乎同时发生了几件事。大战爆发了，他不顾他父亲的名望可能给他带来的晋升机会，自愿登记为列兵，并一步步跻身于军方官员的行列。他娶了一个漂亮的女人，而且事后证明她的才能、头脑和耐心均不亚于她的美丽。但在那段时间，她却经常成为他受处分的原因，因为他总是不请假就跑去看她。他继续大量饮酒，而且在他被撤职以后喝得更厉害了。

此时，父亲已完全承认事实，相信他儿子不可能继承他的事业，而仅仅急于使他不再喝酒，并找到一个能够自立的工作。在以后的十年中，他赞助了一个又一个计划，在儿子身上花费了大量金钱，使他得以从事一个又一个事业，但最终遭遇了一次又一次失败。在每种情形中，失败均具有同样的特点。先是热情迸发，努力工作，建立起许多关系，有了很好的信誉和成功的希望，接着就因为经常不在店中（喝酒所致）而令雇主日益失望。然后是越来越多地喝酒，生意越来越清淡，由此而导致消沉沮丧。于是他喝酒喝得更厉害，最后以破产、被拘捕或下狱、突然消失无踪等富于戏剧性的方式收场。尽管如此，他却始终保持着一种和蔼、谦虚、诚恳的态度，以致每个人都相信他肯定已经悔悟，今后一定会重新做人。

"我已经糟蹋了一切，"他总是说，"我伤透了母亲的心，糟蹋了最好的机会，虚度了青春岁月，放弃了受教育的机会，不能供养妻儿却又为家室所拖累。我从中究竟得到了什么好处？什么也没得到！只有我自己也不希望发生的酒后吵闹。"

现在再看看他喝酒的心理。他具有我们认为适合酗酒的典型条件。他有一个法力无边、挥金如土然而摇摆不定的父亲；他有一个过分溺爱、是非不分的母亲；他还有一个父母明显偏爱的妹妹。

总之，在这个例子中，父亲具有很高的地位，而这是每个儿子在无意识中都想超越的。但这只会徒然给儿子带来困难，因为对他来说，他是达不到父亲的高度的。除此之外的另一个事实是他父亲残酷地使用他的特权。他高高在上、全知全能，有时候十分粗暴，有时候又居然伤感得流泪。一个始终严厉的父亲会激起孩子的反抗，而一个有时在饭桌上挖苦讽刺孩子直到孩子下桌哭泣、有时又在人面前当着孩子的面夸耀孩子并用无数礼物压得他喘不过气来的父亲，则会在孩子身上激起可怕的敌对和对敌对的压抑。孩子不仅被严厉所刺伤，而且由于偶尔的仁慈而不能有正常的反抗。

这孩子对父亲的另一反感是父亲对妹妹的偏爱。这在父亲方面可能是正常的，但在儿子身上却往往激发起无意识的对女性地位的羡慕（因为父亲对妹妹的态度始终是温和的）。这种情感冲突的正常解决途径是孩子转向母亲以寻求在他成长岁月中需要的帮助，然后再离开家庭走向更友好、更少冲突的生活领域。但这在本例中却有某些困难。像这孩子的父亲那种地位优越的男人，他们的妻子一般都有自己特有的神经症，最通常的就是把爱从丈夫身上转移到儿子身上。而这又进一步使问题变复杂：过多的爱使孩子透不过气，既使他成为一个被惯坏了的孩子，不需要做任何男性的努力就能赢得爱，又增加了他对父亲的恐惧——因为在父亲的领地中，他是一个入侵者。我们不妨说，这种孩子被父亲的蔑视及其对姊妹（或他人）的偏爱所激怒，从而过度地向母亲寻求爱；但出于对全能的父亲的畏惧，他又只能以婴儿的方式，停留在口腔阶段去获得这种爱。

　　这种情形恰恰发生在我所说的这个病人身上。从上面关于他的简要介绍，人们可以清楚地看到这一点怎样反映在他后来的生活中。这孩子对父亲有自卑感，对妹妹有嫉妒心，对母亲则有口腔的依赖。这些因素迫使他在生活中接受一种极其消极被动的角色。我在上面描述过的所有酗酒者，其典型的特点都与这种基本的消极性有关。他们希望以过分的友谊和卑屈而不是以其男子汉的成就去赢得人们的爱。然而尽管在方法上是消极被动的，酗酒者却丝毫不乏攻击性。的确，他们在用他们的消极被动去对付那些挫败了他们的人时是最富攻击性的。正因为如此，酗酒行为往往在婚后不久即发展到一种病态的程度。这些人企图从妻子那儿得到比正常女性所能给予的更多的母爱，其特征则是控诉她不够温情，而自己又不愿对妻子承担自己的男性责任。这种挫败感的结果乃是拿起酒杯重操旧业，而酗酒则既是对自己的满足又是对妻子的攻击。

在乔纳逊·理查森的病例中，人们会记得饮酒行为始于婚前，当他父亲坚持要他转学之时。父亲希望儿子继承他的事业，而儿子由于种种原因做不到这一点。这意味着对父亲的一种不情愿的认同。何况，这会使他处在随时拿他惧怕的父亲同自己进行比较和竞争的难以忍受的位置上（这正是口腔性格的特征：既不能做胜利者，又不能做失败者，因而通常只有退出一切竞争）。乔纳逊更希望做一个艺术家，而这乃是一种女性认同（我无意中伤艺术家，这里所说的艺术乃是乔纳逊心目中的艺术，而这乃是模仿他的母亲）。在这方面，他父亲试图挫败他的计划，而他也反过来挫败了他父亲对他的野心。不管怎样，他以酗酒的典型方式挫败了他父亲的野心。他做了他父亲要求他做的一切，试图满足他父亲的愿望，表面上他不过是失败在经不住酒精的诱惑上（作为象征，这一点相当于童年时代退却到母亲的怀抱中）。

在这一病例中还有一个因素，虽然不是所有酗酒者都有的，但很具普遍性。这就是病人的父亲喝酒也喝得很厉害。旧时的精神病学家把这看得非常重要，因为他们认为酗酒是一种遗传缺陷。今天，虽然这仍然是一种流行的理论，但几乎没有任何科学家相信它。酗酒不可能是一种遗传缺陷，但如果父亲是酗酒者，那么儿子很容易学会用这种方式去进行报复，而以后则不能自拔。众所周知，许多酗酒者，其父母都很有自制力并且滴酒不沾。在这种家庭中，儿子的酗酒行为被作为一种武器则有更大的威力。

这一病例也像任何病例一样能够说明酒精瘾的一些心理作用。

在这些病例中,对有些人来说,最明显不过的是自卑感似乎经酗酒而得到缓和。许多人曾以内省的方式观察到这一点,而上面的例子则似乎是最好的例证。但是人们应该记住:这种巨大的自卑感通常有赖于由嫉妒和敌意产生的罪疚感。少量饮酒后所产生的意气洋洋和压抑解除状态,不能直接拿来与酒精上瘾者的感觉做比较。酗酒者绝不会在这种轻松感恰到好处的时候点到为止,而是要一醉方休,直到这种感觉被一笔勾销,直到其行为实际上加剧而不是减轻了其社交和智力的低能与自卑。这一点,加上平时对这种人行为的观察,足以使任何人相信饮酒所具有的潜在的攻击作用。几乎无须证明,事实上每个人都知道醉鬼在宴会、公众聚会、私人生活中的出丑现象有多么令人讨厌。酗酒病人给精神病医院带来的麻烦比任何人都多。这倒不是因为他们始终令人不快或好斗不休,而是因为他们一会儿做出和蔼谦卑、彬彬有礼的样子,一会儿又琐碎无聊、喋喋不休,一会儿又因其胡搅蛮缠遭到拒绝而表现出突然的暴躁冲动。他们简直不能忍受现实生活中(或甚至是疗养院生活中)常有的剥夺和限制。的确,酗酒者一旦发现喝醉酒并不是他招人讨厌的唯一原因,人们就可以认为他已经开始"好转"。威廉·西布鲁克在他对自己接受酗酒治疗的体验所作的自白中,对此有忠实而准确的描述。对任何有兴趣的人说来,这本书是一本不可缺少的资料来源,尽管事实上作者所谓的对他所做的深层精神分析研究还在十分肤浅的阶段就明显地中断了。

我曾说酗酒者的自卑往往来源于一种罪疚感。在有些人身上,这种罪疚感自觉地先于饮酒,但在大多数病例中却往往被错误地

（由他们自己和某些医生）归咎于饮酒的生理效应（宿醉、卡森雅麦尔氏综合征等）。然而事实上，这种罪疚感主要并非源于酒后产生的攻击性，而更多地来源于其背后隐藏的基本攻击性，即部分地受到压抑但从未完全成功地受到压抑的敌意。我相信，这种敌意乃是酗酒神经症的主要决定性因素。这一点只有在做过大量病例的研究后才能被明白，但在下面援引的这个病例中，却能令人立刻感觉到这一点。

这是一个有思想有才华的年轻人，他只有二十三岁，但看上去仿佛已三十岁。他以优异的成绩毕业于大学预科后，由于大量饮酒而在大学中被开除。此后，他由于醉酒和与女人鬼混而一次又一次地被解雇。他怀着严肃的心情来到诊所，决心得到医生的帮助，否则即只有堕落为一个不可救药的醉鬼。对此，他经过思考且有诚意，因为他父亲新近去世，家庭的重担已落在他的肩头。与此同时，他的悔恨也与日俱增，这种悔恨过去也有，但从未能够使他不再喝酒。

他反复梦见自己被关进监狱，这种梦使他坐卧不安。他回忆说，就在他父亲死后不久，他曾好几次被同一个噩梦惊醒，在梦中，他看见他父亲的尸体站了起来，非常愤怒地威胁他。他父亲是一个有头脑、有远见、有成就的人，曾对这个儿子极其失望，并且严厉地谴责过他。病人承认，他摆脱不了这样一种想法，即他因酗酒而使得父亲十分痛苦，以致实际上是导致父亲死亡的主要原因。这就是病人那些噩梦的起因。"我知道我杀死了我的父亲，"他说，"无怪乎我梦见自己进了监狱。"

病人继续做梦梦见自己被绞死或被囚禁，这使他心惊肉跳，以致不得不喝得烂醉然后又悔恨不已。"我不过是一个醉鬼，一个堕落之徒，"他说，"让我喝酒喝死算了，我根本不值得人们费力拯救。"

他中断治疗离开了医院，但对医院保留着最大的好感。他决心去实现他自我毁灭的意念。他继续喝酒，酒后制造了一起车祸，在这次车祸中有一个人被害（应验了他的"有预见力的梦"），而他也确实因过失杀人而受到审判（又应验了他的梦），但最后他被释放了。

他又到另一个精神分析师那儿去接受了一段时期的治疗，但后来又再次中断了治疗跑去经商，且获得了一定的成功。与此同时，他由于害怕再出车祸而中断了饮酒，但此刻出现了一系列几乎使他动弹不得的神经症症状，如恐惧、焦虑、抑制、各种生理症状和病态观念。一种类型的神经症常由另一种神经症所取代，这在本例中最为明显。

这个病例也显示出酗酒倾向中相当典型的性模式，即攻击性和罪疚感关联着饮酒的性价值。与父亲有关的可怕的罪疚感、几乎是精心策划的对父亲的挑衅，以及与此相伴随的对父亲的深深倾慕，共同导致一种冲突，即既希望对父亲保持一种消极的性依赖，又拒斥这种希望。有一点几乎已成公理，即尽管酗酒者表现出大量异性爱活动，其内心深处却对女性和异性爱怀着隐秘的恐惧，而且显然认为它充满危险。他们往往意识到自己并不具有正常的性能力或性兴趣，坦白地发誓说：他们从女性身上并非想得到性满足，而主要是得到温情、关心、爱——意思是他们是寻求母性的关心。而这乃是正常女性拒绝给予一个成熟的男子汉的（因为她希望他是她的保护人和主人）。其结果是不可避免的：病人接着就对她和所有女性采取一种悲伤、轻蔑、功利或甚至是仇视的态度，并转而以一种混合着友好和挑衅的态度转向男人。由此虽然表现出短暂的欢乐和随和，最终却是痛苦和失落。就在他和他欢乐的同伴（那似乎是他父亲的替身）一起痛饮的时候，他是在反抗和刺痛他的真正的父亲，是在拒斥他的真正的母亲或母亲的替身；而这反过来又产生一种悔恨并导致自轻自贱。与此同时，被激怒的妻子开始考虑或正式提出离婚。于是这位娃娃丈夫又会立刻跑回妻子身边，一把眼泪一把誓言地向她保证，而妻子终于心软，于是整个过程又从头开始。

酗酒中如此明显的自我毁灭后果似乎部分属于意外，也就是说，它们是人以自我调节的种种努力去从内在威胁中获得解脱时不期然而导致的结果。只要这些内在威胁有可能以人自己的冲动毁灭个体，人就会选择酗酒作为一种较轻的自我毁灭以避免更大的自我毁灭。

我们已经指出：许多人（如果不是所有人）都面临着同样的问题，而其解决方式也大致相同。那么，是什么样的特殊问题伴随着潜在的酗酒者，为什么他们选择了这样一种特殊的解决方式呢？上面援引的病例说明了某些决定性的经验促进了酗酒者情感问题的发展，同样也促使他们选择这些解决方法。这些经验涉及病人早期口腔接受型欲望所受到的挫折。这就是他们对爱的需要、他们因受到挫折而产生的憎恨、由于沉溺甚至幻想进行报复而预感到惩罚，以及由此产生的恐惧。

酗酒干净利落地解决了这一问题,因为它使个人能够实现这些报复和攻击,并且往往是针对报复心和攻击性的原发对象。但此外,它也招致一定的惩罚,而这种惩罚则不如在原发条件下所想象的那么可怕。

何况,它还提供了口腔爱——象征性地表现为用口喝下珍贵液体,即他如此渴望的"母亲的乳汁";实际上则表现为社交宴饮中的欢乐和伤感。的确,这一点有时似乎已代替了异性的对象爱,但酗酒者也像所有口腔性格的人一样,并不注重性别的差异。的确,由于他将自己所受的挫折主要归咎于母亲,所以他恨女人胜于恨男人。但他对女人的歧视,主要并不是由于其性别,而是由于她与母亲的相似,换言之,主要并非由于性原因而是由于人格原因。许多酗酒者只在喝醉了以后才沉溺于同性恋(或异性恋)。但这些不同的事实却证实了我们的论断:自我毁灭的所有表现形式均已部分地(不完全地)性欲化,也就是说,被用来作为获得快感的源泉。

出于特别的考虑,我将一般的治疗问题放在最后一部分。但由于酒精瘾是一种广泛存在的病痛,而现行的治疗方式又完全不能见效,因此我认为有必要插入一段简要的提示,即如上所述把它视为自我毁灭的一种形式,并在这种思想下考虑治疗方法。

以这种观点去看待酒精瘾问题,人们会发现:进行成功治疗的一般原则完全不同于建立在以往观念(酒精瘾是一种坏习惯,一种不幸的遗传禀赋)上的那些原则。有效的治疗当然应该是治疗那导致酒精瘾的内在原因。这意味着逐步消除对挫折发生过度反应的倾向，逐步缓和那些深藏的内在焦虑感、不安全感以及孩子似的期待和憎恨方式。

但由于这些十分顽固的特征代表着一种根深蒂固的性格变形，代表着童年创伤的变相结果，要成功地消除这些特征就意味着完全彻底地重建整个人格。

就我所知，只有一种治疗技术试图做到这一步，这就是精神分析。我并不是说酗酒不可能经任何其他方式治愈。我曾看见过一个有头脑有决心的人在一个孤寂的地方，通过好几年的长期祈祷而治好了这种疾病。我知道这种情形的发生是由于一种宗教上的皈依。我确信在不那么严重的病人身上，这种结果也能通过精神医学的商讨和咨询办到。我们都知道，所谓"痊愈"有时候不过是由酗酒转变成另一种神经症，例如，酗酒者有时不再是酗酒者而成为疑病者或宗教狂。最后，为尊重事实，我们还必须补充说，这种情形的发生有时紧随着强烈的情感体验，有时则紧跟在显然微不足道的事件后面。对这种变形该如何解释，至今仍是一个谜。

但另一方面，我从未见过酒精瘾单靠监禁就告治愈，哪怕在那段时期他已彻底戒酒。这里所说的既包括长期监禁也包括短期"治疗"。我曾与许多州的州医院负责人谈过此事。这些医院也治疗过酒精瘾患者并且也有过与我同样的观察发现。事实上，我的一位朋友，某一所州医院的负责人，最近已拒绝在他的医院中接收任何酒精瘾患者。这倒不是因为对他们失去了科学上的兴趣，而是因为他相信：在州医院住院是一种浪费，这种浪费对病人和州里都没有任何好处。

不难看出，为什么这种治疗不能改变酗酒者的性格，也不能缓和酗酒者潜在的欲望。酗酒者一旦被释放，他就立刻再次寻找机会缓和其内在痛苦。

为了造成能缓和内在痛苦所必需的性格改变，对酒精瘾患者必须做心理"手术"即精神分析。从理论上讲，这是唯一的治疗。从实际上讲，在治疗过程中却存在着许多困难。首先，精神分析治疗不可能在几个月内奏效。一种三十年才形成（或毋宁说扭曲）的性格，要想在三个月、六个月或十二个月中得以重建，这无异于喝醉酒说胡话。酒精瘾的治疗就像肺结核的治疗一样，乃是一种长期的工作。这意味着它既费钱又费时。这是不幸的，但又是事实。要想安慰病人或病人家属，使他们相信几周或几个月就能发生基本变化，最终只能以失败而令他们失望。

更何况，许多酒精上瘾的人都已"走得太远"，太远离现实原则，从而很难在一般情况下对他们进行精神分析治疗。换句话说，他们必须在一种特殊环境中，为着实际的目标而进行治疗。这意味着他们必须被隔离起来，不能使他们有饮酒的机会。计划中还包括：一旦其一般行为有所改善，则准备逐步增加其自由。当他们的攻击性倾向变得越来越直接，越来越少受神经症抑制作用的阻遏的时候，就给予正确的指导以使它们有助于治疗的效果。体育运动和竞争倾向是受到鼓励的，而且只要可能，我们也鼓励他们从事商业或其他升华了的攻击性活动。

因此，隔离，加上精神分析，再加上正确的指导以增加其外向性攻击能力，就构成了我们认为治疗这种疾病的最佳方案。当然这种方案也并非总能获得成功。但经由这种治疗，有一些病人已被治愈而且没有复发。他们不仅革除了饮酒嗜好，而且摆脱了与之俱来的幼稚症以及导致幼稚症的性格变态。就我所知，对酒精瘾的其他治疗方法，今天还达不到这种效果。

总结

因此，酒精瘾可以被视为一种用来逃避更大的自我毁灭的自我毁灭方式，它来源于因挫折而激发的攻击性、未得到满足的性欲，以及由与攻击性相关的罪疚感所产生的受惩罚的需要。尽管受害者借这种方式来缓和其更大的痛苦，避免他所恐惧的毁灭，但实际上他仍然借这种方式完成了自我毁灭。

第八章
反社会行为

大家早就知道，有许多人根本不尊重现实，不考虑自己的同胞，其所作所为如未达到"疯狂"的程度，至少已臻于自我毁灭或明显地需要精神病医生帮助的程度。例如，在所谓"性变态"中，受害者就被种种幼稚倾向所主宰，而一直不能使它们服从社会的限制，并以能为人们所接受的方式去满足这些倾向。相反，他被迫停留在性欲不成熟的阶段，并为了自己的目的而把这种不成熟强加给他人，从而不是迫使社会怀着蔑视极不情愿地容忍他们，就是完全把他们放逐于社会之外。还有这样一些人，在这些人身上，难以控制的攻击性冲动胜过了爱的要求而突破理智、良心和社会禁忌的限制，以达到一时的满足而不顾最后的损失。我们把这称为"犯罪"，对此，社会有其传统的治疗方法，虽然这种治疗方法起源于惩罚和制止，更富于戏剧性而较少有治疗效果。最后，还有这样一些人，也像罪犯和性变态者那样受内在的冲动驱使，但他们并不把对他们的惩罚留给国家或社会来行使，而是设法（间接地）把惩罚加在自己身上。在精神病学的发展进程中，这些失调有过种种名称，我本人建议采用"变态人格"（perverse personality）这一术语，并在《人的心灵》一书中使用了这一术语。对这种性格障碍的最新称呼是"神经症性格"（neurotic character）。神经症性格与神经症的不同之处在于：前者的症状表现在行为上，后者则往往表现在情感和身体自觉症状上。

这三种明显的攻击性行为，就像澳洲土人的"飞去来"（boomerangs）那样作用于它们不幸的主人，起初是投向目标，最后却自食恶果，最后结果乃是自我毁灭。

这里也许无须指出：并非所有外向性攻击的结果都是自我毁灭；一个人为了自己的权利而抵抗对他的家园、幸福、名誉和理想的入侵，这不能说是自我毁灭、自食其果；毋宁说恰恰相反，一个在这种情况下不进行战斗的人才是在消极地自我毁灭。而在我所描述过的临床病例中，攻击性乃是一把两刃剑，其对于自己的毁灭确实不亚于并且往往更甚于对他人的毁灭，因而应该算作一种自我毁灭。

我意识到有人可能会对这里所做的目的论假设——自我毁灭的结果乃是出于个人的意向——提出逻辑的或哲学的反驳。如果一种正面欲望的强度超过了其他所有的考虑（其中一些可能导致死亡），人们就可以认为：自我毁灭实属偶然，或甚至是一种不情愿地被迫接受的惩罚。我的立场是实用主义的临床观点，这种观点不是建立在演绎和假设之上的（一切发生的都是经过选择的），而更多的是建立在我对这些人所做的精神分析研究的经验上的。病人几乎总是发现和承认：他的难以驾驭的欲望中包含着敌意的因素和罪疚感因素（后者需要惩罚并因而加剧了欲望的迫切性），同时也包含减少危险后果可能性的倾向。暂时地相信一种使人幸免的"运气"而不顾理智和判断，这正是自我毁灭的一种伎俩。

现在，我不拟专门讨论心理上的自我毁灭，而打算分别考察刚才提到的隐蔽的自我毁灭的三种临床表现形式——神经症性格、犯罪行为和性变态。我将依次援引一些有代表性的例子，并指出在自我毁灭的因素尚未显现之前，就能在仔细考虑的基础上加以分辨的种种方法。

一、神经症性格

这种以攻击性行为作为伪装的慢性自我毁灭与酒精瘾十分相似，只是毁灭自己的方式不是靠酗酒，而是靠不聪明的行为。我指的不是一件欠考虑的行为，而是不断地沉溺于"坏行为"（攻击性行为），而其最后结果则是灾难性的。这种人可以扮演酗酒者、神经症患者、彻头彻尾的罪犯等角色，但他们总是失败。可以说，在失败这一点上，他们总是成功。例如，如果他们从事犯罪活动，他们的犯罪行为会十分笨拙愚蠢，他们似乎是不顾一切地要被逮捕而不是要逃脱，他们经常做种种可能的事来阻止律师为他们辩护，简言之，他们似乎是在寻求惩罚。另一方面，如果他们表面上是在寻求更高的、更有价值的目标或成就，他们就会不断地以熟练而灵巧的方式毁掉这一成就。

在旧的精神病学范围内,这些病人被称为精神病人格(psychopathic personality)。大多数精神病医生也根据这一名称接触过这类病人。对这些病人,人们曾经有过许多精心的描述和研究,但直到引入精神分析学的概念以后,人们才开始以动态的方式理解他们。公正地说,由于他们的挑衅性、攻击性和不可理解的坏判断,他们很容易引起医生(以及他们所接触的所有人)的反感,所以很难对他们长期保持一种客观的态度去研究他们。尽管如此,人们还是对大量病例做了研究,终于能够很好地理解他们的一般生活模式。不同于神经症疾病和酒精瘾患者,他们完全能够直接地表现其攻击性。但他们却不能巧妙地做到这一点,换句话说,不能以充分的鉴别免除良心的惩罚。他们可以短期地欺骗社会,却绝不可能欺骗自己的良心。因此他们一方面受到本能的驱使去实施其攻击性(而这是神经症患者要加以压抑的),而另一方面,又被他们的良心驱使去行使惩罚(这也是较为正常的人要加以避免的)。由于这一缘故,其攻击性往往像小孩的攻击性那样具有挑衅的性质(小孩由于某些隐秘的触犯和逾越而感到愧疚,往往以一种明显的微不足道的攻击去激怒父亲以获得一种惩罚和报复)。

弗兰茨·亚历山大因为在许多著作中对神经症性格做了最彻底的剖析而应该受到赞誉。亚历山大的研究主要集中在罪犯身上,或如我们所说,主要集中在那些使自己作为罪犯被监禁的神经症性格者身上。但是不要忘记,许多神经症性格者,特别是那些其社会和经济地位保护了自己的神经症性格者,长期逍遥于这种法律后果之外。下面是一个典型的例子。

此人的父母是波士顿富有的贵族，他们是儿子攻击性行为的主要受害者。这些攻击性行为很早就已萌芽。他最早的记忆之一是放火烧掉了庄园中的建筑。七岁的时候他已做过许多小偷小摸的事情，如偷父母的钱、珠宝和其他东西，这些东西他有时加以毁坏，有时则拿到珠宝商那里换钱买糖吃。

他被送进一所私立学校后，虽然一开始因为自己的卷发和女性面容而被别人叫作"女孩子"，后来却因为打人和欺负新来的同学而成为"霸王"名闻全校。在学校中他惯于残酷地捉弄和取笑那些生理有缺陷的同学。他多次被学校开除。他很早就有了性行为，经常勾引女孩子并以十分恶劣和轻蔑的方式与她们逢场作戏。他后来被送进维吉尼亚州的预备学校，但因触犯校规被除名，进入第二所预备学校后又因目无师长、反抗父母、拒绝学习而未能毕业。这并非由于任何智力上的缺陷，尔后所做的心理测验也表现出他的智商相当高。

凭借他父亲的威望和在事业上的地位，在他的坚持下他获准进入一家银行工作，但后来却因经常酗酒、制造车祸、高速行车、逮捕拘留、声名狼藉而被解雇。他盗窃亲戚家中的珠宝、首饰、现金和酒，并且卷入费城的一伙匪徒之中。他开设了一家私人赌场，但损失惨重，以致为了弥补损失而伪造支票，最后被检举，但终因其家庭背景而幸免于被起诉。

他的生活中有一些主要事件足以说明他的行为模式。除此之外则是以无数小型的犯罪反抗其父母和反抗社会，这些细说起来需要大量篇幅。

然而他的外貌却完全不能使人相信这一切。他天真纯洁的表情、文雅高贵的风度使人一望而知他出身于上流社会家庭。他坦率地承认他不知道自己为什么总是不断地以其所作所为使自己陷入重重困境。他希望我们能够开导他，给他指引迷津。精神分析——对此他抱着一种"诚实的"怀疑，有时则讥讽地取笑——很快就发现了导致他这些行为的原因，这些原因使他大为惊讶。

从外表上看，他出生成长的环境几乎是理想的。他的父亲和母亲是有名望受尊敬的人，唯一的姐姐又不可能对他构成竞争的威胁，再加上没有经济和社会地位上的外在压力。但是，尽管外表不错，他童年时代的生活却充满不可逾越的障碍，妨害了他的正常发展。他很小的时候，心中就充满了自卑感，而他尔后的行为都是试图谋求一种补偿。这一点清楚地显现在他开始精神分析后不久所叙述的一个梦中。

> 我梦见我参加了新闻影片中经常看见的那种自行车比赛，我一路领先，紧跟在我后面的一个家伙则拼命加油，好像要赶上并超过我。我早就觉得电影中的领先者总是被人超过未免太不合理，于是我对自己说："我要让他们看看。"我鼓足全身力气，始终遥遥领先。但是我暗自猜想，这会使我丢掉性命的。的确，我骑得太快无法转弯，最后"轰"地一下撞在什么东西上，我被抛入空中。

这个梦形象生动地展示了这孩子的自我毁灭方式。他过去在所有事情上都名列前茅，而为了今后也一直领先，他徒费苦心、无视现实，最终落得粉身碎骨、希望破灭。

究竟是什么东西如此严重地威胁着这孩子的自信心，以致竟迫使他以这种毁灭性的努力去获得自我确证呢？

首先，其最早的竞争对手就是他的这个姐姐。她在弟弟出生给家中带来的喜悦淡薄之后，以精心的计划和努力夺走了他在家中的重要地位。她越来越惯于以撒谎、欺骗和种种诡计来保全自己受宠爱的地位。她的这些做法已超出了普通的孩子竞争的范围。很可能她也感到自己的地位受到威胁，因而不得不借助这些手段，但毕竟她不是我们这里要研究的对象。父母也坦率地承认：事实上她已越来越被他们喜爱，成为他们最喜爱的孩子，与此同时，她的弟弟却是一个给全家丢脸的人。他没有做过一件令父母高兴的事情，他所做的一切都令父母痛心。

如果他的父母有幸具备现代儿童教育的知识，他们或许会认识到：这孩子的行为，大多数既出于报复又出于挑衅，也就是说，他不仅因感觉到被人小看而采取报复，而且试图以这种方式去获得他认为他未获得的爱。然而，他的父母没有看出这一点而中了他的圈套，他们只是严厉地惩罚他，而这种约束方式当然只会增加他受委屈的感觉并从而激起他更大的攻击性。

甚至父母用来惩罚他的方式也选用得十分不当。父亲有时会痛打这孩子，但更多地是以一种戏剧性的却并不真诚的方式来威胁他。孩子很快就识破了这种空城计。例如，父亲多次把孩子送到警察局，而事先却与警察局串通只是吓唬吓唬孩子。母亲则总是在某些场合使劲捏他的手，弄得他又哭又叫，当众出丑。直到他已长大，母亲仍逼迫他穿小孩的衣服并让他烫着卷发去上学。因此，早在孩提时代，他就不得不保护自己，不使自己的自尊心和男性气概受到可怕的打击。与此同时，他又每天都面临着这样的事实——做一个女孩子即意味着接受一切宠爱，而人家也看不见女孩子耍的诡计和欺骗。根据精神分析的研究我们知道，每个男孩都因为女孩独享的那些好处而受到巨大的诱惑，并因此而痛苦地矛盾于两可之间——一方面是自己天生的男性努力，另一方面则是牺牲这些而发展女性被动接受的态度。而一旦其父母的残酷无情和缺乏诚意轻易地被孩子发觉，并极大地增加了他的无助感和不安全感，他就差不多只有屈服于因循苟且、消极被动或彻底的同性恋，否则即以与此相反的粗野姿态来否认这种倾向，与此同时又在这种富于攻击性的假面具后面偷偷地寻求这种消极被动的满足。

这孩子选择了后一种方式。无意识中他是这样一种态度：反正他做的一切都绝不会使父母高兴，反正他们对他既不公平也不仁慈，因此他也就没有理由要去使他们高兴。他生活的唯一目标就是以最方便的方式去获得他心血来潮时想获得的一切。而意识中这一点却表现为对父母希望他做的一切事都奇怪地感到厌恶，而对父母不希望他做的事情则非常渴望去做。不幸，父母的某些理想和标准恰恰与社会的理想和标准一致，因此病人对父母的攻击性行为在一定程度上成了反社会行为。

到此为止，我还只说明了一个孩子是如何在童年时代因父母对待他的方式而受到伤害,以致先是变成一个"坏孩子",后来则变成一个"坏人"。这一点足以解释他是怎样变成一个人们所说的罪犯,却不足以解释他是怎样变成了我们所说的神经症性格。二者的区别在于:神经症性格者不允许自己从自己的攻击性行为中获得好处,而恰恰相反,他们似乎旨在寻求惩罚。这一点正适合我所描述的这个病人。他所做的一切,如酗酒、偷窃、伪造支票、强奸、撞车、斗殴等,都未能使他获得任何实质性的好处。他偷的钱丢了,伪造支票被人检举了,酗酒徒然使他生病,他给女孩子带来的痛苦反过来使他痛苦得要死,他以慷慨、炫耀等方式交来的朋友最后都抛弃了他。他不断地陷入烦恼之中,实际上非常不幸。在我对他进行观察的期间,他一次又一次地刚刚趋于安宁,紧接着就又对某人进行攻击而破坏了这种安宁。人家对这种攻击的自然反应,又总是成为他采取更厉害的攻击性行为的理由;而这种更厉害的攻击性行为,任何人都看得出来,只会给他带来无穷的麻烦。这样,当打击降临到他头上,惩罚充分满足了他之后,他又会从最初的狂暴怒吼和相互指责中安静下来,陷入一种绝望的情绪,并且毫无诚意地追问自己:如此无意义的愚蠢行径,为什么几天前竟使得他如此着迷?一旦人们向他指出,他是故意做这一切来惩罚自己,他又会竭力否认他对此有如此多的罪疚感。这正是典型的神经症性格。

亚历山大和希利(Healy)曾经描述过一例令人难忘的神经症性格,这个病例生动地体现了这种人是如何一方面屈服于他们的攻击性和敌对性,另一方面又需要假手于官方而获得自我惩罚。我将援引这一病例来说明这种情形。

这孩子是家中五个孩子中最大的一个。这个家庭相当富裕，什么都不欠缺。家庭成员中没有一个人有好逸恶劳的习惯，在这孩子的童年教育中也看不出什么不好的地方。从八岁起，他就开始偷东西，这种恶习使他三番五次地被送进教养院，在教养院中，他因举止有礼和行为勤勉，很快就交上了许多朋友。他坦率地说有一种他不知道的力量驱使他去偷窃，他的所作所为令他自己感到十分费解。

当他十六岁的时候，有一次从教养院中获释后，他因偷了一个手提箱而被送上少年法庭。在庭上他告诉法官，教养院未能治好他的毛病，他需要更严厉的惩罚。在他的要求下，他被送进成人劳改营，在那里他因表现很好而被释放。他很快又给自己找了许多麻烦，接着安分守己地过了一年多，工作不错，结了婚。但第一个孩子出世后，他又故技重演，经常驾着偷来的汽车长途旅行。他加入了海军，但很快就被开除，又继续偷东西直到被抓获，被送进另一所监狱。他从那里逃出来，继续其犯罪生涯。在这段时期，他给他妻子写了许多情意绵绵的信，诉说他被一种他不明白的奇怪冲动驱使而做这些事情，请求她的宽恕。他的父亲和他妻子的父母由于他善于赢得人心而对他怀有真挚的感情，他们花了大量的钱帮助他脱离困境，结果却不过是帮助他投身于更严重的胡作非为之中。他后来因盗窃被逮捕，被判了较长的刑期。在监狱中他表现很好，后来竟在一次火灾中充当英雄而被提前释放。就在即将获释的前几天，在他妻子来看他并帮他计划以后如何重新开始生活后，他越狱逃跑了，很快就卷入另一个州的一连串盗窃事件。他又被逮捕判刑，又因为表现出色而赢得人们的好感。这段时间对他进行过观察的一位精神病医生说，这不是一个普通的罪犯，他的犯罪活动毋宁说出于一种内在的强迫冲动。然而以精神分析方法对他进行的所有研究尝试均告失败。此后，这个年轻人逃到很远的城市，以别的名字重操旧业。他再次结婚，继续偷盗并干了不少坏事。他似乎是要存心引起别人对他的注意，而最后他也果然因此而被捕获。这个年轻人的全部案情记录（这里所说的还不到一半）包括十至十二次下狱、无数次被捕。从他自己的父母开始，许多权威都对他做过仁慈的或严厉的处理，但直到最后，他对自己、对他人来说仍是一个谜。这个聪明、健康、有天赋的年轻人始终"对自己的未来抱着一种奇怪的乐观态度"。

消极的神经症攻击性行为

有时候这种人不是以狂暴的争斗和寻衅生事，而是以一种消极的伎俩来实现自己的攻击性行为和自我毁灭。消极的攻击性行为也像积极的攻击性行为一样具有挑衅性。事实上，那些以其懒怠、冷漠和无能而激怒其同僚的人，即使看起来不如上面所说的人那么明显，至少也是为数众多的。在这种人身上，惩罚的效果可能更为隐蔽，他们更显得是命运或残酷力量的牺牲品而不是他们所伤害的人的报复的牺牲品。

由于缺乏更好的名称，我们不妨称这种类型的神经症性格为"无助型"（helpless type）。一个孩子如果处处受到溺爱放任、有虐待倾向而又惯于把孩子作为玩物或陪衬的父母的干涉和侮辱，他就会整个一生都消极地局限于这种加诸他的伤害，始终因循苟且地接受这一切，或者表现得好斗和充满敌意，总是寻衅生事、寻求惩罚。后一种类型往往被说成典型的神经症性格，但是我认为前一种消极类型也属于同一种类，而且很可能为数更多。虽然就我所知，这种类型的神经症性格以前并未被人们所认识。其典型代表由于往往将他们的困境归因于盲目的命运，而得以掩饰其攻击性和所受的惩罚。我知道得十分清楚的一个病人可以很好地说明这种类型的神经症性格，他总是做不好自己分内的工作，给他人和自己都制造了许多麻烦。

这个年轻人是由他所在大学的教务长介绍来的。他在大学里待了六年也未能完成其必修课而获得学位。就像古代的圣人以进两步退一步的方式进行悔罪一样，他也总是设法每年只完成所选课程的二分之一或三分之二。平时记录和我们的考核均证明这并非由于他确无能力完成学校的功课，但是每门课程他都剩下一部分指定必做的部分不做。在这门课程中他写不出论文，在那门课程中他又忘记了画图；在一门课程作业中他没有交上参考书目，在另一门课程作业中他又忘记了做实验而且多次缺课。他是一个谦和的年轻人，自己承认自己一事无成，无法完成功课，却不知道自己何以如此。他就像一个渴望得到表扬的孩子那样请求我们给他帮助或"建议"，并且就像孩子那样按时来看医生，但并非来汇报治疗的进展，而是带来更多他愚蠢无能、处处失败的事例。

有一天他带来他的活动计划。医生和他一道看了这份计划并向他指出，他是在毫无目的地浪费大量宝贵时间，这些时间本来应该是用于学习的。过了几天，他又骄傲地带来一篇论文，并说他只用了几小时就写出了这篇论文，而两年来，正是这篇论文使他一直得不到该课程的学分。与此同时，他坦白地说，那天早上他醒来后，发现外面在下雨，于是他翻了个身又继续睡了一上午，漏掉了他眼看就要不及格的一门课。这种想要使自己脱离其正在其中挣扎的困境的天真方式，正是这个病人的特色。

他是独子，父亲专横暴虐却又溺爱放纵孩子，母亲则十分严厉。比他小两岁的妹妹是个跛子，病人的早年生活即围绕着妹妹的疾病和他最好的一个男朋友的疾病展开，这个男朋友在八岁时死去。病人渐以其女孩子气而闻名，邻家的孩子经常欺侮他，取笑他，把他弄哭。他被迫用自己的玩具车载着这些孩子，而自己拉车，或者让他们在自己背上"骑马马"，或者成为大家的嘲弄对象。在家中、在学校他都经常受到严厉的处罚。他对任何体育运动都一窍不通，部分原因是他母亲拒不让他自由地学习和参加这类活动。有一次别人送他一双旱冰鞋，他竟不知如何使用，而后来又羞于学习，因为他妹妹倒先学会了。直到十岁他仍睡在婴儿床上，而他偏偏又长得很高，两只脚经常伸在外面。他没有自己的房间，而和母亲、妹妹睡在同一间屋里。

十二岁那年，他母亲带着他和妹妹离开了他又爱又怕的父亲。此后不久，父亲拐走了这孩子，于是他变成父母之间相互争夺的"一块骨头"。父亲把他送进军校学习。在那里，他受到其他男孩子的虐待，他们打他、把他倒吊在窗框上，还施以种种侮辱。这孩子逐渐长成一个笨拙、不安、浑浑噩噩、一事无成的人。他父亲要他念大学他就念大学,然而年复一年,换来的总是令人沮丧的成绩。尽管父亲总是对他接二连三的失败大为不快,但他还是默默地依附于他这精力充沛的父亲。他的全部兴趣都集中在父亲身上,并且明显地想要取悦父亲,但实际上他却以其婴儿式的依赖和不肯长大成人而使父亲失望。

与这种接连失败十分类似的一个病例是一个中年农民,他带着一大堆生理病痛前来就诊。我们现在暂且撇开这些病痛,只援引其行为中自我毁灭的一些表现。

当他结婚后,他父亲和岳父每人给了他一块土地。在他婚后的最初几年里,他把这些土地都抵押出去,到了1917年(那时农产品价格很高,农民生活很好),他这两块土地都已不再属于自己。他又带着父亲给他的资金去加利福尼亚投资经营一块葡萄园,但最后又破产变卖给他人。后来他又用不知从哪里弄来的资金经营一块果园,但最后又失败了。他到处打零工、做杂活,挣来一笔钱买了些汽车,准备大规模地搞货运,但终因付不起工资而破产。他父亲又资助了他上千美元,他用它来经营一座加油站并获得了一定的成功。这时他又想扩大经营,建起了一个与加油站相傍的停车场。但这种冒险失败了,停车场和加油站都丢失了。

几年以后,他父亲又答应给他一块土地,只要他愿意重返东部定居。他答应了,但很快又将这块土地高价抵押出去。农忙季节,他本应拼命工作,却突然决定回加利福尼亚。他计划把旅费开支开在其他一些希望和他同行的人身上。有十四人同意和他同行,但由于其中一些人最后未交钱，他反倒蒙受了损失。他在东部买了几辆车，把这些车开往加州，准备在那里卖掉后赚一笔钱。但最后这个计划也失败了，他不得不赔本将汽车卖出。他又回到东部，发现许多抵押已到期。为了支付这些钱，他卖掉了属于他妻子的牛群。拿到这笔钱后，他又心血来潮，决定再去加利福尼亚。

他又从加利福尼亚去了新墨西哥，在那里，他租了五千六百公顷的土地准备做大面积耕种。但是他把钱全部花在了租金上，以致没有足够的钱来买种子，遂不得不放弃整个计划返回东部。回家后，他发现银行和亲戚们都再也不能等待了，要他立刻偿付土地押金，而他身无分文。此人身上原有巨大的攻击性并贯注于他的工作中，但他不同于那些用这种驱力来获得成功的人。他是以此来使自己的事业失败，不仅输光了自己的钱，也输光了那些相信他的人的钱。

所有这些看上去如此极端、荒谬，以致这种人的所作所为，即使在达到顶点的时候，也难以被其朋友和邻居视为自我毁灭。人们可以说这是出于愚蠢、欺诈或运气太坏，但这些说法并不能揭示其潜在心理。少数人可能会觉察到：此人身上的自卑感造成了一种过度补偿，表现为事业上的志大才疏，而这预先注定了他的失败。但即使这样仍不足以说明他何以遭遇一连串的失败，因为过度补偿在一定程度上往往导致成功。相反，明显的愚蠢倒是攻击性经常使用的武器。不管怎样，这种持续的失败与许多生理痛苦（这里没有讨论这些生理痛苦，但它们确是整个临床情形的一个组成部分）一起，共同表明了这是此人自我毁灭的一种戏剧性表现，而这种自我毁灭则化装为愚蠢无能和倒霉的命运。

这些例子也像前面的例子一样，不容置疑地说明了非理性和无意识动机的动力，这种动力支配着神经症性格那种反复重演的行为。其最后结果乃是更高意义上的自我毁灭，正如殉道、禁欲、神经症疾病和其他情形属于自我毁灭一样。的确，神经症性格拯救了他的生命——他甚至还保全了某些正常的乐趣，而且往往有种种粗野的、疯狂的满足。尽管如此，他却付出了昂贵的代价——遭受痛苦、限制和剥夺，以及希望和欢乐的破灭。从现实的标准看，这是一种愚蠢的交易，他虚掷了自己的一生，换来的不过是些暂时的满足。

我们不应认为：神经症性格以其昂贵的代价所获得的这种粗野的欢乐满足了他内心的愿望；他的钱花得值得，因而应被羡慕而不应受到怜悯。这种勇敢的豪言壮语，每个精神病医生都从上述受害者的口中听见过不下一千回。这些受害者动摇于反抗与绝望之间，却试图高高昂起自己碰得头破血流的头颅，他们自己也知道这些话骗不过自己。人们不可能藐视现实而不受惩罚。种种后患会累积起来，直到有一天，痛苦和忧伤取代了欢乐与傲慢。直到那时，这种自我毁灭才能允许对它进行有效的治疗；不幸的是，到那时再想改弦易辙却为时已晚。

二、犯罪行为

对犯罪行为的科学研究日新月异，以致本书甚至不可能对这一主题做钩玄提要的介绍。因此我将仅仅考察犯罪行为中与我们论题有关的方面，即犯罪者心理中自我毁灭的动机。

人们曾试图在美国公众中传播"犯罪不划算"的口号。罪行侦破影片、对罪犯的公开惩罚，以及戴着手铐游街示众、自己大声宣称犯罪不划算的罪犯，其目的都在于告诫那些受诱惑的青年不要自蹈法网走上犯罪的道路。尽管如此，犯罪仍在继续，而人们不得不换着花样对这一口号进行宣传这一事实，已足以表明犯罪动机并非那么简单。大批美国公民的行为表明：他们相信犯罪确实是划算的。但究竟划算在哪里，却是值得做一些精神分析的——因为显然，不同的人想得到不同的好处。但即使假定这种好处涉及物质收获，在美国公众眼前也早就有取得辉煌成功的榜样——从银行家、实业界巨头到啤酒店老板和妓院老板，都既能获得物质好处又能成功地免于被逮捕、被定罪。

何况，就在预防犯罪的机构向公众保证说犯罪不值得的同时，各大城市的警察局却公开宣称他们准备用犯罪的方法去对付罪犯。例如，某个大城市的警察局长就曾宣布："我要奖励那些严惩这帮匪徒和犯罪嫌疑人的警察，我要提升那些痛打这帮家伙并将他们抓来的警察。"就在同一星期，南方的一位地方法院检察官还在为私刑辩护，而加利福尼亚州罗尔夫州长为私刑所做的著名辩护也不过是几年以前的事情。美国公众经常被这些显要人物的这种坦率说法惊得目瞪口呆，这无异于宣称：只要是好人，犯罪就是可以被允许的。这种"只许州官放火，不许百姓点灯"的心理是美国人的典型心理现象。的确，我们只需稍稍反省一下即不难意识到：我们这个国家本来就是由一群反抗和侵犯英国法律的人创建的。何况，我们国家早期的财政收入和所谓的经济稳定,基本上依靠的是对自然资源进行犯罪式的破坏和浪费,只是现在我们才开始充分意识到由此造成的不幸后果。尽管如此,今天仍有无数美国公民认为:滥伐森林、捕猎野生动物、污染水源、不顾其破坏性后果而肆意蹂躏大地是上帝给他们的天赋权利。

如果我多少有一些离题,那是因为我多少有一些疑虑,不知道是否能够使普通的美国读者相信,犯罪的确是一种自我毁灭。我们整个民族的意识形态都反驳这种说法。正像亚历山大和希利在他们新近的著作中,通过比较德国和美国犯罪心理调查所说的那样。

最引人注目的不同是:在美国,人们对犯罪行为有一种英雄式的炫耀和估价,而这一点在构成破坏法律的动机方面,其重要性远胜于欧洲。不管官方如何定罪,美国公众不仅本能地而且甚至是自觉地以一种青少年特有的英雄崇拜视角去看待犯罪行为。与此同时,机械文明以其机械化和平均化的倾向扼杀个性,迫使个人成为统一集合体的一个组成部分。犯罪则成了仅剩的几种宣泄方式之一。经由这种方式,个人可以表达他对这种压力的蔑视并突出其男性主权……美国民主制度的意识形态基础、这种个人主义的人生哲学,业已人格化为一种理想的、自我塑造的人的形象,他不需要任何外来帮助,他在机会均等的自由竞争中总是成功。

换句话说,粗暴的个人主义本身即意味着个人有权无视社会公共权利,而这正是犯罪行为的实质。

事实上美国人相信:犯罪只有在被抓住的时候才是不划算的。这种道德,以及许多美国人的行动指南实际上是:"做一个粗暴的个人主义者，尽你所能地与邻人友好相处，在需要的时候则不妨触犯他们，但触犯的方式必须使你不至于被逮捕。"如果一个人精于此道，他可以游刃有余，既得到物质上的好处又得到公众的喝彩。而如果一个人笨手笨脚，不幸出错，那他就只能被罚出场外，作为罪犯接受官方的定罪，并在尚未开窍的青年面前证明犯罪的确不划算。

有关犯罪行为研究中包含的某些政治含义的这种题外话，不应该使我们偏离科学地考察犯罪行为如何能够导致自我毁灭。哪怕在美国，犯罪行为往往也并不导致自我毁灭。显然，存在着这样一种正常的犯罪行为，即某些人抛弃一切关于犯罪活动的定义，抛弃一切更高的理想或更高的社会标准，而在他们需要的时候攫取他们所需要的一切，并保护自己不被逮捕和惩罚。密苏里州的犯罪调查表明：在调查地区的犯罪活动中，只有千分之一犯罪者受到了实际的惩罚。因此，在我们这个国家，任何对犯罪者的研究均应区分为对被逮捕的犯罪者和对未被逮捕的犯罪者的研究。几乎所有已经有过的研究，其结论均建立在对那些被逮捕的犯罪者进行的研究上；而既然大家都知道大多数犯罪者还逍遥法外，那么在我看来，这种调查和研究就不是统计学意义上的正确"取样"。

格卢克曾经证明过：那些一度被捕的人仍然会继续犯罪、继续被捕。显然，他们反社会的攻击性行为是在以监禁、痛苦、剥夺自由等方式导致自我毁灭。

但是，正像我已经表示过的那样，如果我们准备用罪犯一词来称呼那些从未被捕的人的话，那么我以为我们就不应简单地称这些被捕的人为罪犯。或许，我们不妨称他们为神经症罪犯。他们中的一些人无疑是愚蠢笨拙的，而且正因为此而被捕；另一些人则是不幸的；还有少数人是正常的罪犯，只是在技术问题上出了点偏差。但是他们中的大多数都可以被归入精神分析做过认真研究的那种类型。在许多人身上，犯罪的冲动（我们可以肯定这是一种普遍倾向）是不可抗拒的，但这些人无法逃避自己良心的报复。因此，这些人既然屈服于自己的攻击性冲动，到头来即使不屈服于法律的威胁，也要屈服于自己良心的威胁。而这又会导致他们寻求惩罚，导致他们让人抓获，或故意寻衅生事甚至"自投罗网"。

亚历山大和希利在新近对犯罪心理动机所做的研究中，曾以更大的篇幅讨论过这些动机。有大约十二名罪犯接受了精神分析。在所有这些病例中，深层心理研究均显示出同样的结果，即强烈渴望始终是一个孩子，极端憎恨那些使他们的满足受到挫折和阻碍的社会、经济和其他压力，以及混合着报复心、自我确证和罪疚感的复杂心理。"他们卑鄙地对待我，我恨他们，我不需要他们，我要回敬他们，我要从他们身上索回我需要的东西；但是我因此而感到内疚和有罪，我将为此而受到惩罚……"

显然，这在总体上与其他方式的自毁灭是吻合的。不妨总结如下：某些犯罪活动乃是童年时代形成的强烈憎恨的结果，个人只有以受到自己良心的威吓，才能表现这种憎恨；而良心的威吓无意识中又使他不能顺利地完成其攻击性行为，并使他宁愿被发现、被逮捕、被惩罚。

无论其是否疯狂、是否是罪犯，在我所见过的那些最不同寻常的人中，有一个人生动地证明了这一点。从关于他的上千页笔记中，我试图将他的全部生活浓缩成几页来说明他可怕的犯罪行为的情绪根源。

这个人后来被联邦法院判处死刑。在我的面前放着他写的手稿，一开始他这样写道：

> 我是约翰·史密斯，××州美国监狱第31614号囚犯。
>
> 我是一个骗子。
>
> 我是一个窃贼。
>
> 我是一个杀人犯。
>
> 我是一个坏人。
>
> 但这一切并不妨碍我在这里所写下的全是真话。
>
> 我现年三十八岁。在这三十八年中，我在监狱、教养院、改造所中度过了二十二年的光阴。在我的一生中，我没有对自己、对他人做过一件好事。我是第一流的大坏蛋、下流胚……但是法律使我成为现在这样。
>
> 现在，我知道我就要死了，这就是我写这篇文字的原因……
>
> 我破坏性地度过了我的整个一生。在这里，我试图表明：如果一开始我就受到法律的正确教导和正确对待，那么我本来可以建设性地生活，成为对自己和同胞有用的人……
>
> 我完全明白我不是什么好人，也没有人喜欢我、尊敬我。这一点并不使我烦恼，因为我不喜欢、不尊敬任何人。我藐视、厌恶和憎恨所有人，包括我自己……我现在唯一的感情就是憎恨和恐惧。我现在已丧失了我曾经有过的享受生活的力

量。我只有忍受痛苦……我天性中本来可能拥有的任何高贵感情，都早已经兽性化和不复存在了。

在这份手稿中，罪犯继续进行大胆的自我分析。他既不宽恕自己，也不宽恕社会。他坦白地承认他杀害过二十三人而没有动过丝毫恻隐之心（这些谋杀大都经过调查核实）。他并不立即为这些谋杀寻找借口，而是说他之所以杀人是因为他喜欢杀人，杀人满足了他的仇恨和报复愿望，尽管这种报复已从其原本的仇恨对象转移到他人身上。

的确，我们不可能通过短短的篇幅刻画出此人的独特性。他几乎完全未受到任何正规教育，却通过自学达到了一种令人吃惊的程度。他具有超乎常人的智力而且令人惊奇地没有任何压抑。我还从未见过一个人，其破坏性冲动能够像他这样为自己的自我意识所完全接受和承认。他详细地向我勾画出他曾经有过的一个毁灭整个人类的计划。与那些获得发明专利、制造者往往沾沾自喜地加以炫耀的官方杀人工具相比，这一计划丝毫不荒谬。

没有人能够读完这份手稿而不感到情绪激动。一方面，这人身上有着可怕的仇恨、痛苦和令人难以置信的残酷；另一方面，他对自己又具有清醒的认识和估价，并且对一位年轻的联邦政府官员（他曾经仁慈地对待过这囚犯并长期与他保持通信）充满信任和怀有感情。尽管他觉得人类差不多坏透了，把他们杀光可能会更好，但他仍对改造世界怀有奇怪的兴趣。这是一幅极不谐调的现实画面，仿佛一个人在一次可怕的事故中被撕裂了身体，暴露出所有的内脏器官，而这个人却清醒地注视着自己的内脏，以一种超人的能力忍受着痛苦，平静地与人讨论这次事故和自己临近的死亡。

因为这个人十分清楚地知道，他身上的破坏性倾向为什么会达到这样一种程度，又是怎样达到这样一种程度的。早在童年时代，他就一方面受到严厉的宗教教育，另一方面却忍受着贫穷的痛苦并且被赶出家门。这样，八岁的时候他就尝过被捕的滋味，十二岁的时候他就已经是少年技工学校的一名囚犯，在那里，除了童年的恐惧和痛苦，还有管教人员的残酷和严厉。此后，他的生活可以说是一连串的复仇、再次被捕、严厉惩罚、获释、更多的复仇、更多的惩罚、更多的痛苦。

对囚犯们做的精神分析研究中所发现的那些心理因素，也被这个人自己认识到。他用这样一种说法来评论他自己的心理（人的心理特别是罪犯的心理）：简单地说，这就是仇恨孕育仇恨；不公平地对待孩子必然会在孩子身上激起难以忍受的报复心，他虽然会压抑和延缓这种报复心，但或迟或早总会以这种或那种方式爆发出来；罪恶的代价是死亡；谋杀孕育着自杀，杀人等于被杀，杀了人不可能有任何真正的赎罪和补偿，只有默默忍受没有任何出头之日的痛苦。

这个犯人要求以他在狱中犯下的一桩杀人案将自己判处死刑。但因为他当时被关押在堪萨斯州，在这个州里，早就有法律条文和公众的感伤情绪反对死刑，所以人们以极大的努力来阻止死刑的执行。但是，犯人以种种方式（如坚持对他采取某种行刑技术，拒不接见任何律师，巧妙地驳斥精神病医生和其他人提出的证据等）实现了他赴死的愿望。死刑被执行了,而这是堪萨斯州五十多年来的唯一一次死刑。

在临刑的这一天,他迫不及待地向前奔跑,灵敏地登上绞刑架,催促行刑者快些了结行刑程序。每个在场的人都评论说,他是多么急于赴死啊!他的死刑本质上是一种自杀,它直截了当地实现了他三十八年来间接追寻的目标。

三、性变态

本书不拟讨论社会如何和何以建立某些可被接受的行为规范和行为方式来表达人们的性冲动,也不拟证明这些标准如何和何以随时代的不同、国家的不同而发生改变。事实是:在文明国家中一度为官方所赞同的许多性行为方式,今天已成为禁忌,而与此同时,一度有过的许多禁忌今天却不复存在。因此,从社会和法律的观点着眼,性变态乃是一个不确定的概念。而从心理学和生物学的观点着眼,这个概念要确定得多,它涉及固执地以幼稚的方式去获得性快感而排斥正常的性行为模式。每个精神病医生都遇见过这样一些人,他们爱物而不爱人,爱同性的人而不爱异性的人;他们或者以施虐或受苦的方式取代正常的性行为,或者仅仅以观看和倾听与性有关的事情来取代正常的性行为。

弗洛伊德以其著名的《性学三论》开始了他划时代的研究,我们从他的研究中知道:这种变态倾向存在于每个人身上,但在正常人那里却渐渐消逝并让位于获得性满足的较为成熟的形式。在有些人身上，放弃这些幼儿方式以促成成人方式的斗争因为这样或那样的原因而变得十分困难，于是就可能发生那许多情形中的一种。有些人放弃这些幼稚的方式，其代价是牺牲一切性生活；有些人则仅仅放弃其直接形式而继续以种种间接的、变相的方式来获得满足；还有一些人则根本不放弃这些幼稚的方式，而是或公开或隐蔽地以这些方式获得满足。如果后者被人发现，他们就会因沉溺于这些受到禁止的性行为而受到社会的惩罚，正像那些以不恰当的方式满足其攻击本能的人（罪犯）一旦被发现就会受到社会的惩罚一样。这种情形一方面告诉我们，某些人似乎受到来自内部的驱力而不得不以变态的方式获得性满足，但此问题的另一面却不那么明显和尽人皆知。那些以这种方式沉溺于幼儿式的满足的人，到头来必然落得痛苦甚至失去这些满足。这一点本来是十分明显的，足以使任何人望而却步、不敢问津。但既然这种事仍在继续，我们就必须假定，要么是这种冲动太强烈，要么是其后果并不足以阻止人们这样做（如果不是事实上刺激人们这样做的话）。不管是哪种情形，人们都只能得出这样的结论：尔后的自我毁灭，即使不是他们自找的，也是明知故犯的。纪德①在他的小说《不道德者》中显然旨在表达这一观念并让人们看见：性变态可以变得多么放纵不羁和伤风败俗。再没有什么比奥斯卡·王尔德和道格拉斯的体验更能说明性变态的自我毁灭性质了。他们彼此之间强烈的憎恨郁积在被大肆吹嘘

---

① 安德烈·纪德（Andre Gide，1869—1951）：法国著名作家，他在多少带有自传性质的小说《不道德者》中，农现了一种敢于无视一切既定的道德观念、冒天下之大不韪的思想，"纪德主义"由此闻名于世。——译注

的爱中，后来这种憎恨却在相互背叛中达到顶点，这导致了王尔德被下狱、道格拉斯名声扫地。①

社会对公开的同性恋的憎恨，表现为人们对同性恋者所做的狂暴攻击，但这种攻击性行为无疑也表现了攻击者无意识中对自己身上未被认识到的同性恋冲动的恐惧和过度反应。同样，它也表现了某种显而易见的、精神病医生在试图理解并说明同性恋行为时容易忽略的东西。这就是诱奸行为中的攻击性因素。有时候这一因素是十分明显的。我曾研究过州立妇女监狱中的一个姑娘，她丝毫也不打算对我隐瞒她曾蓄意诱奸几十名高中和初中女学生的事实。她诱奸她们的方式是告诉她们：男人都是坏的，他们会伤害小女孩。她告诫她们绝不可以身许人，去遭受男人对女人的摧残，甚至绝不能让男人碰一碰自己。相反，她告诉她们：女人很好，既甜蜜又温柔；她们能够彼此相爱并通过某种方式使彼此感到幸福和快乐。如果有谁对这种诱奸行为中的攻击性表示怀疑，那么他不妨知道，正是这个如花似玉、温柔迷人的姑娘用铁锤猛击自己丈夫的头部致其死亡，事后又把他锁在公寓里，然后独自一人驾车到五十里外的地方参加桥牌晚会——她被捕入狱并非因为上述诱奸行为，而是因为这桩杀人案。

至于这种攻击性与自我毁灭的关联，这一点可能就不那么明

---

① 奥斯卡·王尔德（Oscar Wilde，1854—1900）：英国著名作家，著作有《快乐王子集》《朵莲·格雷画像》等。1895年，王尔德被控与青年艾尔弗雷搞同性恋，被判入狱两年。在狱中写了《从深处》的长信，抱怨道格拉斯对他的引诱。——译注

显。或许事情并非总是如此，但在某些时候这一点却十分明显。一个三十二岁的单身妇女长期以来性生活极不规律，既有异性恋史也有同性恋史，而其最初的经历则是六岁时与她哥哥的一次性行为。当然，这种事十分罕见，通常并不会导致同性恋。不管怎样，这个女人的同性恋冲动和实验开始于其青春期，那时她和另一个姑娘有过频繁的肉体亲昵。如果事情仅止于此，这也不妨被视为仍在正常范围之内。但恰恰相反，在往后的十年中，她有过许多次同性恋经历，而且往往并不掺杂任何真正的情爱，并且事后总是给自己带来损害。她的工作使她与年轻姑娘有着密切的接触——她是艺术舞蹈教练，她对职业的选择，其动机很可能出于这种同性恋倾向。在她的教练工作中，她总是轻率随便地暴露其同性恋行为，因而给自己造成了很坏的名声，以致最后失掉了工作。她可以对刚认识不久的女孩子做出突然而大胆的同性恋举动，从而自然会遭到人们的厌恶、告密并最终被解雇。尽管如此，她仍然总是公开地、放肆地吻那些女孩子，以此激起人们对她的指责。每找到一个新工作，她都害怕她的坏名声会传播开从而使她失去这一新工作，而事情偏偏经常如此。

这样，她就总是屈服于某种冲动而不断地挫败自己，她自认为这种冲动是性冲动，但实际上却是攻击冲动和自我毁灭的冲动。她对每一个性对象都没有任何感情。此外，她的攻击性动机也表现在她常常害怕她会对那吸引了她的姑娘构成身体上的或社会上的伤害。其实，她伤害的主要是她自己，既给自己带来坏名声又使自己蒙受惩罚，这真是实实在在的自我毁灭。

了解了她的家庭背景和成长经过，就可以更好地理解她的这种行为。她是七个兄弟姐妹中最小的一个，有四个哥哥和两个姐姐。其中一个哥哥比她大一岁，曾在童年时代多次诱奸她，而且只要她允许他这样做，他就经常给她零用钱花。另一个哥哥比她大三岁，是她的偶像。她的一个姐姐比她大八岁，一直单身并且脾气古怪、性情暴躁，她始终住在家中并且总是惹是生非，令人不快，以致母亲不得不经常把她锁起来。父亲是一个不负责任的倒霉蛋，经常公开地与其他女人勾搭，并且经常无缘无故地离家几周且不做任何解释。有一次他竟把自己的一个女儿送到他兄弟的家中，供他兄弟淫乐。

病人从小就被视为顽皮姑娘，而且人们也希望她实际上是个男孩。她对体育运动的兴趣、她的男式发型和衣着均证明她有一种男性认同。另一方面，她也有过零星的异性恋经历和兴趣，但总是不愿结婚，不愿长期陷在异性恋爱之中。显然，她哥哥和其他男孩子早年对她的诱奸，在她心中强调了女人受虐的概念，使她觉得充当女性角色是一桩可怕的、难以接受的事情。同时她父亲不负责任的行为又使她不可能有一个理想的男人形象。童年对男孩子的自由和男性生殖器的羡慕，导致她企图放弃自己的女性角色而去模仿和认同于男孩子。但现实生活中她的父母、哥哥姐姐对她的虐待又使她充满憎恨，以致伴随着对这种虐待的憎恨，她越来越欣赏男性角色的施虐行为。正因如此，她才在她的性行为中表现出对女孩子的攻击性和破坏性冲动——这些女孩子是她姐姐和母亲的替身。但与此同时，她又对这种破坏性行为充满内疚感，以致没有任何东西能够阻止她用种种方式导致自己身败名裂。

总结

　　本章旨在论证反社会行为中可能隐藏着自我毁灭的意向。反社会行为具有自我毁灭的后果,这一点并不足以证明它隐藏着自我毁灭的意向。但是对神经症性格、犯罪行为和性变态这些公然的攻击性行为所做的研究,却似乎表明这种假说确实能在许多病例中得到证实。对这些行为后面的动机所做的分析表明:这些动机类似于隐藏在自杀背后的那些动机,但自然地,在这里,死亡本能未能完全占据上风。

第九章
精神病

一个人如果放弃和背叛了现实,他实际上就毁灭了自己,这一点我们也许已经明白了。如果这种背离趋于极端,如果这种冲动如此强烈,以致不顾一切禁忌、无视任何现实而以一种混乱的、不可理解的方式被表现出来,我们就从医学的角度称它为"精神病",而从法律的角度称它为"疯狂"。这些名称,特别是后者,意味着根据常识,这些状况反映了一种无可奈何的处境。从而尽管有种种冒犯、攻击、外在的和自我指向的破坏性,社会仍然容忍这些人而不对其加以报复。在这种情况下,社会保护自己的方式是把他们检查并隔离出来。正是这些不幸的人构成了精神病学从前的研究对象。

我不打算描绘所有不同形式的精神疾病,即那些经常或有时达到我们称之为精神病程度的疾病(精神病这个词在使用上有时像上面所说的那样有其特定含义,有时则泛指任何一种已发现的精神疾病）。我将只描述两种情形以期清楚地展示精神病中自我毁灭的方面。根据上述定义，我们可以推论：一切形式的精神病，其共同要素是孤独内向、脱离现实，即不以现实原则而以快乐原则作为其行为的准则。

无论我们怎样看待宗教，事实是它们仍然为社会上一小部分人所接受，这就决定了我们不能将它视为一种精神病，因为社会现实、社会风俗、社会态度也应包括在现实之内。但是，精神病医生的确看见过许多病人如此明确、如此极端、如此富于个人色彩地背离现实，以致任何人都不会怀疑，他们是在用一种幼稚的方式保护自己以逃避一个使他们感到充满敌意的世界，而这种对现实的背离很可能达到极端，导致毁灭。有这样一些人，他们不能与外部世界保持满意的对象关系，他们的爱和恨不容易从其赖以生长的童年土壤中，移植到变化着的世界的新要求中。缺乏这种能力的人于是被称为分裂型人格（schizoid personalitise），我在别的地方曾对它进行过描述和动力学上的探讨。

分裂型人格的人若不能完成这种移植就会成为精神分裂性精神病患者。所谓正确、有效地认识和对待现实，相当于恰当地把爱与恨分配和投放到我们周围的现实（人际关系和非人际关系）之中，如果做不到这一点，其结果便是本应向外投放的爱与恨返回自身。我们已经讨论过精神疾病的一种形式——其特征是突然释放的恨大量返回自身。在这种情形（抑郁症）下，患者仍同现实保持着一定的关系，因而尽管具有自我毁灭倾向，却并不危及他人的生命，甚至可能与医生合作重建自己的生活。由于这一缘故，抑郁症有时又被描述为神经症（neurosis）而不是精神病（psychosi）。但也有一些抑郁症患者彻底背叛了现实，极端地沉溺在妄想之中，甚至危害他人生命。其机制虽然与所谓神经症抑郁症完全一样，但其对现实的放弃程度却严重得多。

这种对现实标准的背离，使精神病患者能够以一种独特的、不适合他人的方式来毁灭自己。他可以想象他自己已经死了；或者，他可以想象他身上的某一部分已经死了或被毁坏了。这种幻想中的自我毁灭，无论是局部的毁灭还是完全的毁灭，在动机上与实际的自戕和自杀完全吻合。这种幻想有时候被专家们称为消极幻想，或者更准确地称为虚无妄想，也有人宁愿称它（特别是这种毁灭幻想中的某一种）为"非人化"（depersonalization），但这个术语虽使人印象深刻却缺乏很好的界说和定义。

在下面所举的这一例子中，病人先有某些实际的自杀企图，紧接着就是幻想自己已不存在，后来则幻想身体的一部分（眼睛）已经被毁灭，再后来则企图实际地毁掉身体的这一部分——这一系列的自我毁灭现象越来越趋近现实，因而也趋向更大的危险和更大的"疯狂"。

这是一个中年处女，她一直和父亲生活在一起。父亲缠绵病榻终于死去以后，给她留下了一份可观的遗产。但在父亲去世后不久，她就迸发出一连串令人眼花缭乱的症状。这些症状使许多内科医生大惑不解而始终得不到确诊或缓解。渐渐地，她的病越来越像是波动性的抑郁症，其典型的表现便是病人抑郁地坚持说一切事物都不真实，或毋宁说她不可能感觉到它们是真实的。

"我只是想不到任何东西，感觉不到任何东西。"她总是一边坐在椅子上前后摇晃一边说："我什么都不是，只不过是坐在这里而已。这间房间环绕着我，你坐在那里，我看见了你，但是你对我毫无意义。即使我看见我的家，我也认不出那是我的家。我对任何东西都不感兴趣，一切对我来说都没有意义。我不爱任何人。"

"我没有脸，"她总是这样说，一边用手摸着脸，"我没有脸，我什么都没有。"但接着她又能准确地回答一些乘法问题，能够说出家乡的名称，能够对一般性的问题做出恰当的应对。接着她又会轻蔑地说："但这并不意味着什么，它跟我没有任何关系。我想一个人要是什么都不是的话，那他的处境真是糟糕透顶。"

三个月后，经过了一段时间的情绪激动和生理躁动，她那种老一套的抱怨已有所改变。"我没有眼睛。那不过是两个洞而已。不，你不明白。我没有眼睛，没有耳朵，什么都没有。只有这个（摸她的脸）。那也并非脸。只要我坐在这里，我就什么也看不见，什么也听不见。其实什么也没有，只有两个洞而已。"除了睡觉和被强迫喂食的时候，她总是不停地重复着这些话。

她变得十分好斗，经常殴打企图给她喂食的护士和医生。然后她开始抓自己的眼睛，有一次甚至企图把一根大头针钉进自己的眼角。她的解释是：因为那地方没有眼睛，所以她不可能伤害到自己。她经常说，她唯一需要的是用床单把她包裹起来送回家，因为她什么也看不见，什么也听不见。

将近一年过去了。在这一年中，她有过一些快乐和精神健康的时光，但接着又是抑郁复发并深信自己已经死去。当人们向她提起她舒适的家、她的朋友、她继承的遗产时,她无动于衷,只是一次又一次地重复说她已经死了。

有证据表明:抑郁的复发来源于对自淫的渴望。她显然能够在比较长的一段时间内战胜这种渴望,但最终不得不对它让步,于是被一种强大的罪疚感压倒。因为她由自淫联想到疾病,又由疾病联想到父亲的死。于是随之而来的死亡妄想便成了一种惩罚。先前描述其他自我毁灭方式时我们已经很熟悉的那些构成要素——攻击性、惩罚、爱欲化——现在又在这种幻想的局部自我毁灭中再次出现。

幻想的自我毁灭(即所谓"非人化")现象是如此有趣,我不得不再援引我的一位同事所做的报告作为例子。

这是一个非常爱整洁的小妇人,她把自己家中收拾得一尘不染,以致结婚十四年,她所有的家具仍然像新买的一样。她用这种方式弄得家人和客人都十分拘束。她的生活圈子十分狭窄——在家庭之外,她唯一的兴趣就是上教堂。

在第二个孩子生下来后不久,有一些症状使她感到有必要动一次外科手术。手术之后她似乎有所好转,但紧接着则是反复发生的流行性感冒,这使她惊惶失措、狼狈不堪。她常常向自己的姊妹哭诉,而她们则往往要花好几天时间才能劝慰她安静下来。她越来越经常哭泣,人们开始注意到她经常做事不能善始善终;她确信她正在患甲状腺肿大,即将变得神志不清。最后,她吃了些毒药准备自杀。人们叫来了医生,他立即对她施行洗胃、灌肠。她被救活了,但自此以后,她始终坚持说她已经死去。

她声称她不知道自己的名字,说人们用来称呼她的名字的那个人已经死了,她还清楚地记得那个人,知道她的举止言谈与自己一点也不相像。以这种间接的方式,她对自己过去的生活做了大量描述,但她始终坚持说"那个人"已经死了,她不知道她自己是谁。人们用各种方式来问她,反复对她指出各种逻辑错误,但病人始终顽固地坚持自己的信念。

例如有一位医生曾这样对她说:"如果你不是×先生的妻子,那么他就是在这里花钱养着另一个女人。"她回答道:"我会告诉你他在花钱养什么——多年来他一直在花钱养活这个世界上最坏的东西。我觉得我身体的每一部分都像赖莉,我想象赖莉的身体就像这样。啊,想象是一桩可怕的事情!"医生指出,她手上有和赖莉手上同样的伤疤。"啊,那也不过是想象罢了。"病人回答说。

她的行为并不完全与其妄想相吻合,因为她有好几次企图自杀。有一次她从四楼窗台上跳下去,声称她要进入那向她打开的坟墓。她说她已经死了,应该被埋葬。她似乎根本没想到她会因此受到什么样的伤害。

医生在选择治疗方式时,也直觉地利用了她这种自我毁灭的需要,不过却以别的理由将它合理化。病人曾接受手术摘除"感染了的牙齿和扁桃体"。手术后她很快就恢复到正常的心理状态。

这种幸运的事情经常发生,并被作为精神疾病具有中毒性质的有力证据,以此论证手术去除感染病灶的治疗价值。数以千计的病人接受了拔牙、摘除扁桃体、切掉前列腺或直肠等其他器官的治疗,都因为盲目地相信这一理论。一所很大的州立精神病院先前曾专门聘请过一位外科医生,他就始终不懈地按照这种方式进行治疗。他们口气很大地做过许多辉煌的承诺,然而尽管偶尔有一些治疗的效果不错——其原因我们认为应另做解释——但也有不少失败案例。医学界后来渐渐放弃了先前对病灶感染理论和治疗所抱的希望,现在,机能性精神病的中毒性病因说已几乎被人遗忘。

经手术治疗而获得痊愈的病例,完全可以从心理学角度去解释,这在下一部分中我们会看得更加清楚。上面所说的那个病例,清楚地说明了一个不断地企图以种种方式毁掉自己、头脑中部分地相信自己已经死去的女人,是怎样在接受了痛苦的、流血的治疗后——虽然我们知道那是在技术娴熟、富于人道的条件下施行的——反而恢复了健康。

像刚才所说的这类病例(其自我毁灭一般是想象的而不是实际进行的),介乎于古典的抑郁症和精神分裂症之间,前者明显有自杀倾向,后者却极少自杀但经常自伤。在下一章中,我们还要引一些例子,这里我只想谈一下那种间接的自我毁灭,它来源于精神分裂症患者那种典型的幻想,即幻想他们能够毁灭或已经毁灭了整个现实世界并且再造了一个他们自己的世界。正像我们临床上经常看见的那样,其极端的结果乃是一群病人完全专注于自己,漠视一切重力、生理、经济法则,以致显得完全不可理解(事实上他们并非不可理解,那些怀着同情和理解去耐心地帮助他们的人往往能够拯救他们)。然而许多病例却并非这样极端。有些病人虽然在幻想中毁灭了现实,但是相当成功地隐瞒了这一点,甚至有时候将这些幻想转化为好的东西(升华)。我的一位同事曾描述过这样一个病人，此人的这种强烈的破坏性幻想伴有一种从这个令人憎恨恐惧的世界中退缩的倾向。但在医生的帮助下，他能够逐渐恢复平衡，并逐渐将他的幻想（以秘密的发明毁灭世界）转化为越来越受人欢迎的神秘故事和惊险小说卖给杂志。最后，他放弃了这些幻想，开始写一些严肃的故事和小说。

有些精神疾病表现为病人否弃自己的人格，用各种各样的贬低和毁谤加诸自己的人格，我们不妨说这种形式的精神疾病体现了针对自我（ego）的自我毁灭。我们可以拿它与另一种综合征的症状相对照。这种综合征，其攻击对象不是自我而是超我（super-ego）。麻醉超我往往是酗酒的表面上的目的，我下面所说的这种情况与酗酒有着某些外部相似。

这种情形不幸被称为躁狂症（也被称为"轻度躁狂"或"躁狂抑郁型精神病"的躁狂期）。一个不知内情的人根据这些名称可能会想象到一个狂躁不安、怒吼乱叫的人，但实际情形却难得这样。大多数常见的病人在外表上酷似一个"快乐的醉鬼"或一个在晚会上十分欢快而无拘束的人。其特征是不停地闲聊、开玩笑、做怪相、提荒谬的建议、放声大笑、不停地消耗自己的精力。和急性醉酒的情形一样，这些人的荒谬、过分、往往极度欠考虑的行为一旦受到干涉和妨碍，他们也会显得暴躁易怒。

这种情形在几个重要的方面不同于急性醉酒。首先，它不会在几小时后就消退，而是要持续几天、几周甚至几月——偶尔也有持续几年的。更重要的是：这些人往往以一种极其认真的态度去对待某些建议和计划，全神贯注于大量自己给自己摊派的任务，而且这些任务还有数不清的细节。这些工作最初看上去似乎很有意义，甚至是值得羡慕的，但是人们很快就发现这些计划正在趋向种种无道理、非理性的胡来。有些人在这时候能够控制住自己，还有一些因为自己的成就和名声而掩盖了这一点，使外界未看到这些成就实际上是由精神不健全的人做出来的。但即使是这些人，有时候也会粗暴地侵犯法律和社会舆论并且被逮捕下狱。一旦他们受到阻碍，他们就会暴跳如雷，显得仿佛与任何人（甚至自己的良心）都誓不两立。

我们从这种精神症状中可以得出这样一种结论：他们的良心已经被摧毁。在发起攻击之前，这些人都是极其严肃、矜持、威严、冷静、谦逊的人，他们会因为自己或别人的这种行为而感到奇耻大辱。但突然之间，他们的良心仿佛被杀死了。从前面的讨论我们知道：良心乃是童年时代形成的权威的内在代表，它可以追溯到父母。因此，杀死良心即相当于对内化了的父母实行毁灭性的打击。

下面的例子或许能更确切地说明这一点。

约翰·史密斯是明尼苏达州一个中产阶级家庭中的长子。他的父亲是一个小商人，虽然是家庭的支柱，但是他是一个心情阴郁的人。父亲在他十二岁的时候自杀，这使得他必须小小年纪就承担起家庭中的许多责任。他吃苦耐劳，忠心耿耿，终于在三十岁的时候通过辛勤的工作爬到一家颇大的制造公司的分公司经理的位置。亲属和家人都把他视为骄傲，他们说他是"穷孩子飞黄腾达"，而他也从不忘记帮助孤苦无依的母亲和姊妹。

他的上司同样对他怀有好感，不仅因为他精明强干，而且因为他对上司那种谦恭、合作的态度。但在长期的工作中，他的判断渐渐经常与公司总监督的意见相冲突。此人小心谨慎、过分保守，在许多方面都酷似他的父亲。史密斯的意见经常占上风而给公司带来巨大的利益，但有一次，他积极促成一项计划，最后使公司蒙受了严重的财政损失。他因为这一错误而悔恨不已，尽管公司并没有因此对他进行处分，他自己却因此而有强烈的内疚感。不过人们也注意到，即使是他那些计划在总监督的反对下获得通过并给公司带来好运的时候，他也仍然经常有内疚感。

有一天他没有来办公室，由于他一直是一个准时、可靠的工作者，所以这一点显得很不寻常。人们以为他病了，所以一连几天都没有去调查。后来当问到他家中的时候，他妻子十分惊讶。他曾告诉她，公司要他到纽约出差。由于他的话绝对可靠，所以妻子并未多加询问。公司总裁立即与驻纽约的代表通话，他们报告说史密斯先生前一天曾从一家大旅社打电话给他们，他显得有些过分激动和神经质，曾提到许多代表们闻所未闻的扩大业务的计划。

最后，他们在一家很大的豪华旅社中找到了史密斯。他雇用了五名速记员，会客室里挤满了前来签订合同的货栈代表和预备雇员，正准备执行他为公司制定的新计划。事实上他一直忙于同这些来客讨论他的计划，以致自己公司的代表根本不可能把他叫到一边做私下谈话。当他终于注意到他们的时候，他以一种激动的声调大声对他们说话，要他们先回去，等他有时间的时候再叫他们来。与他往常的性格极不相称的是，他还说了许多可怕的话来指责他们姗姗来迟。

但最后他们终于设法使他坐下来与他们谈话。在耐心地听完他那极其复杂、不连贯但并非毫无意义的扩大业务计划后，他们劝他和他们一道回家去。他狂暴地拒绝了这一建议，高声斥责他们愚蠢、糊涂，不能懂得他的辉煌计划的意义。他怒不可遏地对其中一人动起手来，如果不是旁边人劝阻，此人一定受到严重伤害。他余怒未消地将花瓶和家具陈设等扔出旅馆窗外，以一种正义凛然的愤怒大步走出房间。途中他还对旅馆的服务员大打出手并向他们宣传共产主义的危险。这些服务员从惊愕中清醒过来后，他已走下前厅，从柜台上抓了一把雪茄烟，向正在走来的人挑战，要他们和他在地板中央进行一场摔跤比赛，而所使用的语言则粗俗不堪，十分可怕，这在往常是根本不可能从他口中听到的。

当他最后终于被抓住的时候，他正在一家酒吧间里，被一帮陌生人所包围。这些人因为他的笑话和荒谬的建议而感到十分开心。他给在场的人每个人买了一杯酒，给每一个酒吧女郎一张二十美元的钞票，并且许诺说，如果她们跟他回旅馆，他可以给更多。我们应该记住，在正常情况下，他是一个严守道德的人，从不喝酒，从不骂人，用钱十分俭省。

公司方面害怕他被捕和关押的事情张扬出去，急忙通知他的亲人，他们立刻赶来纽约将他安置在一家精神病疗养院。此时他那种兴奋状态有所减退。他认为自己被送进精神病院是一个极大的笑话，坚持认为公司不实行他的建议是犯了严重错误，但又说如果他们真是笨到了这步田地而不能从他的非凡计划中领受好处，那么他也可以做些让步，和他们继续共事而暂不执行他制定的宏伟计划。

他说他不过是为了"该死的业务"而使自己工作过度、"神经崩溃",他十分愿意在疗养院中休息一段较长的时间。他做出一副施惠于人的样子,称赞医院,称赞医生和护士,声称在短短的时间里,他就在这里结识了许多有趣的人,比在外面几年结识的人还多。他把自己的业务计划完全抛诸脑后。他说他已为他们尽了最大努力,现在他们不得不自己去应付困难,直到他休息够了为止。

这还仅仅是对一个病例的简略勾画。这类病人总是那样富于色彩,每个人都有大量各具特色的细节,但他们又全都具有上面描述的和这里要加以说明的那些特点。对这个病例,我的叙述也更多的是为了显示其典型的心理结构而不是为了详细描述其种种症状。

在这一病例中,人们会立刻注意到病人父亲的自杀使病人担负起家庭的重任,从而导致他以过度补偿的方式对此做出反应。他仿佛注定了不仅要作为一个实业家而与父亲竞争,而且要胜过自己的父亲。在这一点上,他的确成功了,不过这种成功显然不足以满足他对于取得更大成功的贪得无厌的渴望。在他的精神病中,这种不可遏制的扩张欲是十分明显的。我们应该记住这则寓言:一只小青蛙在它母亲的旁观下与它父亲竞赛,为了超过父亲,它不断地胀大肚子,最后终于胀破了肚子。

对父亲的这一胜利使他感到内疚,对自己直接上司(公司总监)的嫉妒更加剧了这种内疚,而他所犯的错误使公司耗资巨大,更增加了他这种精神负担。最后,这种紧张状态达到难以负荷的地步,他便开始了自我毁灭。不过他并不像他父亲那样彻底杀死自己,而是仅仅杀死他的超我。他这样做仿佛是说:"我并没有因为父亲的死而感到罪恶；并没有因为想超过他而感到内疚；并没有因为一方面依赖，另一方面嫉妒和经常与上司发生冲突而感到内疚；我也并没有因为我给公司造成的损失而感到内疚；即使我骂人、酗酒、嫖妓，我也不必为此感到内疚。我对任何事情都不感到内疚！恰恰相反，我觉得自由无碍。我的思想和行动都不受任何限制。只有那些蠢材和庸人才受这些限制。我自由、强大、快乐，能够随心所欲地做我想做的一切；我没有任何烦恼，没有任何遗憾，没有任何恐惧。"这正是这种病人的典型心理。

但我们仍然感觉到他的超我中有相当一部分并未被杀死。因为，尽管他已从先前承受的焦虑和罪疚感中解放出来，但是他仍然压抑着某些冲动，这些冲动在一个完全不受束缚的人身上是会表现出来的。一个完全没有良心的人在受到同样刺激的情况下，会真正地乱杀乱砍，否则就会在幻想的支配下有种种情不自禁的举动。但这很少发生，因此我们必须修正我们的说法，即躁狂精神病意味着超我的毁灭，而补充说：躁狂精神病意味着超我的部分毁灭或部分瘫痪。我想，我们无须进一步论证它与其他形式的自我毁灭的相似，以及都表现了攻击性、自我惩罚和相当程度的爱欲化倾向。

由于精神分析的治疗目标之一即在于将自我从超我的专制暴政下解放出来并以理智取代良心，人们自然会问，这种说法是否并不适用于躁狂综合征和已经成功地进行过精神分析治疗的人。根据上述理论，这两种人的超我都已经被消灭。而如果这会使我们陷入荒谬，那么这理论本身一定有某些漏洞。

对这个问题，我们实际已经做过回答，这就是，在躁狂综合征中，超我只是部分地被摧毁，因为存在这样一个简单的事实，即仍然有一部分超我留存下来，所以病人才会对它做出恐惧的反应。不过这里还有进一步的解释。在精神分析过程中，超我并非突然被摧毁的，而是由于自我从超我的不断压迫下解放出来后，自我能够逐渐成长和获得较大的力量，并以客观的判断和现实的估价取代固有的偏见，从而使超我逐渐变得不必要，变得没有用武之地。相反，在躁狂综合征中，超我或超我的一部分是突然被摧毁的，因而需要脆弱的自我去驾驭强大的冲动。由于这些冲动来势迅猛，不可抵挡，所以自我完全被压倒。一个小孩子，突然给他一把锤子或剪刀，是不能指望他也能像成年的木工或裁缝那样正确而安全地使用这些东西的。躁狂综合征病人的自我始终是孩子气的；而成功地进行过精神分析的人，其自我则是相对成熟的。

总结

在本章中，我试图说明对普通现实标准的背弃在一定程度上会构成精神病，而这有时候被解释为自我毁灭的一种方式。这种自我毁灭可以直接指向自我（ego），例如在有些病例中，精神病患者不断地谴责和贬低自己，甚至宣称自己已不复存在。但它同样可以指向超我（super-ego），例如在有些病例中，患者突然从良心的束缚中解放出来，足以说明他们暂时地摧毁了自己身上的超我。而在通常情况下，超我乃行使着必要的和不必要的抑制。我还指出，在精神分裂症（古典的背离现实综合征）中，自我毁灭一般局限于偶发的身体上的自伤而不是较为普遍一般的自我毁灭；破坏性的冲动往往转变成幻想，并始终指向外界对象（有时候指向整个宇宙）；与此同时，病人不是攻击和憎恨自己，而似乎是珍爱自己，严格地说，有时似乎是珍爱自己一直到死。

第四部分

局部自杀

第十章
定义

在前一部分中讨论的慢性自杀,其自我毁灭虽然经常被淡化,但毁灭的焦点仍然是弥漫性的。与此相反的是这样一种自我毁灭,它主要集中于肉体,而且通常集中于肉体的某一局部。我把这种局限性的自我毁灭称为"局部自杀"。

我相信,一些为医生们所熟悉的临床现象即属于这种类型。我所指的主要是自我伤害、装病、强迫性多次手术、某些基于无意识动机而造成局部损伤的事故,以及性冷淡和性无能。我将分别对它们加以定义和讨论。我相信我们可以证明它们总的说来是基于与自杀行为相同的动机和机制,只是死亡本能参与其中的程度不同而已。

至于某些器质性疾病也可能同样属于局部自杀,这一点我留待后面讨论。现在我们仅仅考察这样一些自我毁灭方式,它们是以病人自觉认识到和自觉指向的方式人为地制造出来的。

我所谓"自我伤害",指的是:(1)那些蓄意加诸身体某个部位的破坏性攻击。我们熟悉的极端方式则经常见诸精神病医院的病人,但我们也不能忽略(2)神经症病人经常加诸自己的种种不同形式的肉体伤害。例如,咬手指甲相当于咬手指,只不过程度较轻。有些病人则受一种强迫冲动驱使,或轻或重地咬伤自己身体的其他部位。还有些人不停地摩擦和搔抓自己的皮肉,扯自己的头发,揉自己的眼睛或搔自己的皮肤直到发炎红肿。最后,(3)我们还要考察那些经社会习俗和宗教仪式认可、鼓励和指令的自我伤害。

至于"装病"(malingering)一词的本义则较为暧昧,其最早的定义见于《格罗夫俚语词典》:"军队用语,指装病以逃避任务。"早在1820年,人们就注意到:"该词从前是指脚上的溃疡,因为那些装病的士兵最容易人为地造成这种溃疡。"但这个词现在已从仅仅适用于士兵发展到适用于一切形式的与疾病和损伤有关的欺骗。我希望指出来引起注意的是一种独特的装病,即基于隐蔽的目的而意欲欺骗他人的自我伤害。

所谓"多次手术者",我指的是这样一些人,这些人就好像是对外科手术有瘾似的,总是先迸发一系列症状(有时甚至有充分的客观证据),从而使医生认为有必要或至少是似乎有必要开刀,以致最后从自己身体上切除某些东西。我们往往清楚地看到某些病人就像有一种神经症的强迫行为一样,反复地去做外科手术。

至于所谓"有意的事故",我指的是日常生活中发生的事件。在这些事件中,肉体受到的损害似乎是外界环境造成的不幸结局。

但在有些情形下，我们却可以证明，其性质是为了满足受害者本人的无意识倾向，从而迫使我们相信，这是无意识中的自我毁灭愿望在利用某些机会，或以某种隐蔽的方式来实现这种自毁的目的。

至于所谓"性无能"则是指性行为的相对无能或完全无能，这在女性身上有时又被称为"性冷淡"。我之所以把阳痿和性冷淡视为一种局部自我毁灭，是因为作为自己造成的身体某部位机能的抑制，阳痿和性冷淡在效果上是在拒斥和毁灭那一部位的功能。

第十一章
自我伤害

我必须预先警告读者，这一章所讲的内容并不那么愉快。我们对于创痛的经验使我们认为，自伤的说法比自杀的说法更难以令人接受。而我们医生在自己的日常经历中却十分熟悉这些不愉快的情景，所以往往竟忘记了讨论这个问题对许多人来说是有很大障碍的，只有那些十分客观、成熟、理智的人才能逾越这些禁忌和偏见。本书当然不是儿童读物，不过在三年级读者的课本中却有一则关于动物自我伤害的绘图故事，其生动有趣的程度不亚于我所要举出的临床例证。

不管怎样，对于阐述我们的理论的至关重要的一点，是证明自杀冲动可以集中在身体的某一部位以代替整体，而自我伤害则是这种做法当中的一种。

一个年约三十岁的高级中学校长患有一种严重的抑郁症，他有一种妄想，仿佛整个生活都充满了忧伤，而对此他应该负主要责任。他在一家医院住院治疗，有了一点起色，此后他母亲来看他，不听劝阻地要带他出院，并坚持说她比医生更懂得自己的儿子，她知道他现在已恢复健康。她把病人带回家，几天之后的一个夜晚，当家人沉睡的时候，病人轻轻起身，用铁锤敲碎了他亲生的两岁婴儿的头颅，声称他是为了免除这婴儿将要承担的人生痛苦。他被送进州立医院，在医院中，他一直企图伤害自己，直到有一天成功地把一只手臂插入机器以致医生不得不切掉他的右手。此后，他很快就完全康复了。

尽管这一病例当时并未从精神分析的角度得到研究，我们却可以根据临床经验对他行为后面的无意识心理机制做总的窥探。这在精神病患者身上比在神经症患者身上更容易做到，原因是精神病患者的无意识倾向往往能更少伪装、更少变形地爆发或表现出来。

完全可以这样假定：这个病人身不由己地犯下了一桩惊人的罪行，然后又身不由己地以同样惊人的方式求得补偿。通过以这种可怕的方式损伤他自己，他为自己谋杀自己孩子的行为付出了代价，也就是说，他忠于《圣经》的教导："如果你的右手亵渎了你，那就砍下你的右手。"然而那个被他杀死的孩子却显然是他最爱的人，尽管诗人们说"人总是亲手毁掉他所爱的一切"，我们却认为：他能够这样做，除非在那种爱中已经掺杂了强烈的（无意识的）恨。毁坏并不是爱的结果，而只能是恨的结果。

那么这位父亲何以会有如此强烈的恨以致身不由己地要去杀人呢？在他痊愈之后，我曾同他谈过话。他对自己的断手似乎毫不在意，但当我问到他孩子的死时，他十分动情，泪眼汪汪地说："你知道,我总觉得我母亲无论如何应对此事负一定责任。她和我总是合不来。"

我认为这句话无疑是正确的线索。病人的母亲是一个极富攻击性、毫无同情心的女人,她曾经被告知过病人的状况,但仍然拒不接受医生的劝阻。不难理解,一个人若有这样的母亲,自然会对她心怀憎恨。但是我们根据日常经验知道,如果这种仇恨不可能针对激起仇恨的人发泄,它往往就会转移到他自己身上。我们根据精神病治疗和精神分析的经验还知道,在这个病人所患的那种抑郁症中,病人往往受着无名仇恨的煎熬,最终将仇恨从未知的外部对象转移到自己身上。

至于这个外部对象在这里究竟更直接地是母亲还是他的小女儿,这是一个次要的问题。我们清楚地看见的是:此人如此仇恨某人,以致犯了杀人罪,尔后他又通过伤害自己而进行了赎罪。在他的无意识中,母亲、女儿以及他自己都部分地相互等同。如果说他杀了女儿来惩罚自己的母亲,那么他也砍了自己的手臂来惩罚他自己。

因此,这种自我伤害的情形,其心理机制类似自杀的心理机制,即原来针对某个外部对象的恨,反过来加诸自己并由于自我惩罚的因素而得以强化。不同于自杀的是:这种惩罚性的自我攻击,不是像在自杀行为中那样集中于全部人格,而是分成了两部分,一部分加诸孩子,另一部分加诸手臂,双方恰似鹬蚌相争。同样,也没有任何令人信服的证据足以说明死亡愿望的存在,而死亡愿望在自杀中却显然占据上风。

但读者也许会提出异议说:"这是一种很有趣的推论,虽然符合逻辑却难以得到证明。人们怎么能够确信这种解释是正确的呢?人们也可以举出一些特殊的例子,并做出另一种同样令人信服的解释。"

这种异议是完全正当的。除了做一些类比和推论,我不可能进一步将这种解释应用到这个病例上,因为它不易被研究。因此,正确的做法是立即着手以较容易接受的材料对自我伤害进行考察。

一、神经症性自我伤害

为方便起见,我应先从神经症过程或作为神经症一部分的自我伤害开始。首先,这是因为这些病例为精神病医生所常见并且已被许多人在论文中提及;其次,这是因为神经症患者的行为更接近于所谓正常人的行为因而更容易为人们所理解。对神经症病人的精神分析治疗为我们提供了这样一种好处,即结合病人的理智和医生的经验,以此拆穿掩盖着动机和方法的伪装。

我之所以说"方法",是因为神经症患者确实经常掩盖其完成自我伤害的方法。在这一点上,他们更像装病者而不像精神病患者,后者并不企图隐藏这一点。之所以如此,是因为神经症患者比精神病患者更忠实于现实。神经症患者很少无可挽回地伤害自己。然而,替换性和象征性的自我伤害却十分常见,因而神经症患者往往假手于他人来索取并获得自我伤害,例如以我们即将讨论的外科手术来获得自我伤害。

按照我们精神分析的思想，其原因在于神经症的性质和目的。这就是说，神经症是一种妥协方式，旨在拯救整个生命免于本能和良心的要求所导致的直接的、严重的后果。自我的任务是调节这些要求，一旦它发现自己不能胜任，便以可能的方式做最好的讨价还价。它尽可能对良心要求的自我惩罚做最少的让步。结局也许是愚蠢的，后果也许是严重的，但它却尽了神经症患者的自我所能尽的最大努力。与此相反，精神病患者却不再以任何努力讨价还价，因此人们常常看见他们有种种极端的、怪异的自我伤害行为。

讨价还价的成分——争取最好的妥协——乃是全部问题的核心。正常人之所以正常是因为他能比神经症患者做成更好的交易；而他之所以能够这样又是因为他不像神经症患者那样更多地处在良心的严厉而残酷的支配下，而这又部分地应归因于他不是那么强烈地受到破坏性冲动的驱使。与正常人相比，神经症患者的讨价还价是失败了；但与精神病患者的全线崩溃相比，神经症患者的讨价还价算是比较成功的。

例如在上面援引的病例中，那个以右手杀了自己孩子的人如果完全处在良心、要求的主宰下，他就应该杀了自己来赎罪。的确，根据我们的观察，根据我们在第一章中对自杀行为所做的研究，我们知道这种事随时都在发生。但这个病人却还没有疯狂到做这种事的地步。如果一个人已经死了，那么惩罚他就不再有什么用处了，因为自我惩罚的外在目标乃是为了使一个人此后活得安宁。当牧师给悔罪苦修者分配一项工作时，如果他分配的工作此人不能完成，他就不能实现自己的目标。因为他的目标是使生活变得能够忍受，是使人摆脱由未经补偿的冒犯亵渎所产生的罪疚感的纠缠。

因此，这人所做的事，乃是以自我伤害代替自杀；他献出了他的手而没有献出他的生命，而这是合情合理的，因为手是作孽的器官。如果我们再假定各种身体器官都是独立自主的和人格化了的（我们将要看到，这正是无意识推卸解脱罪疚感的策略之一），那它就更加合情合理。"有罪的不是我而是那只手，因此我只要牺牲那只手，我就已经赎了罪，并且保全了我的生命。"（应该记住的是在那次事故后，他很快就恢复了健康。）

显然，较为正常的人在与自己的良心讨价还价时会比这人做得更好。他会说："我为我所做的事万分悔恨，但是伤害我的身体对事情不会有任何好处。我不可能让我的孩子起死回生，但是我可以抚养另一个孩子，我可以从收入中拿出足够的部分来使别的一些孩子生活得更幸福，或者，我可以做些事来防止再发生像我母亲那样的无知所造成的后果，我可以为此做这做那。"这或许是较为理智的解决办法，但它只适用于那些较少受着憎恨的重压、较少受到良心的暴政统治的人，也就是只适用于那些比这个严厉的、过分认真的中学校长更正常的人。

通常，神经症患者所做的妥协并不像刚才所说的那个人那样极端。另一方面，也不像刚才设想的正常人那样理智。有时候他们也会自我伤害——这正是我们现在感兴趣的问题，但正像我已说过的那样，这些伤害往往经过伪装或间接地造成，与此同时，病人也往往对这些伤害做出虚假的解释。

从临床上熟悉的"咬指甲"中我们可以观察到这一点。这种程度极轻的自我伤害似乎不应冠以如此可怕的名称，但是毕竟，决定其属性的应是它的性质而不是它的程度。在这个问题上，我们都看见过从咬指甲发展到更为严重的自我伤害的情形。我曾经有一些病人，他们咬掉了每根手指上的每一个指甲根，有些人甚至咬自己的手指头。

我认识的一个小女孩曾有严重的咬手指甲习惯，由此发展到咬脚指甲。她咬脚指甲咬得如此凶猛，以致有两次都是一口将整个趾甲咬掉。由此导致的感染使她被送到外科医生那儿治疗，而这一定是很痛的。但这个小女孩坚韧地忍受了治疗，既没有哭也没有乱动弹。在整个治疗过程中，她似乎完全专注于医生的秃头。当治疗完毕后，她唯一的一句话是对医生说的"我不喜欢您的发型"。

这个病例中突出的一点是这个孩子把普通的咬指甲习惯推向了极端。毫无疑问，在这个病例中，咬啮已构成一种严重的伤害。第二个有趣的特点是这孩子显然对肉体的痛苦（无论是最初的伤害还是后来的治疗）无动于衷。这一点之所以令人惊讶，是因为它似乎与成年癔症患者对肉体的痛苦无动于衷相吻合。我们在前面的章节中曾经描述过这些病人，他们对种种心理动机非常敏感，但对伴随自我惩罚而来的肉体痛苦却完全无动于衷。

最后，这孩子对医生所说的那句显然无关痛痒的话，使我们联想到这孩子在自己的秃指和医生的秃顶之间所做的联想。因为我们注意到，孩子认为医生的头发是被"剪"掉的。这孩子并不回避自己行为所造成的后果，却以一种苛刻的挑剔来看待医生对自己的头顶所做的"浩劫"（孩子显然这样认为）。

人们只需想想自己孩子的咬手指习惯给做母亲的带来什么样的折磨、焦虑和无名怒火，就不难想见这孩子得到了多大的满足，以及母亲们的无意识直觉是多么正确。除了母亲本人为之感到内疚的那种满足以外，再没有什么能使她对这种习惯以及与之相似的习惯如此不安、如此难以容忍和怒不可遏了。

孩子咬自己手指和手指甲的行为，表明它既体现了一种不良习惯，又体现了一种惩罚。然而母亲却既不懂得也不欢迎这种悔罪的表现，因为她感到这种惩罚类似于小女孩在从碗柜中偷糖吃之前先拍拍手那样（布里尔）。这种惩罚实际上允许了令人内疚的不良习惯继续存在，而且以这种方式，它本身也变成了一种不良习惯。

临床研究已经充分证明：咬指甲的习惯与另一种不那么显著却同样是童年期的坏习惯——手淫——之间有着密切的联系。从机制上讲，其对应关系是明显的：现在，手指不是被运用到生殖器上而是被运用到口腔，不是去获得生殖器的刺激而是去获得口唇的刺激。当然，正如我们指出过的那样，同时也伴随着咬啮这样一种惩罚成分在内。

我们是怎么懂得这一点的呢？首先，我们是从许多头脑清醒、理智冷静的母亲对孩子所做的观察中知道这一点的。其次，我们是从儿童分析家和专门从事儿童指导工作的人对儿童所做的科学中知道这一点的。最后，我们是从对成年神经症患者的研究中知道这一点的。这些神经症患者在分析自己的童年时代时，往往能够清楚地回忆起当时的细节以及自己的咬手指习惯和手淫习惯之间的关系。

例如我的一个病人在接受分析的过程中，突然觉得不可遏制地要去练习钢琴，而这是需要刻苦的手指练习的。她每天刻苦地练习几小时，对她的手指实行严厉的约束直到手指发痛。与此同时，她对她女儿十分担心，因为女儿近来一直有顽固的咬手指的习惯。她对此极为不安，说了许多纵容孩子养成不良习惯的危险后果。她深信这孩子也有手淫习惯，她为此而感到害怕。

当我问她为什么做出这种结论的时候，她坦白地回答说（或毋宁是回忆说），当她本人还是一个孩子的时候，就曾有难以克服的咬手指习惯。她母亲对此极为生气，却不知道她同时还有手淫习惯。然后她很不情愿地补充说，最近她曾好几次屈服于手淫的冲动。我当即指出这一定是在她刻苦练钢琴借此给手指以严厉惩罚的时候。她惊奇地意识到这一点，立即十分聪明地明白了这种联系绝不是时间上的巧合。

咬指甲的习惯为人们所司空见惯，但同样常见的是人们并不知道它的全部无意识含义。例如，大卫·列维最近通过对狗和婴儿所做的实验指出：那些未能得到充分吮吸满足的婴儿，以后往往倾向于通过吸大拇指，并可能通过咬指甲来获得一种口腔满足。这就仿佛是那些不能从母亲乳房获得充分满足的人，必然要不加区别地从无论什么来源去获得这种满足似的。这并不是否认它与手淫的联系，因为手淫在儿童快感形成的过程中是稍后的、完全自然的阶段。换句话说，正常儿童不再把吮吸作为获得快感的主要方式，而是学会了手淫；有神经症的儿童则出于对惩罚的恐惧而停止手淫，转而以咬指甲或其他类似的方式替代。这是一种退行，因为它回复到较早的阶段和快乐方式，即用嘴而不是用生殖器来获得快感。于是它既是一种替代性的满足，又是一种与之俱来的惩罚，这二者都被以淡化了的形式表现出来。

从神经症患者身上经常可以观察到比咬指甲更厉害的自伤现象，特别是对皮肤的自伤。皮肤科专家把这称为神经症表皮剥落。在这些病例中，病人不可遏制地以自己的手指去搔抓皮肤。这样做的原因，有时候似乎是一种难以控制的想要搔抓解痒的欲望，或一种想要从皮肤上清除某些寄生虫的欲望，但更多的时候，连病人也不知道是为了什么。费城的约瑟夫·克劳德尔医生曾在一例病案中发现，这种奇痒难熬的感觉——病人抓破皮肉正是为了缓和这种感觉——主要发生在一周的某两天，在这两天中，她的丈夫总是睡得像死猪一样。

我所见过的最严重的神经症自伤病人是一个三十五岁的锅炉安装助理。他早在十二岁或十四岁时就出现过手臂抽搐的症状，这在那时被诊断为舞蹈症。但后来，随着这些症状越演越烈，尔后的专家都怀疑这种诊断，而且其中大多数还反对这种诊断，认为它很可能是吉利斯·德·拉·图雷特氏病。

但发病二十年后，他表现出一种异乎寻常的临床症状。他并发了一整套奇异的症状，如突然抽搐、扭曲、皱眉、踢脚、摇摆甚至犬吠和牛叫。这些症状突如其来，甚至就在他处于平静期，正在清楚地叙述自己症状的中途发生。过不了几分钟，他又会安静下来继续他的谈话，只是不时要穿插一些刚才描述过的那种不由自主的动作。他的手会突然扬起，他的脚会突然踢出，他的头会做半周旋转，他的横膈膜会明显地急剧收缩，以致在谈话的中途（尽管他总是勇敢地企图把话讲完）他会被抛出座椅，或不得不喘气、皱眉、大声怪叫。同样，他也可能爆发出许多显然不是有意要说的粗俗不堪、毫不相干的话语。

至少，这就是我们最初的印象。事情后来却越来越明显：他这种不由自主的运动，尽管花样繁多，却有一个共同点。正像他自己早就认识到的那样，这些症状似乎全都指向和反对他自己，也就是说，或者反对他的肉体，或者反对他实现他的自觉愿望。因此经过仔细观察会发现：他的手臂抽搐，其结果几乎总是在击打自己的身体；而踢脚的结果，受皮肉之苦的还是他自己的脚，而且他经常用一只脚踢另一只脚。他常常用大拇指戳自己的脸。他的前额上有一块很大的开放性伤痕，对此，他自己这样说道："只要我身上有一个伤口，我就要不断地去把它越弄越严重。"就在他这样说的同时，他又不停地去抓、捅了好几次。他的门牙掉了三颗，这是在用很重的扳手工作时，反手击在自己嘴上造成的（尽管他有这些病，他还是在芝加哥的一家锅炉安装公司找到了工作）。他的手上到处都是各种小伤留下的伤疤。他说："不管什么时候，只要我手上拿着一把刀（我在工作中经常要使用小刀），我就会割伤我自己。这一点绝不会有错。"

这个病人无疑满足了自杀行为中那些根本动机的种种要求。他对自己的攻击是凶狠的，他的屈服是英雄主义的。至于罪疚感的表现，很有意思的是在我和他的一次简短谈话中，他自己说到他和他母亲一直处不好，原因是她经常指责他，特别是指责他常跟女孩子鬼混（对此他不无夸耀）。他说，尽管他有这种病，他仍然有许多女朋友，而且无论在社交还是在性事上都十分在行。"但我母亲总是说我自食恶果……说如果我不是老跟姑娘们鬼混，就不至于搞成这种样子！"

我们只能猜测在他那种强迫行为和罪疚感之间存在着一种什么样的联系。我们知道这病始于童年时代，那时性行为还没有表现为"与女孩子鬼混"，而是表现为手淫。许多母亲正是为此而责骂、处罚、威胁、恐吓他们的孩子。而我们从病人所说的话中知道，他的母亲正是这种母亲。我们不妨这样假定：他对身体的"自我作践"，最初是作为对"自我作践"其生殖器的惩罚开始的。此人是一个相当有地位的家庭中的成员，我曾听说他有一段时间一直和一个妓女同居，还听说在无数次情不自禁的自我伤害中，有一次他差点把自己眼睛弄瞎。我们由此可见良心的要求是多么冷酷无情。

我还经常看见一些不那么精彩的病例。我记得有一个很有成就的年轻女人，在她妹妹出嫁后（她一直很嫉妒这个妹妹）不久，她突然发作一种不能遏制的强迫冲动——大把地扯自己的头发。这种"扯光头发"的表现恰好说明了她过去所做的事情——不是针对她妹妹的，而是针对她自己的。在一次个别交换意见的时候，马约诊所的亨利·沃尔特曼医生曾对我说，他看见过一例"扯毛癖"，在这个病人身上，这种行为与手淫有着直接的、自觉意识到的联系，从而"扯毛"的行为似乎是为了补偿这种"罪过"（试与前面对咬指甲所做的解释相比较）。

如果我全文引述我手中的一封信，我就会更好地阐述这种自我伤害所具有的不可遏制的强迫性质。遗憾的是，我不能不对这封信进行一些压缩：

> 我这一生都十分羞怯，老是看不起自己并意识到自己缺乏外在的魅力。我从来就没有什么朋友，也没有赢得男人的注意。但我真正的问题、我最大的烦恼、我的一生之所以像一场噩梦的最主要原因还在这里。八岁时我就有一种拔头发的习惯，经常拔出一块一块的秃癣。此后，我因此而感到羞耻和悔恨，直到新头发长出来盖住了这些秃癣为止。但过不了几个月，这种习惯又会主宰我，以致一夜之间或甚至一小时之间，我又会变成一个绝望的、头上满是秃癣的小女孩，独自一人去学校受同学们的挖苦和嘲笑。我父母对此也很绝望，因为他们从未听说过这种事情，不知道我究竟中了什么邪。但他们从来没有对我怒颜相向，而只是温和地（有时是祈求式地）做他们所能做的事情以求能够帮助我。我为此十分痛苦，老是想到我母亲、父亲、哥哥、姐姐们因为我这不争气的妹妹而受到种种屈辱。
>
> 和几个姊妹的头发相比，我的头发才是真正的金色卷发。但现在，那些遭到蹂躏的地方只长出黑色的、刚硬的鬃毛，因为我至今仍有这种可怕的习惯！有三年时间，我差不多相信我已经克服了这种习惯，但不过一夜之间，我的全部希望又化为泡影，我又成了一个丑陋的秃顶。秃掉的地方差不多有手掌大，只有巧妙地梳整头发才能勉强掩饰。我虽然设法使它不露

痕迹，但很难说能够掩饰多久。一旦头发开始长出来，我自己的意志就控制不住自己的手指要再去拔头发。此外，我还喜欢吃头发——把刚硬的头发和发根含在嘴里咀嚼！

刚进学校的那几年我成绩出众、引人注目，人家都说我聪明，将来大有前途。但现在我注意力不能集中，记忆力极差。我想我恐怕只能热衷于宗教或别的什么。会不会是这种习惯已经不可补救地损害了我的智力，影响了精致微妙的大脑呢？我怕我很快就会对任何事都不感兴趣而仅仅满足于这种习惯。因为将近二十年来，我一直不断地、阵发性地扯自己的头发，在那种时候，我差不多忘记了世界上的一切事情。

您是否认为我已神志失常？有人告诉我"忘掉这件事""多找些事干"。一位医生劝我生个孩子。我何尝不希望如此，但哪个年轻男子又会给我这种机会呢，何况这对孩子来说也不太好。

注意这姑娘自己提到的一些事实：她本来有比姊妹们更漂亮的头发，只是由于她自己的做法才蹂躏了这种美。她因为自己的病影响了其他姊妹而深感悔恨。在精神病学家看来，这表明有一种与姊妹们相关的罪疚感存在，同时也表明她无意识地想要惩罚自己，使自己不如她们漂亮。反过来，这些东西又来自某些潜在的、未知的、对姊妹的憎恨。

还有一例自我伤害的情形也涉及头发，对此我有幸做了长时间的详细研究。这个二十七岁、受过良好教育的商务人员，惯于用剪刀剪自己的头发,直到最后制造出一种令人生厌的古怪效果——往往在自己头上东一块西一块地露出头皮——方才罢休。他最初给这种做法找的理由是:因为很穷,他必须节约,不能上理发店而只能自己给自己理发。但事实上他的经济状况很好,他只好另找一个更好的理由。这个理由虽不至于使人说他吝啬,但一开始还是不能很好地解释他为什么要胡乱地自己给自己理发。他坚持说他的头发正在脱落,他相信一般人的说法,只要不断地剪发,就能刺激头发生长。这种解释是一种具有安慰性质的文饰,它符合我们先前观察到的现象,即以自我惩罚来阻止外来的惩罚,也就是说,为了不使自己的头发被某种外来惩罚割掉,他索性自己先把它割掉。

进一步的分析揭示了他剪头发的真正原因。童年时代的他曾有满头茂密的黑发,但人们更喜欢他那满头金发的弟弟,因此,他对这个弟弟十分羡慕和嫉妒。出于这种憎恨,他总是取笑、挖苦弟弟,有时竟粗暴地虐待他,其结果自然是遭到父亲的痛打。在打他的时候,父亲总是一把抓住他满头茂密的头发,并且一直这样抓着打他。

他成年后的生活完全是一连串的灾难和不幸,大致情形如下:他总是以很高的希望和很大的承诺一头扎进一个新计划;他给人以很好的印象,由于这种好印象和他的聪明,他总是进步得飞快。然而一旦博得某人的好感,他总是无端地与人争吵,使自己成为人们的公敌,到头来总是被驱逐、被辱骂,有时候甚至被殴打,而且总是被人们所厌恶。这种事情一而再,再而三地发生,或者不妨说,他总是不断地重复其殴打兄弟、反抗父亲、从而遭到父亲惩罚的老一套模式。他或者直接惩罚自己，或者总是竭力造成这种情形，即总是把别人当成其父亲和兄弟加以欺侮和反抗，以便到头来遭受应得的惩罚。

剪掉头发不仅是一种希望逃脱父亲惩罚的反应，而且在更现实的意义上是一种自我惩罚。头发是他有理由为之感到骄傲的地方，但它并不能使他因此而不嫉妒他人。他之所以粗暴野蛮地对待自己的头发还有另一层意思。他出身于犹太家庭，但他的弟弟对犹太宗教不感兴趣，而且因为性情很好而受到非犹太社会的欢迎。由于这一缘故，这个好嫉妒的哥哥（我的病人）便尽可能地强调和突出其犹太人特性。虽然家庭并没有这样教他，但他赞成维护信教的正统方式。众所周知，这要求信徒留长发。有一段时间，他非常注重宗教规定的各种琐碎仪式，但是我们知道，他的这种兴趣并非出自他对宗教的虔诚，而是出自他要谴责、羞辱、有别于弟弟的动机。当他发现这样做对他弟弟和他父亲全然无效的时候，他便撒手不干，再次陷入失望。而要表达他这种充满憎恨的放弃和失望，最好的办法就是损伤和破坏他自己的头发。

一个涉及鼻子和牙齿的神经症性自我伤害的病例是著名的"狼人"[①]。弗洛伊德对"狼人"进行过分析，并在1918年发表的病历报告中做过讨论。后来，"狼人"的神经症复发，又在鲁思·马克·布伦斯韦克博士那里做过进一步的分析治疗。第二次神经症的

---

① "狼人"，弗洛伊德治疗过的一位俄国病人，原名谢尔盖·彼得洛夫，由于其患病的情境涉及梦中出现的白狼，后被弗洛伊德在学术讨论中称为"狼人。"——译注

主要症状表现是一种固定的强迫性疑病症，患者总认为自己的鼻子受到了损害，并认为这是由一个医生对他的治疗不当造成的。

其症状是这样开始的：有一次，他母亲去看望他，他注意到母亲的鼻子上有一个肉瘤，就敦促他母亲快去动手术切除。他母亲拒绝了他的建议。此后他便开始担心自己的鼻子，回想起这鼻子小时候给他带来的烦恼，那时他经常被人取笑，被人叫作"狮子鼻"。他唯一的安慰是庆幸自己的鼻子没有什么瑕疵。他想，如果自己的鼻子上也长了一个肉瘤，那该有多么可怕！于是他开始仔细检查自己的鼻子，终于发现一些阻塞不通的皮脂腺。与此同时，他母亲离开他回家去。两周后，他又在自己的鼻子中央发现了一个小小的粉刺，并回忆起除自己母亲以外，他还有一个姨妈也长有这种粉刺。此后，他又发现他妻子也有粉刺并坚持要她去治疗。他用自己的手指甲掐出一个粉刺，因而在鼻子上留下了一个坑，不得不去找一位皮肤科医生修补。这位皮肤科医生是他过去常去看病的医生，他要求他（医生）把一些堵塞不通的皮脂腺打开引流，于是在鼻子上留下了不是一个坑而是好几个坑。

就在这段时间，他的牙齿也出了毛病，并且被拔掉了几颗。现在，他又去找牙科医生，要他把另一颗牙齿拔掉，但最后拔掉的不是正在痛的那颗，而是完全健全的一颗。

这件事使他转而反对所有的牙科医生。于是他的注意力再次转向了鼻子。他整天整天地注视着自己的鼻子，找了一个又一个医生。一位皮肤科医生告诉他说，他患的是血管扩张，只能用电疗法治疗。病人于是又去请教了许多皮肤科医生，其中一个推荐他去做热疗。他很快又回到最初建议他做电疗的医生那里，但又开始担心这会留下瘢痕。他又去找了另一位皮肤科医生，这位医生告诉他这种瘢痕永不会消失。这消息顿时使他堕入绝望的深渊。

这个漫长的病史足以说明他最初是如何虐待自己的脸（鼻子），然后又是如何跑去找医生，要他们虐待它，最后又把全部的谴责加在医生身上。他在牙齿问题上的做法也完全一样。

如果我们对此做总结，那么我们会发现，他先是在自己的脸上弄出一个坑，紧接着就去找皮肤科医生和牙科医生，以便在自己脸上弄出更多的坑来。我们还记得他的母亲、姨妈、妻子都长有粉刺，而这使他十分烦恼。这三个人全都是女人，因此，当他想到自己脸上也有像她们一样的粉刺而认为必须去掉的时候，这种想法就相当于以象征的方式说："我觉得我应该跟她们一样，即我希望我是女人而不是男人。"更深的分析清楚地表明：这种想法来源于他对父亲的一种内疚感（父亲曾给他留下一大笔钱）和对弗洛伊德教授的一种内疚感（从弗洛伊德那里，病人曾以弄虚作假的方式获得过一笔钱）。一个人如果从父亲那儿拿走了他本来无权拿走的东西，良心就会要求以牙还牙的惩罚，即同样地从他身上夺去某些东西。这里我们发现，这种"东西"基本上涉及性器官。

神经症性自我伤害的意义，它的攻击性、爱欲和自我惩罚的功能，以及它与其他自我毁灭方式的关系，全都清楚地表现在以下几行诗中：

一次，一个她认识的男人连根

> 砍断了拇指,以免千年盛世[①]
> 到来之际,基督发现他尚未
> 因这个奸淫的夜晚受到惩治;
> 一想到他,她就禁不住发笑:
> 像他这样自寻烦恼,能否
> 进入天堂,只有上帝知道;
> 不过天堂之门一定会为她打开,
> 因为不是手指而是整个生命
> 已经被她自己连根砍掉。

二、宗教性自我伤害

早在上古,自我伤害就已经作为一种宗教仪式而被加以实行。如果我们再把那些渴望成为宗教信徒的人自愿而又急切地做出的自我伤害包括在内,我们便完全可以说一切宗教均包含这一成分。我们现在要讨论的,恰恰是这种自我伤害的意义所在。

这些伤害表现为一种牺牲,通常,正如我们在前面讨论过的那样,这种要求圣人做出的牺牲是性生活的牺牲。有人断言,谴责性生活与宗教崇拜两不相容是基督教首创,但这种说法是错误的。为基督教所利用的宗教观念和宗教态度,早在基督之前几百年就已出现。即使在与地中海各宗教紧密相关的古代神话里,也早就在一定

[①] 千年盛世(Millenium):或说千年王国。《新约·启示录》中说,在世界末日来临之前,基督将亲自为王治理世界一千年。——译注

程度上存在着这种思想，即宗教领袖必须是没有性行为的。例如，腓尼基人就相信，英俊的春之神爱希门（Eshmun）[1]为了逃避女神阿斯闷洛娜（Astronae）的求爱而阉割了自己，因而爱希门的祭司也必须做到这一点。同样，按照弗雷泽的说法，在罗马共和国之前，阿提斯（Attis）[2]的祭司们往往自阉，这在罗马街头是常见的情形。

对库柏勒（Cybele）[3]和阿提斯的崇奉被引入罗马后，对他们的狂热、血腥的祭祀立刻盛行起来。从关于这些祭祀的一段描写，人们对自我戕害如何通过牺牲性生活而达到献身最高善行的目的，可获得一个清晰的印象。无论实际上还是在象征意义上，这些仪式的本质，就在于在宗教热忱的影响下，以一种血腥的和痛苦的方式来牺牲其生命力。

从此以后，甚至直到今天，这种公开而放肆的自我折磨就成了许多地区的宗教崇拜的一个组成部分。在《我是十八世王》（*I am the Kings XVIII*）中，有一段描写了巴尔（Baal）的祭司们在祈雨仪式中，用刀剑在自己身上割出口子，直到血流如注遍布全身。叙利亚文中有一个字是"ethkashshaph"，其字面上的意思是"割自己"，但一般却作为"向神祈祷"的同义词。在有些地方，以人

---

[1] 爱希门：腓尼基宗教的主神之一，原为西顿城的守护神、丰产神和冥神。——译注

[2] 阿提斯：佛律癸亚的男性主神。根据神话传说，他为了事奉库柏勒而自阉。——译注

[3] 库柏勒：佛律癸亚的女神，又名"大神母"，是众神和地上一切生物的母亲。因嫉妒阿提斯与一凡女相爱，而愤怒地破坏了他们的婚礼，致使阿提斯发狂自阉，死后化为松树。——译注

作为祭品已成功地转变成这样一种宗教实践,即只流人血而无须丧命。例如,在拉可尼亚(Iaconia),奉献在阿耳忒弥斯(Artemis)祭坛上的祭品先是以人作为牺牲品,尔后则代之以受过鞭笞的小伙子。欧里庇得斯笔下的雅典娜(Athena)曾指令说,阿耳忒弥斯的节日必须这样庆祝,即以一祭司持剑割人的喉部,直到血流出来为止。

有一种仪式名叫"吐吐尼玛"(Tootoo-nima),据说盛行于汤加(Tonga)岛民之中,也曾被威斯特马克援引过。这个仪式是截掉小指头上的一部分,作为祭品献给神祇,以期使生病的亲人获得痊愈。据说这种仪式先前十分盛行,以致"居住在岛上的居民,几乎没有哪个不曾截掉自己的一根或两根小指,即使不曾截掉全部,至少也截掉了指头的相当一部分"。

在中国文学中也经常提到人们从自己身上割下一块肉来医治病得很厉害的父亲或爷爷。"我们也经常读到那些中国的割股者事先向上苍祷告,恳求上天接受他们自己的肉体以赎回其希望拯救的病人的生命。"(德·格鲁特)流血以平息神怒这种方式也为孟加拉人和秘鲁的印第安人所采用。

在美国,我们前面已提到过鞭笞派教徒。他们鞭打自己即相当于自我伤害。新墨西哥州的T.P.马丁医生最近告诉我说,他经常被人叫去抢救那些自笞者的生命,这些人不是弄断了血管就是在这种祭仪中严重地伤害了自己。

俄罗斯的斯柯普茨教派(Skoptis)也差不多与我们同时代,而其所举行的祭仪则基本上与古代弗里几亚(Phrygian)和叙利亚的宗教崇拜一样。

斯柯普茨教派创建于1757年，是俄罗斯最大的教派之一。但由于这个教派的秘密性质，人们并不清楚其真实范围和规模。据估计，它至少拥有十万教徒。我们现在只需明白这样一个事实，即它的种种祭仪并不仅限于少数有精神病、有怪癖的人，而是在自我阉割的意义上满足了相当一大批人的心理需要。

斯柯普茨教徒相信：我们的父母亚当和夏娃是因为发生性关系而犯罪的，因此唯一能够补救这种罪孽的、避免进一步犯罪的方法，乃是摧毁人的性能力。他们的根据是："如果你的右眼亵渎了你，挖出你的右眼扔掉它。因为牺牲你的某一器官对你是有利的，这样就不至于整个身体都下地狱。如果你的右手亵渎了你，砍下你的右手扔掉它。因为牺牲你的某一肢体对你是有利的，这样就不至于整个身体都下地狱。"（《马太福音》）按照斯柯普茨教派创始人斯策里凡诺夫（Szelivanov）的说法，亵渎了你的器官就是生殖器官。

斯策里凡诺夫"用火来给自己行洗礼"，并用一块烧红的铁来摧残自己的身体。他用同样的方式给上千人施洗，毫不疲倦地致力于赢得新的信徒。他相信一旦世界上有十四万四千斯柯普茨教徒，太平盛世就会到来。有一段时间，这一目标似乎已近在咫尺，因为其成员正急剧增加。那时每个人都急于去赢得新的信徒。谁要是实行过十二次以上的自我摧残，谁就会获得使徒的称号和职务。在俄罗斯东部，各种组织整批地集体加入斯柯普茨教派，有一次竟有一千七百人集体皈依。传道者活动在乞丐和其他下层人民中间进行，劝说他们接受新的宗教。有些人甚至被迫自我摧残。当时有这样一个呼吁：

> 由于人们成批成批地皈依斯柯普茨教派，并且每个新来的信徒都需要"施洗"，所以这些"手术"已不可能做得十分仔细以保证其效果……有许多人索性自己亲自操刀，但又因为害怕和疼痛而不能下手。事实上，斯柯普茨教派已认识到这一点，遂建立起两种程序不同的"施洗"：一种是所谓"大烙"，一种是所谓"小烙"。

自我阉割作为该团体道德情操的一种表现，可以纳入神话和传统而不必纳入宗教实践，但这样一来其意义就更易被发现。例如，马林诺夫斯基在他对特洛布利安群岛（Trobriand Islands）野蛮人性生活的研究中，就曾搜集过许多有关性生活的梦和幻想，而其中有一些就显示出自我伤害或自我阉割作为一种惩罚、一种错误指向的攻击性的主题。这一点恰恰可以用来与我们在其他场合的发现做比较。

例如，这本书有这样一个故事，一个叫摩摩瓦拉的人控制不住自己对女儿的乱伦冲动，而女儿则在羞辱中说服了一条鲨鱼吃掉自己。父亲对此做出的反应是狂暴地以性行为攻击妻子致死，然后自己也自我阉割而死。

另一个较长并且比较独特的故事是有关因鲁瓦拉乌的传说，因鲁瓦拉乌据说曾经是一个伟大的首领，他的荒淫使他总是在村中女人丈夫不在家的时候去占有这些女人。最后村民们当场抓住了他，把他按在水中加以惩罚和羞辱。这使他蒙受了极大的痛苦和羞耻，遂命令他母亲准备好行装以迁居另一村庄。

当所有的行李都打点好以后，他从家中出来跑到村子中央大声痛哭。他拿出斧头，一边砍掉阴茎的前端，一边哭泣悲叹。他把砍下来的部分扔在路边，它立刻变成一块大石头（当地土著相信这块石头至今还在）。他一边哭泣一边向前走，不时砍下一截阴茎把它扔在路边，而这些都变成了石头。最后他割下阴囊，它变成了一块很大的白色珊瑚，据说至今还在。他去到一个很远很远的村庄，和母亲一起住在那里种菜和钓鱼。这个神话还有一些不同的说法，但正如马林诺夫斯基所说，其基本部分乃是赎罪式的自我阉割。马林诺夫斯基补充说，神话中所说的那些石头仍然存在，"尽管其解剖学上的相似已经走样，但其体积大小却远远超过了其生理原型"。

尽管自我阉割像我前面所说的那样，是某些宗教（无论古代还是现代）仪式和崇拜的主要组成部分，今天的人以其实际的头脑仍然难以想象它出自正常人的行为。它倒更像是我们即将进行简短讨论的精神病人的自我伤害。

现在且让我们来看看这所谓疯狂究竟是怎么一回事。这种牺牲真的太大太不必要吗？

我想我们都能同意这是一种牺牲，因为放弃性生活的思想不同程度地出现在所有不同的宗教中。然而自我阉割作为一种宗教仪式存在过并且存在了若干世纪，这一点却具有极大的理论意义。因为它告诉我们：这种牺牲可以采取什么样的极端方式。当然。这并不是唯一的极端方式。我们知道在有些宗教中，孩子被活活烧死，财产被没收或割让给教会，各种不同的殉道受到提倡。但是在这些牺牲中，被强调的更多的是忍受痛苦和剥夺，而不是牺牲性生活。我们已经讨论过这些牺牲，然而许多人相信：对性生活的放弃，特别是对生殖器进行某种形式的自我伤害，乃是一切牺牲的基本形式。有一些临床例证证明了这一点。

众所周知，对生殖器施行手术伤害被成千上万人（既包括野蛮人也包括文明人）如犹太人、回教徒以及许多分散在亚洲、非洲和大洋洲的土著部落作为一种宗教仪式。我们也知道，男孩子的包皮切除术在美国已极其流行，成为妇产科、小儿科的一项日常工作。为解释包皮切除术的发生和起源，人们曾提出过各种各样的理论，但绝大多数都属于精神分析家所说的文饰（合理化）。也就是说，这些理论试图根据某些后来发现的好处来解释这种事情。我认为，我们只有理解了迫使人们渴望牺牲自己肉体一部分的动力学原理，才有可能理解包皮切除术的起源。

从上面描述的宗教仪式中，我们已经对这种事情的来由有了一条线索。如果一个人无须割掉整个生殖器而只需割掉生殖器的一部分（包皮），就能同样满足其宗教需求，他就算是找到了一个最实用的替代方式。这种以部分代表整体的一般原理，在我们生活中随时都在发挥作用。以色列人的后代把一头公牛献给主以表示愿意为他献出一切，却把畜群的绝大部分留起来维持整个部落的生存。当我们造访某个朋友不遇时，我们往往留下一张名片，这名片不仅代表我们的姓名，而且代表我们自己，它是我们的一部分并且代表着我们的全体。

问题在于，几乎所有至今仍然存在的宗教都懂得自由地运用象征，而所有证据都表明切除包皮是更为极端的伤害的一种象征。不过，这是一种特殊的象征类型，即以部分象征整体。这正是典型的无意识思维和良心贿赂。

对此，我们从临床材料中获得了大量证据。我可以援引来自精神医学实践中的大量例证来说明：在无意识中，切除包皮即相当于阉割。由于对切除生殖器的恐惧在性格的形成中显然十分重要，因而任何与生殖器有关的外科手术都必然导致强烈的情绪波动。精神分析师根据其对于无意识心理的日常经验，把这种情绪波动归因于所谓"阉割恐惧"，即害怕生殖器遭到无可救药的损伤。这种恐惧的强烈程度可借由我最近治疗的一个病人的早年生活得到最好的说明。他小时候发现自己有所谓"脱肠"①的毛病（这种病显然与生殖器无关，但事实上门外汉并不知道这一点）。他认为自己必须对父母保守秘密，所以直到十七岁才被父母知道。那时他相信自己必须做一次手术，所以向父亲透露了此事以便得到手术所需的钱。父亲为此深感不安，害怕这种手术会毁了这孩子，但犹豫了几天后还是同意了，并在当天晚上向妻子提起此事。谁知他妻子竟勃然变色，说他一定向她隐瞒了什么，说他要对这孩子实行什么可怕的计划和阴谋，说他是个怪物，是个坏蛋。当天晚上，她开枪打死了她的丈夫！根据许多年后我们所做的检查，我们发现这孩子既没有所谓"脱肠"也没有什么疝气，只是有一边的阴囊有些收缩。

---

① 疝气一类的病。——译注

就像上述病例中令人害怕的疝气手术一样，切除包皮也象征性地是一种阉割，这一点已为许多人直觉地觉察到，而对另一些人来说却完全不可理解。按照早期的罗马法，实际的阉割必须征得被阉割者本人或其合法监护人的同意才能施行。但是后来，当罗马人废除了阉割后，切除包皮（无论对自由人还是对奴隶）也受到严厉禁止，即使本人同意也是枉然。莫姆森（Mommsen）说："哈德里安①是第一个不是明显地基于宗教理由，而是由于其外在相似性而把切除包皮等同于阉割的人。这正是当时导致犹太人严重骚乱的原因之一。他的继承人则允许犹太人和埃及人切除包皮。否则切除包皮这种行为仍将被视为相当于阉割而受到同样的惩罚。"

人们普遍认为，包皮切除仪式仅仅涉及男人，但这种看法却与事实相抵悟，因为在野蛮人中间，妇女割包皮的事也广泛盛行，而且其无意识动机也与男人完全一样。不过，其自觉意识到的动机和使用的技术却完全不同。在不同的原始部落里，操刀者可以割除女性生殖器的任何部位，有时候是阴蒂，有时候是大阴唇，有时候是小阴唇，有时候则是全部。其外在的理由是为了清洁，为了减少情欲以保证贞操，为了使男人获得更大的快感，为了促成阴道的快感（以牺牲阴蒂的感觉为代价）即促成性感区域的转移。

[按照布莱克（Bryk）的意见]女性切除包皮只可能发生在母性律法占统治地位的文化中。女性为了解放自己而不能忍

---

① 哈德里安（Hadrian）：罗马皇帝，在位期为117—138年。——译注

受在性问题上受到男人的忽视。同时她们也有这样一种愿望，想获得一种成熟的外在标志并与男孩子平等。正像在我们的社会中女性以吸烟、剪短发等方式模仿男人一样，当时的姑娘则通过切除包皮来模仿男人。

青春期仪式

至于宗教性自我伤害的动机和意义，则我们可以从世界各地的原始部落对少男少女进入社会时施行的种种仪式中，找到第二种根据。这些仪式在人类学文献中被称为青春期仪式，并且往往被认为具有宗教的性质。通常这些仪式并非自我伤害。因而严格地说并不属于本章的范围，但它们却以这样一种合作的方式进行，以致十分明显地：尽管这些仪式是由他人来施行的，但它们的确满足了受害者本人的某些愿望，哪怕仅仅是顺从习俗的愿望。因为这些习俗本身是群体心理的产物，因而代表了构成这一群体的所有个人的"愿望"的结晶。

这种仪式随民族的不同而不同。在有些地方是在一片喧嚣的仪式中敲掉一颗牙齿；更常见的则是以锋利的石片、玻璃片或小刀割去包皮；有时候甚至是在阴茎上切一刀，把流出来的血混在水中给男孩和成年男子喝。在切除包皮之前和之后，这些男孩要被迫经受种种折磨。他们要被迫斋戒许多天，"要对他们施行模仿性攻击"，所谓的精灵要戴上动物的面具来恐吓他们；有时候在父亲和儿子之间要进行实际的战斗，这些男孩要受到父辈们的痛打。在卡雷索（Karesau）岛民们那里，人们要用黑蚂蚁来咬这些年轻人。曼丹印第安人（Mandan Indians）则把锋刃成锯齿状的刀子戳进这些年轻人的手臂、大腿、膝部、小腿、胸部和肩膀，然后将尖利的木屑放进伤口。所有这些做法似乎旨在使这些年轻人体会到死亡和再生的意义。这种再生的戏剧也要由这些年轻人在仪式结束后继续演绎，那时他们显得仿佛忘记了自己先前的存在，认不出所有的亲戚，既不会吃东西也不会说话，甚至不知道如何坐卧，直到有人教他们。如果他们不能完成这些正式手续，他们就必须经受第二次更为严峻的仪式，这次则很可能导致实际的丧生。

这些仪式具有把这些年轻人与他们的母亲分离开，并让他们进入男性社会的目的。妇女不得参加这种忍受着死亡痛苦的仪式，即便允许她们观看，她们也必须站在远处。这些妇女为这些男孩子悲伤哀泣，仿佛他们已真的死去，而当他们回到家中时，她们则欣喜若狂。

多亏弗雷泽、马林诺失斯基、布莱克和其他人类学家搜集的大量资料，弗洛伊德、亚伯拉罕、兰克、西奥多·赖克建立的精神分析框架，以及罗海姆（Roheim）对这些观察所做的解释，我们对这些仪式的心理功能才有了相当准确的认识。

人们对此提出了两种看法，两种都把青春期仪式说成旨在战胜人类学家所说的"乱伦禁忌"，或者，用精神分析的术语来说，旨在解决俄狄浦斯情结。一方面，对这些年轻人所做的生殖器伤害，可以被看作满足了父母对他们的敌意（因为他们已摆脱了父母的权威）——是惩罚他们的乱伦欲望，是对他们希望获得进一步满足的一种恐吓（也就是说，是为了压抑这些年轻人对父母的性欲冲动和攻击冲动）。另一方面，这种青春期仪式的作用是一种补偿作用，但不是补偿过去而是补偿未来，也就是说，切除包皮和所有其他伤害乃是这些年轻人获准进入成人社会时必须付出的代价。

男孩子都有阉割恐惧，即担心如果他涉足被禁止的性领域，他的生命或他的阴茎就会被年长者夺去。这种恐惧随时随地威胁着他，除非在青春期仪式中以正式的象征性阉割的方式将它驱除。此时不是割掉整个阴茎，而是割掉一部分。正如所有的牺牲和奉献一样，这里也是以部分代表整体。

有关青春期仪式的这两种说法的确并不矛盾，两者都是毋庸置疑的，虽然一方强调的是威胁、压抑、补偿因素，另一方着重的是许可和抚慰的因素。我不同意赖克的说法，不同意他仅仅因为前者是无意识的而后者是自觉意识到的，就认为前者比后者重要得多。

莫尼-克尔（Money-Kyrie）提到过一些较为复杂的仪式，在这些仪式中，割包皮或拔牙是在一裸树洞中隐蔽进行的。他引用弗雷泽的观点：这种仪式最初的意图可能是使被割除包皮的人获得再生的保证，而他自己所做的精神分析推论则认为切除包皮可以用来缓和对死亡的神经质恐惧。

如果这种解释是正确的，那么这种伤害即便其自觉意图是为了驱除对死亡的恐惧并借此保证再生的希望，它仍然是一种代替性的牺牲。它作为自我阉割而被超我接受——否则超我就会要求自我阉割。此外，由于外在的灵魂和祖先的灵魂之间似乎存在着一种同一关系，因而从一种观点看来，隐藏在树中切除包皮可以被认为是为了将灵魂奉献给祖先，而这种灵魂本身又不过是超我的投射。因此我们不妨将这种牺牲与返回子宫的哑剧联系起来。

三、精神病患者的自我伤害

原始土著的这些广泛思考也许显得十分遥远，但从对野蛮人行为的考察转向对疯狂者行为的考察，却不过是一步之遥，而这正是我们下面的主题。野蛮人和疯狂者有一个共同点，即他们都无视文明的要求，无视这种要求对人的原始倾向的极大限制。在某种意义上，我们所说的疯狂不过是一种退化，即退行到原始状态而无法考虑文明的限制。

在精神病患者的许多行为方式中，自我伤害虽非最常见的一种，却是相当典型的一种。它之所以典型是因为它显然没有意义或只能以全然非理性的、无逻辑的说法加以辩解。伤害的类型虽然有所不同，但一般都倾向于伤害得十分显眼、伤害得血迹斑斑和痛苦不堪而不是伤害得十分严重（从生命的角度看）。正像我们将要看见的那样，这种做法很可能出于一个非常确定的理由。自我伤害既然见之于大多数主要的精神病（麻木症、躁狂症、抑郁症、精神分裂症、癫痫性精神病、谵妄症）中，因此显然与疾病的临床形式没有固定的关联，而是一种更为普遍的倾向。让我们援引一个实例来做专门的考察。

一个二十岁的男孩子从战争中归来后，发现与他订婚的那个姑娘已经与另一个男人结婚。这种诱发因素导致了急性精神分裂症的发作，伴着种种妄想、幻觉和奇怪的举止。这种病经过几次复发后转成慢性病，病人需要继续住院治疗。从护理的角度来看，他是一个极其难以对付的病人，因为他总是不断地企图伤害自己。例如，他曾把丝线紧紧地拴在自己的脚趾头上以便使它发生坏疽；他也曾偷偷溜到沉重的门后面，趁医生护士开关门时把手指头插入门缝以便将它压扁。他好几次从护士的制服上拔下别针，企图以此刺入自己的眼球。他可以用自己的腿和另一只手使劲掰自己的手指头，以致竟撕开了手指间的蹼肉。他也可以用大拇指和指甲掐下自己耳朵上的一块肉。他经常从床上头朝下地跌到地上，就像唯恐砸不烂头盖骨似的。有一次他把好几根大芹菜茎深深插入自己的喉管，当人们发现时，他已几乎窒息而死。

在这个例子中，典型的精神病性自我伤害中所有的攻击性倾向似乎都已反射到攻击者本人身上。除非病人告诉我们（而他并没有这样做），否则我们只能猜测这些攻击性倾向最初是指向谁的。显然，它们最初是指向某个表面上爱而无意识中却十分仇恨的外在对象的。

我之所以援引这一病例（尽管它并不完整）是基于几点理由。首先，它生动地再现了某些不同的精神病性自我伤害。其次，它证明了完全没有真正想死的愿望存在。任何决心自杀的人，只消用这病人所做努力的千分之一就能成功地杀死自己，而这病人在十年之后仍然活着。第三，这里有变相的证据证明性欲因素的存在。我们还记得他的精神病是由于恋爱受挫折而诱发的,此外,他对自己的许多攻击性行为也都具有性象征的特点。

最后的理由(也是决定性的理由)在于:他不像那个砍掉自己右臂的人那样有其唯一的和特殊的攻击对象。他对自己的攻击是多次的,而且没有明确的部位。那个人有一只罪孽的手臂,他用它杀死了自己的孩子,因此砍下这只手臂乃是十分顺理成章的事情。但这个病人攻击自己的全身,这就动摇了我们的假定,即对身体某特殊部位或器官的攻击必有其特殊的原因,正是这原因导致他选择它作为自我毁灭的对象或焦点。很可能,在所有病例中都有某些条件即某些特殊的经验,这些经验或以实际的方式或以象征的方式涉及身体的某一部位,从而帮助其选择攻击的对象。

例如,在我前面引用过的一个例子中,病人狂暴地攻击自己的头发而不知其所以然,后来却回忆起在童年时代他曾有过漂亮的头发,而这正是他比他所嫉妒的兄弟优胜的唯一理由。然而,尽管他头发长得比兄弟好,但是其父母和几乎所有人仍然偏爱他的兄弟。这样,病人便觉得自己徒有满头秀发,却丝毫也不能帮助自己赢得外界的宠爱。甚至可以说,他觉得仿佛是这头发使他居于人下,因为它不但没有为他赢得朋友,相反,他父亲正是抓住这茂密的头发来管教他、痛打他(往往由于他虐待自己所嫉妒的弟弟)。因此,基于他童年时代的思维方式,他完全有充分的理由憎恨和迁怒于自己的头发(以这种方式将身体的某一部位人格化,乃是原始人"前逻辑"思维的一大特征)。

同样,如果我们占有完整的材料(这类例子并不少见),我们也可以证明：病人之所以攻击自己的耳朵，是因为童年时代有过一种不愉快的听觉经验；或者，如果病人蓄意伤害自己的眼睛，乃是因为某种画面使他震惊、使他感到自己的眼睛该受惩罚。这情形就好像他认为："我的眼睛应对此负责，因为它让我看见了如此可怕的不该看到的事情。"这也正是人们认为偷看裸体女人眼睛要瞎的原因。这里行使惩罚的乃是上帝。

然而我们仍然没有回答这个孩子为什么不加区别地攻击自己身体的所有部位。他不可能仅仅根据经验而嫉恨自己身体的不同部位。我们由此得出结论：一定还有另一种因素支配着对身体部位的选择。这一因素涉及的不是身体各部位的实际意义，而是它的象征意义。病人对自己身体所做的不加区别的攻击实际上并非那么不分青红皂白。它们涉及的身体部位和器官，根据我们的经验，往往象征性地代表着性器官。的确，从临床研究来看，所有企图割除自己身体部位的行动，都替换性地和象征性地代表着企图剥夺自己性欲的努力，也就是说是割除或伤害某个象征生殖器的器官。正像我们看见的那样，斯柯普茨教徒和其他人实际上是直截了当地这样做而并不寻求象征性的方法，而且我们马上就会看见，许多精神病人也会这样做。

但在我们开始考察这些例证之前，先让我们对上述思想（即在无意识中，身体的各部位都可以代表生殖器）略做进一步的讨论。这一点我们在癔症中看得最清楚，对此我们将在下一章中再做讨论，但同时我们也从所谓"恋物癖"（fetishism）中看到这一点。在"恋物癖"中，病人对被爱的人的整个人格、身体、面孔甚至生殖器都没有性的兴趣,而只对其身体的某个孤立的部位(这个部位绝不是生殖器)有性的兴趣。使这些人产生性兴奋并得到最后满足的,是爱抚或默想爱人的脚、脚趾、手指、耳朵、头发。有时候这些东西甚至根本不是爱人身体的一部分,而是某种属于爱人的东西,如一只鞋、一件衣服等。一旦对这些病人进行精神分析,也就是说,一旦他们开始彻底追溯这些事物的心理联系,追溯他们自己并不知道的这些关联,他们就会使自己也使我们看到:他们在无意识中用这些部位来代替了身体的某一部位,而这一部位是他们受到压抑不敢坦率承认的。

这种以一个器官代替另一个器官的无意识象征性替换并非仅仅局限于癔症患者或恋物癖患者。我们都有这种倾向,只不过在他们身上更明显罢了。我的一位朋友几年以前曾观察过一个男孩子,并记录了他以头发代替更受社会禁忌的器官的事例。这孩子因包皮过紧而有轻微的炎症,因此在两岁半的时候被送到外科医生那里做了手术。手术过程中这孩子一直表现很好,医生表扬了他并给了他一块糖。就在孩子穿好衣服向医生说再见的时候,医生开玩笑地说:"小家伙这次是个很好的乖孩子,但下次若不听话,就要用这家伙把它连根剪下来。"说着晃动了一下手中的大剪刀。医生和蔼地笑着,但这孩子却扑到父亲身上恐惧地大哭起来——"在我怀中不安地颤抖和哭泣"。父母竭力以各种方式安慰这孩子,说医生不过是在开玩笑,渐渐地,孩子似乎忘记了这段插曲。一年以后,这孩子只要局部洗一下阴茎就很容易发生轻微炎症。在这种时候,他总是自动地联想并讲述一年前与外科医生的那段经历。他兴奋地并且相当精确地回忆起所有并不重要的细节，提到许多父母都已忘记的项目，但对最后那段插曲——有关剪刀的那个玩笑——却只字不提。他父亲问他是否还记得别的事情，那医生是否还说过些什么，以为这样或可帮助他驱除那痛苦的印象，但孩子对此没有反应。"难道你不记得他说过的笑话吗？"孩子仍然没有反应。"他不是有一把剪刀吗？"孩子大笑起来："啊，是的，他有一把剪刀，他还拿剪刀说了一个笑话。"

但不管他父亲如何诱导，他始终记不起那是一个什么样的笑话。最后，他父亲问他，医生是否说过要用剪刀剪掉什么。于是这孩子马上兴奋地叫起来："啊，对了，我记起来了，他说他要剪掉我的头发。"

这件事之所以有趣，是因为它清楚地表明了一个孩子是怎样用一个虚假的笑话来取代和压抑一件痛苦的事情的。孩子表现出来的愉快、兴奋和笑声都旨在否认和防范那呼之欲出的焦虑，一旦他回忆起这焦虑的最初来源，焦虑就会进入到意识之中。

同样有趣的是这孩子选择头发作为医生威胁要割掉的器官的象征。这孩子还能笑出声来是因为即使头发被剪掉，也不会导致严重的后果——那不会危及他的生命而且可以再长出来。

现在我们可以看见，甚至在那个因头发出卖了他而拔掉自己头发的孩子那里，也很可能存在着一种伪装，即支配他出现那种行为的不仅有兄弟之间的不愉快经历，还有对于性生活的联想。

现在让我们考察某些精神病患者为什么不借助象征手段来惩罚自己的生殖器，而是以自我阉割的方式直接地伤害自己。

N.D.C.刘易斯曾详细报告过许多这样的病例,还有许多不那么完整的报告也对我们有用。我们可以从中选出一些典型的病例。

下面这个病例是刘易斯医师根据圣·伊丽莎白医院的记录所做的报告。关于这病人早年的生活,我们知之甚少。当他被送进医院时,最初他十分抑郁、冷漠,身上很脏且不合作,只吃很少的一点东西。他不回答任何问题,只是不连贯地自言自语。他闭目静坐,眼睑颤动,脸上现出愚蠢的笑容。所有这些都是典型的精神分裂症症状。

一年以后,他仍然不爱整洁、难以接近,但是变得非常富于破坏性。他不断地重复着骂人的话。有时候他显得十分亢奋,走来走去地骂人。他开始打人,有时候也遇到他人的报复。他打碎窗户,大吵大嚷。此后一两年间,他的活跃和好斗有增无减。他养成了一种在房间里摔打自己的习惯,其目的显然是弄伤自己,而且有时的确能够奏效。他甚至向看护投掷椅子,以致最后不得不把他转移到一间上了锁的病房。即使在那里,他也仍然以种种方式伤害自己,以致人们不得不把他捆绑起来。他咬自己身体的任何一个部位,把下嘴唇咬烂直到需要用外科手术来修补。最后,尽管对他严加看管,他还是用手指甲撕开自己的阴囊将睾丸取了出来。

从这一病例中我们只能得出这样的结论,即尽管我们尚不知道这种自我毁灭的动机是什么,但我们可以清楚地看见破坏性倾向是怎样先指向外部、尔后又指向内部——指向身体的各部位各器官——并最后指向自己的生殖器的。

另一病例则提供了更多的动机。一位三十岁的海军军官(已婚）由于以往有虐待自己和试图自杀的行为而被送进医院。入院时他显得安静、整洁、轻度抑郁。

这位病人的父亲有很强的宗教倾向，但是很难相处，他在病人很小的时候就抛弃家庭、独自出走。病人的母亲不得不拼命工作以撑持家庭，病人本人也小小年纪就不得不出外工作。尽管如此，病人却断断续续地获得了很好的教育。他加入了海军，并通过自己的努力获得了下级官阶。在入院前一年，他发现自己老是担心自己的工作做得不好，并询问自己的朋友有没有发现他工作做得不好。自此以后，他渐渐变得抑郁消沉。

接着，他开始听到各种奇怪的声音，并认为这是他的舰友在说他的坏话——说他有乖僻反常的行为，有同性恋行为（有这种恐惧和幻觉的人很少有公开的同性恋行为，而是像正常人那样，恐惧地担心自己会不会真是同性恋者——只不过程度比正常人更厉害）。最后，他走进浴室，用剃刀切掉了自己的阴茎。

当事后问及此事时，病人说他当时十分困惑，糊里糊涂地不知道自己所干的事情。然而他似乎对此既不在乎也不后悔。事后他从甲板上跳入海中，但又顺着锚链爬上甲板。他承认，淹死自己的想法经常迷惑和吸引着他。

检查结果表明：他至今仍有各种幻听——仿佛听见许多声音在告诉他去做种种奇怪的事情，并对他所做的一切进行评判。他不清楚自己怎么会是同性恋者，因为他从未有过同性恋行为，而是很早就开始了他的异性恋生活。除了他给自己造成的伤残外，他的身体状况很好，智力也在中等水平以上。

此后，病人宣称他已"准备好做出最高的牺牲"（自杀）并写下一张字条："我是一个怪物，并将受到应得的惩罚。"他变得越来越躁动不安而且往往表现出殴打其他病人和看护的冲动。

还有许多这样的例证，但以上例证已足以给我们提供一幅十分确切的完整画面。这些人一开始往往是十分温和、十分虔诚的病人，后来却变得越来越富于攻击性。他们先是表现出对外界的攻击性，然后是对内部的攻击性。所有这些病人都强调其与性有关的罪疚感。这些性罪感，有时候涉及女性，有时候涉及男性（同性恋），有时候则涉及自慰（手淫）。在所有这些病例中，性欲均被等同于生殖器。由于这些病人都是精神病患者，因而合乎他们那种直接的不假掩饰的做法乃是去掉自己身体的这一造成罪疚感的器官。

然而我们不应忽视另一个因素。一个因自觉的同性恋冲动或不自觉的同性恋冲动而对自己的性器官产生罪疚感的人，一旦切除了自己的生殖器，他就同时实现了两种目标。他一方面惩罚了自己，另一方面却成功地使自己成为一个无阴茎的、消极被动的、在解剖上堪与女性相比较的人。通过这种解剖上的认同，他实际上更加趋近于同性恋。他因自己的同性恋愿望而感到罪孽，通过阉割自己，似乎是惩罚、补偿并打消了这种同性恋欲望，但事实上他只不过是使自己在同性恋行为中不能成为积极主动的角色而已，这并不妨碍、甚至更能使他成为那消极被动的角色。

这就使我们得以做出这样的结论：精神病患者的自我伤害与神经症患者的自我伤害一样，在这种症状中，性欲的目标和自我惩罚的目标是同时实现的。这就仿佛是在其内在本能和压抑机制之间进行的一场讨价还价，而最后的结果作为双方的一种妥协，显然不能为任何正常的自我（ego）所接受，而只能为一种严重病态和极其软弱的自我所接受。在这种症状和结果能够有效地发挥其作用的范围内，随之而来的乃是病人处于相对的宁静之中。因此，这种自我伤害乃是一种自我治疗的努力，或至少是一种自我保存的努力。这就在这种奇怪而矛盾的行为中给我们提供了这样一条线索：局部的自我伤害乃是为避免彻底自杀而采取的局部自杀的一种特殊形式。

但是在精神病患者的自我伤害中，这种所谓的自我治疗，乃是极其软弱无效的自我治疗。它类似于狂热派教徒所做的自我伤害，而不同于神经症患者和那些更为人们所熟悉的宗教仪式中的自我伤害。其区别主要在于：精神病患者几乎完全无视现实，精神病患者的自我（ego）在这场交易中事实上根本没有从良心那一方讨到任何好处。它牺牲了一切，却什么好处也没有得到，唯一得到的只有惩罚和扮演消极被动的角色的权利。它放弃了一切积极的目标。神经症患者也通过牺牲式的自我阉割来惩罚自己，但这种阉割不过是一种象征性的阉割，并不是真正的阉割。更何况，神经症患者以此为手段是希望获得某些有实际价值的积极满足。因此，这种自我伤害是具有机会主义的，甚至不妨说它具有预先防御的目的和性质。然而精神病患者的自我伤害不同，患者根本不考虑其现实利益就随便地交出或放弃了他的生殖器，不然就是以极高的象征性替换物作为代价，例如挖掉自己的眼睛。

四、器质性疾病中的自我伤害

据报告，患身体疾病的病人也偶尔有严重的自我伤害行为，尽管这些病人并未显示出精神疾病的其他症状和指标。这些病人在理论上具有极大的意义，因为他们似乎表明：自我毁灭的冲动可以作为大脑器质性损伤的后果而被释放出来。我们将要看到：其心理模式与前面考察过的自我伤害形式并无实质上的不同。

古德哈特（Goodhart）和萨维茨基（Savitsky）曾报告过这样一个病例：一个十六岁的女中学生在八岁时曾发作过类似流行性脑炎的疾病。尽管这种病在急性期一年后便告痊愈，但病人此后却逐渐表现为一种慢性的嗜睡和左侧帕金森病[①]。此外，她在十三岁时显示出人格的变化，主要表现为攻击性行为。她说谎，发脾气，撕烂衣服，殴打母亲或姊妹，打碎家中的窗户。在一阵爆发之后，她总是后悔不迭地说："我为什么要这样做？我究竟为什么要这样做？我控制不了自己。"

就在这段时期，她开始经常把自己锁在浴室里。有一次她把自己锁起来后，隔了一会儿再出来时满嘴是血，原来她已拔掉了口中的一颗牙齿。她说她"身不由己地要拔掉那颗牙齿"。她一而再，再而三地这样做，直到最后只剩下九颗牙齿，而这九颗牙齿后来也因为感染发炎而被牙科医生拔掉。

---

① 帕金森病（Parkinsonism）：震颤性麻痹。——译注

十六岁的时候,她因为右眼有些红肿而被收进一家医院住院治疗。就在入院的当天晚上,护士发现她把自己的右眼珠掏出来拿在手中。她坚持说这眼珠是在睡觉时自己掉出来的。她毫不犹豫地回答护士的问题,表明她神志清醒、智力正常。她不诉说自己的痛苦。护士形容她当时的情形是:"她似乎一切正常,只是对自己的眼睛显得过于冷漠和满不在乎。她看上去一点也没有激动不安的样子。"

第二天早晨,护士再次发现:她又把自己的左眼挖了出来。这一次她同样不诉苦、不叫痛,而且同样没有任何情绪上的躁动不安。一位精神病医生给她做了检查,发现她并无异常,只是回忆不起她对自己进行伤害时的详细经过。

此后她又对自己进行其他方式的自我伤害,声称有一种奇怪的力量在左右着她,迫使她不能不做这种"可怕的事情",但她显然极不情愿深究和讨论是一种什么力量在迫使她做这些可怕的事情。最后,她终于承认她没有说老实话,她并非对眼珠掉出来的事全然不知其原因,她承认是她自己用手指抠出来的。

从科恩(Conn)所报告的另一病例中,我们不难发现这种自我伤害的心理因素。这是一个年轻女人,她在二十一岁时突然开始诉说自己的颈背部位剧痛,尔后这种疼痛还放射到整个背部。这种疼痛如此剧烈,以致她往往痛得乱叫。这痛持续不减,两个月后,她好几次出现幻视和幻听①,在这些幻觉中,病人看见那些不在眼前

---

① 幻视、幻听:医学术语,前者指视觉上的幻觉,后者指听觉上的幻觉。——译注

的亲人，听见他们厉声指责她不该手淫。

大约六星期后，虽然她用了许多药，但疼痛仍未减轻。于是她在一天夜里起来，利用病床的弹簧做工具，将自己左手和右手的骨头全都弄断了。除此之外，第二天晚上，她还将左脚的脚趾弄断，并使两只拇指脱位。她对此所做的解释是：这样做可以缓解她背上的剧痛。当她母亲第二天早晨走进病房，看见她那弄伤了的、血淋淋的双手——病人以一种"快乐的方式"把这手给她母亲看——时，母亲立刻晕倒过去。

大约在这次伤害之后的第六个月，她被送往一家很好的医院，做了一次详细的检察。这次检查的结果表明：除受伤的手以外，她一切正常。她在医生面前"举止得当，乐于展示其断臂并乐于讲述自己的疾病，并详细地讲述自己是如何弄断自己手指的"。然而此后，她却不停地抓自己的耳朵，直到露出软骨，而且威胁医生说她要再次弄断自己的手指。

在她住院期间所做的精神检查中，医生曾问她当她折断自己的手指时，她心里想的是什么。她回答说："我必须看见血。我希望看见血流出来。我不希望让血冲上我的脑袋，我已经不来月经了，我不能让血冲上脑袋使我疯狂。"

作者还披露了其家族的历史：病人是一个大家族中的子女，她是最大的女儿，上面有两个哥哥。她在某办公室工作了四年之久，那里的人形容她"冷静、高贵、威严""往往能快刀斩乱麻地处理一些棘手的事情"。

这个家庭对待性的态度是十分严厉的；她自诉从未受过任何性

教育、性指导，也从未在家中听见有人讨论性问题。当第一次来月经时，她被吓得半死。她十五岁开始手淫，伴随着强烈的自我谴责并担心自己会"神经失常"。她觉得自己的行为一旦被家人发觉，就会被家人逐出门去；她觉得自己使家庭蒙受了可怕的耻辱。尽管如此，她却继续手淫，直到二十一岁开始进行自我伤害时为止。

科恩指出：这女孩因手淫而生的罪疚感、她对精神失常的恐惧、她担心自己不来月经和希望看见血的心理（仿佛看见了血就可以使她放心——自己并没有因手淫而生理失调或怀孕），加上她在幻觉中听见种种谴责她手淫的声音等，所有这些，令人信服地证明了最后一点（幻觉中的谴责）乃是整个问题的核心，是她的罪疚感的中心和主题。自我伤害后的那种缓解感、在向母亲展示流血的手时的那种骄傲感，以及后来向他人展示自己伤痕累累的手时的那种得意和自豪感（内疚与惩罚），有力地证明了这一解释。

在这一病例中，自由联想、记忆、强迫行为，以及富于洞察力的精神病医生的精明观察，所有这些联系起来，就给我们提供了一个非常清楚的例子。它恰恰集中地表现了我们在其他例子中发现的自我摧残的心理机制。这就是：来自手淫的罪疚感和对惩罚的恐惧使病人需要一种讨好式的惩罚或替换性的惩罚。这种惩罚是病人自己加给自己的，并能"愉快而骄傲地"展示给世人看（在这里，病人首先展示给代表超我的母亲看）。

作者指出，这种综合征（dorsal root syndrome）可以是、也可以不必是一种传染性疾病，但如果假定它是一种传染性疾病，那么它也仅仅是释放出原先禁抑在无意识中的自我摧残倾向而已。

在几年前所做的一项研究中，我曾试图说明：当精神病由传染性疾病诱发的时候，会发生一种有趣的、值得比较的现象。器质性疾病的后果仿佛是释放出某些无意识倾向。这些无意识倾向原先是靠个体最大的努力才压抑下去的，而压抑机制仿佛再也受不了任何由身体疾病产生的额外负担，由此才释放出这些无意识倾向。这就促使我们去考虑身体疾病在其中究竟起什么作用，但对此我们暂时可不做讨论。我们可以十拿九稳地说：这种由器质性大脑疾病引发或同时伴随出现的自我摧残、自我伤害，在心理机制和心理结构上与我们此前讨论过的精神病、神经症和宗教仪式中的自我摧残、自我伤害并无二致。

五、风俗习惯中的自我伤害

有一些自我伤害的方式在我们的日常生活中已为我们司空见惯，以致我们很难把它们与野蛮人的、精神病人的、神经症患者的和其他人的更为极端的自我伤害联系起来。的确，只有当我们认为某人是精神病人时，我们才认为他的行为是一种自我伤害。然而事实是：我们所有的人都出于对风俗习惯的顺从（如果不是出自更深的无意识需要的话），而以这种或那种方式自我伤害（割去身体的某部分，例如剪指甲）过。这种习俗化了的自我伤害，其好处是如此明显，以致我们很难追踪其原始动机。尽管如此，根据我们对咬指甲行为的考察，根据我们对有关手爪和牙齿的无意识法则的认识，我们仍然不可避免地会怀疑：修剪指甲的习惯还有其无意识的动因，而这种动因是与文明对某些倾向的限制分不开的。人们不妨说，修剪指甲这种文明人的行为，很可能不仅意味着放弃让这些手爪派上用场的原始倾向，还是一种自我保护的手段，即防备自己屈服于这种野蛮倾向的诱惑。尽管如此，我们都知道，有时候无论我们怎样防范，我们还是不能杜绝使用自己的手爪进行攻击的原始倾向。

文明人习俗化了的自我伤害在头发上被最明显地表现出来。理（剃）发这种行为可以被视为有意去掉身体的一部分（自我伤害）。在这里，社会的美学价值似乎远大于个人的主观价值，但这并不能制止我们去考虑其潜在的无意识主观价值，以及为什么社会价值会变得如此之大。

理发在历史上的意义有时能使我们明白：这种看似无意的行为至少在过去是与某些深层意义有关的。例如，古埃及的行路人就一直不剃自己的头发，直到他们到达最后的目的地，才剃去头发以谢神恩。希腊青年在长成男子汉后，削去自己的头发投入当地的河流之中。阿喀琉斯[①]就一直不剃自己的头发，因为他的父亲曾发誓，如果他儿子能从战争中平安归来，就把这头发献给斯珀尔切尤斯河。在阿拉伯和叙利亚，削发作为青春期仪式是一种风俗。古罗马也有这种风俗，在那里，削下的头发是献给某些保护神的。据说罗

[①] 阿喀琉斯（Achilles）：希腊神话中的英雄，特洛伊战争中的希腊名将。——译注

马皇帝尼禄（Nero）曾将他的胡须献给大神朱庇特。俄瑞斯特斯[①]曾将自己的头发奉献于父亲的陵墓上，这在当时似乎是悲悼者的一种普遍行为。罗马水手所许的愿中最大的愿是将自己的头发献给海神。古希伯来的虔信者都宣誓将自己的头发留起来，此后则在神殿的门前剃下头发，作为牺牲和供奉焚烧。在宗教节日里一般都严格禁止剪头发、剪指甲。在上述许多情形下，一绺头发往往被视为整个人的替代物。

美洲印第安人也像希腊人一样，把头发视为生命所在。留在头顶上的头发被视为生命的象征，轻轻触摸这头发一下，就会被认为是一种严重的侮辱。坡尼印第安人（Pawnee Indian）剃去所有的头发，只在头顶上留下一绺，并用脂肪、油漆将它弄硬并卷成一只牛角的模样。其他一些部落则用标志成就和荣誉的装饰物来装饰头发。

不同等级的人往往剪不同的发式，奴隶被剃成光头以与自由民相对照、相区别。在法兰克人中间，只有国王才能留长发。

在印度和古代条顿人中间，削发是对通奸的一种惩罚；而在亚述与巴比伦，削发则被作为对其他冒犯行为的惩罚（可与剃去犯人的头发以区别于遵纪守法的公民的古老风俗相比较）。秘鲁女人不是跳进丈夫的火葬堆以身相殉，而是割下自己的头发丢进火葬堆——这是以局部"自杀"代替自杀的一个明显例子。

毛发也可以表示性欲的成熟和强盛，人们通常认为胸毛多的人

[①] 俄瑞斯特斯（Orestes）：希腊神话中阿伽门农的儿子，为报父仇而杀死自己的母亲。——译注

性欲强，奥尼尔的《毛猿》《圣经》中参孙的故事都说明了这一主题。此外，假发生意的兴旺发达，妇女和男人因某种颜色的头发而感到骄傲自豪，因脱发和秃头而感到无地自容，都证明了这一点。

然而精神病医生所熟悉的一些极端的和典型的例子，能够更清楚地说明这一点。所有这些不太显著地存在于我们身上的倾向，都能在那些不幸的病态者身上过分地表现和强调出来。例如，在所谓"恋发癖"（hair fetichism）病人身上，最强烈的快感就与身体这一孤立的部分联系在一起。这种人满足于欣赏或爱抚他所爱的人的头发，更为典型的是，他们将自己的全部欲望都转移到对方的头发上并希望占有这头发。他们往往从对方身上剪下毛发，并从这一行为中获得极大的快感，完全满足于获得并占有这毛发而不期望占有被爱者本人。所有城市中的警察都熟悉这些"窃发者"或"快剪刀"，他们往往从陌生人身后偷偷剪下别人的头发。

一位精神分析师曾报告过这样一个病例。这个病人在很小的时候就从编理母亲的头发中获得极大的快感，这似乎是他此后一生都对他人的头发有一种病态兴趣的主要原因。看见自己小时候的玩伴剪了头发，他会产生极大的兴奋和喜悦感。当他长大以后，他开始频繁地去理发店，每一次都在那里体验到极度的性兴奋。一般人很难觉察到理发过程中的性兴奋和性满足，但这是因为头发的性价值早已在文明的进程中被冲淡、被掩盖了的缘故。神经症患者和精神病患者撕去了这些伪装和掩盖，暴露出这种原始的感情，从而虽然使他们的处境十分尴尬，却使我们受到启发，获得教益。

罗伯特·赖特医生（Dr. Robert Knight）研究过一个与此有些类

似却更为明显的病例，他慷慨地为我提供了以下的资料。这个病例中的年轻人在十四岁第一次刮脸的时候就体验到性兴奋，尔后每次刮脸都体验到同样的激动。他早上四点起床，其目的乃是在父亲六点钟起床之前独自占据浴室两小时。在这两小时中，他非常郑重其事地、像举行隆重仪式一样地剃去自己的胡子。其中有一项程序是把一种很热的东西敷到脸上，然后等它冷却后再把它连胡须一起扯下来。这当然是很痛的。与此同时，病人用指甲掐自己的胡须桩，希望将它们连根拔出。这就导致了粉刺，又因为要将脓挤出来，遂使情形更加严重，变成了一种慢性的皮肤病。就这样，这年轻人在其二十一岁前来就诊时，他的脸上已满是疙瘩。

这一病例之所以特别有趣，不仅因为它揭示出与刮脸相伴随的性内涵，而且因为它揭示了此病人是如何同时利用习俗化的自我伤害和神经症性自我伤害方式的（用指甲抠挖胡须桩）。这两种方式显然都对此病人有同样重要的意义。

稍微观察和思考一下男人和女人在理发店的理发（或烫发）仪式，即不难看出：即使在正常人中间，理发的意义也并未完全被伪装掩盖。许多女人和一些男人在不同的理发师的手艺中所获得的极大满足、理发店或烫发室中的闲聊和那种欢乐气氛、男人给女人理发或女人给男人理发时的那种景象，所有这些都足以向读者表明，直到今天，理发和烫发仍然保持着许多无意识的性爱价值。剪去头发意味着对自己的强力的部分否定（例如参孙和妓女大利拉的故事），这是牺牲其原始倾向以迎合文明的需要。有人曾说：剃刀被使用的程度标志着文明的程度。

我们知道：这种部分否定是为了最终获得更大的成功。一个不剪头发不剃胡须的男子固然可以证明自己的男性强力，但在现代社会中却很难赢得女性的青睐。因此当他剃去头发、胡须时，他的确可说是"吃小亏占大便宜"。

还有一个证据就是中国人在孙中山的影响下剪掉辫子。留辫子这一延续了几世纪之久的古老风俗在几个月的时间内便被完全废除。这再次表明希望被文明所接受而不惜牺牲其男性强力的象征。

斯通医生（Dr. Leo Stone）曾对我提出：头发和生殖器的密切关联可以用来解释古代正统犹太人何以不仅要实行包皮切除术，而且要禁止理发。在这里，头发的保留仿佛是为了平衡和补偿生殖器上失去的那一部分。我对犹太法典的指令和仪式不太熟悉，不知道这一论点是否能从原始禁令的外在实施上得到进一步的支持。

我们从正常人身上发现的那些自我伤害方式，其显著特征之一就在于它们是可以再生的。头发和指甲被去掉了还可以再长出来。事实上，女人在考虑剪发时就常常想，如果式样剪得不好，反正可以让它再长出来。有时候，这种剪了又长的过程一而再，再而三地按照个人的心理模式和发式的改变不断地重复。

风俗习惯中的自我伤害很少有疼痛或痛苦，这使它与我们所描述过的其他形式的自我伤害完全不同。正常人能够欣然接受快感而不感到自责或内疚，因而也就不需要像神经症和精神病患者那样以自我惩罚来作为救赎和补偿。最后，这些习俗化了的自我伤害方式正因为符合传统和习俗，所以不同于其他形式的自我伤害。其他形式的自我伤害大都含有展示和暴露的倾向，并且往往使当事人受到他人的嘲笑或怜悯，至少会使他们陷于十分尴尬的境地。

总结

现在让我们总结一下我在本章中提出的论据和材料，以说明自我伤害的动机并回答在开篇时提出的一些问题。

我们看到，自我伤害可以见之于各种不同的情形，包括精神病、神经症、宗教仪式、社会习俗，偶尔也作为一种行为上的症状见之于某些器质性疾病。从所有这些有代表性的例子里，我们可以发现某些具有一致性和共同性的动机。

显然，自我伤害是通过去掉或伤害身体的某一部位，借以放弃或牺牲其积极主动的"男性"角色。尽管我们尚没有大量的心理学证据来证明一切自我伤害的原型乃是自我阉割，但我们有充分的理由从我们的材料中做出这种推论。在我们的材料中，我们频繁地发现未经掩饰和伪装的自我阉割。而在另一些例子中，尽管身体的另一部位或另一器官成了个体攻击、联想、幻想、类比的对象，但仍然清楚地显示出：这一替换性的部位或器官，实际上在无意识中代表着生殖器。正像我们看见的那样，这既可以是男性生殖器也可以是女性生殖器，但具有与男性生殖器相关联的积极主动的意义。牺牲生殖器或牺牲其替代物，似乎旨在满足某些性欲的或攻击性的渴望，与此同时也通过自我伤害来满足自我惩罚的需要。

自我伤害中的攻击性因素既可以是主动的也可以是被动的。自我伤害行为可以指向一个内摄的对象（例如在那个因为憎恨别人而砍掉自己手臂的病例中），这一情形往往被简化为我们熟悉的说法——"害己以害人"（cutting off one's nose to spite one's face）①。被动的攻击方式则更为显著，因为它所指向的是现实的对象而不是虚幻的或遥远的对象。咬指甲的孩子的挑衅行为，以及那些故意激怒其朋友和医生的装病者的挑衅行为，都清楚地说明了这一点。

通过放弃主动角色扮演被动角色来获得性满足，这种做法，部分取决于每个人身上天生固有的双性倾向以及男人无意识中对女性的羡慕和嫉妒。然而，在性本能中还有这样一种倾向，即通过使攻击性、破坏性倾向性欲化，来充分利用这种交易，利用攻击性、破坏性倾向的粗陋表现造成的后果。因此，自我伤害中的性满足既是原发的也是继发的。

最后，在自我伤害中还存在着自我惩罚，因而自我伤害具有双重性质。它一方面通过所做的牺牲来补偿和邀宠于过去的攻击性行为和愿望；另一方面又事先提供一种保护，仿佛经由事先的惩罚和偿付，个体就可以进一步沉溺于其中。在后一种情况下，自我伤害通过牺牲个体的攻击性器官，保证了个体能够避免主动的攻击及其所造成的后果。

我们的材料尚不容我们详细论述那产生罪疚感的攻击幻想的性质。我们只能说：这些幻想与最初指向父母和兄弟姊妹的阉割幻想和伤害幻想有关。从许多精神分析家的著作中我们知道：这些幻想

---

① 这一成语通常被译为"跟自己过不去"，但按作者的理解，跟自己过不去归根到底是跟他人过不去，所以此处暂译为"害己以害人"。——译注

通常与俄狄浦斯情结有关，它们来源于渴望杀死或阉割父亲并占有母亲的愿望，来源于希望杀死或伤害母亲（因为她"不忠实"地偏爱父亲或其他子女）的愿望。

从这一总结可以看出，自我伤害是：（1）受超我援助的攻击性、破坏性冲动与（2）生存意志和爱的意愿之间的冲突的最后结果，经由这一结果，局部的自我伤害一方面满足了那不可抵抗的冲动，另一方面又避免了前逻辑的推论和预先想象的后果。自我伤害的现实价值有极大的不同，然而在所有情况下，其象征性价值都是一样的。以一种造成最小的现实后果的象征性自我伤害，来满足种种心理需要（例如在社会化了的自我伤害方式中，如修指甲、剪头发），这不妨说是一种十分有用的策略和手段。但在那些现实感薄弱、良心要求过分专横的人身上，这一策略可以导致严重的自我伤害。

总之，在任何情况下，尽管自我伤害显然是一种淡化了的自杀，但它实际上是为了避免彻底毁灭（即自杀）的一种妥协形式。在这一意义上，自我伤害乃是生命本能战胜死亡本能的一个胜利。尽管有时候，这一胜利付出的代价极其高昂。

第十二章

装病

医生出于其职业上的目的而竭尽全力地缓和病人的痛苦，治愈病人的疾病，因此，当面对自我伤害这种矛盾的、反常的行为时，他们常常目瞪口呆，大惑不解。由于不能从中发现任何物质方面的好处，加之不熟悉我们在前一章中描述的无意识心理满足，所以他们倾向于把自我伤害的行为看成"神经失常"的证据。但一旦发现病人是在利用自我伤害以获得明显的好处时，医生的态度就立即从困惑转变为气愤。几个世纪以来，装病的行为一直使临床医生们困惑和气愤。

当然，并非一切装病行为都采取自我伤害的方式，但如果我们拿自我伤害的装病行为与其他形式的自我伤害做比较，我们就不难看出其奇怪的心理。我们把装病视为自我伤害的一种方式，而不考虑其明显的附带好处和收获。

长期以来，在医生心目中，装病者和神经症患者并无明显的区别和清晰的界限。或许今天仍有许多人把神经症患者视为故意装病的人。

如果一个神经症患者自觉地通过自己的病来获得某些附带的好处，那么他当然是一个装病者。在这种情况下，他当然也应该得到装病者应得的耻辱。弗洛伊德在少女杜拉的病历报告中讨论过这一问题。杜拉对她父亲做过严厉的谴责，指出他是在装病，以自己患肺结核为借口来为自己与一女人（既是他的护士又是他的情妇）的旅行辩解。弗洛伊德指出，杜拉的这一谴责虽然是对的，但实际上出自杜拉本人的良心，并且它更多的是一种自我谴责。这种自我谴责不仅针对杜拉本人先前所患的疾病——咳嗽、失语等，而且针对她近来所患的疾病。弗洛伊德指出，杜拉希望通过自己的病使父亲与他的情妇分开（她没有别的办法来达到这一目的）。因此，杜拉也是一个装病的人。弗洛伊德说："我坚信，一旦她父亲告诉她，为了她（杜拉）的健康，他愿意牺牲K女士，她（杜拉）的病就会立刻痊愈。但是我要补充一句，我希望他（父亲）不要这样做，因为这样一来，她就会知道手中有一个厉害的武器，今后一有机会，她绝不会放弃使用这种武器。"（众所周知，这正是许多神经症家庭鼓励其家庭成员时采取的做法。）

弗洛伊德继续指出：那种认为癔症患者可以通过某些大灾难获得治愈的看法，在某种意义上是正确的，但忽视了对意识的东西和无意识的东西做心理上的区分。人们不妨说神经症中部分包含着装病的成分，即从疾病中得到一定数量的自觉意识到的附带的好处，但在另一些病例中，这种好处的数量却微乎其微。

在装病中还有另一种要素不同于其他种种形式的自我伤害，这就是公然暴露出攻击性目的。因为为了得到装病所能得到的好处，病人就必须欺骗医生和他人。这样他就发现自己必须反抗那些旨在治愈或拯救他的人，他的攻击性便从最初激起他这种攻击性的人身上转移到完全无辜的医生身上。由于这太不公平而且完全出乎意料，故这种攻击性往往激起医生的报复。

人们只消随便读一读医学文献中有关装病的记载即不难看出这一点。在这些记载中，给人印象最深的是那种明显的恼怒、气愤，是作者对其调查对象的深恶痛绝。

在这些内容广泛的专题论文中，例如，在琼斯和卢埃林的论文中，作者反复论述了装病者的道德偏差、他们的无赖和流氓行为、他们的卑鄙无耻等。医学文献中的许多著作和文章，都把笔墨花费在如何区分恶意的欺骗和无意的欺骗上。作者们都认定：装病者的行为及其意图在道德上是不可饶恕的，而如果成功地隐匿了这些病的人为的起源，那就更加不可饶恕。这种道德上的定罪显然来自这样一种假设，即认为这种装病的唯一目的乃是为了获得物质上的好处。

说到装病行为的不可饶恕，科学家对此并不比对其他临床现象有更充分的理由产生道德上的义愤。医生当然有充分的资格去判断一种现象是否对社会有害，例如，他完全有理由隔离一个患天花的病人。但是判断一种疾病的道德性并不是医生的职能。例如，他并不打算谴责梅毒病人罪孽深重。科学家一旦对他的研究对象感到气愤，他的态度就不再是一种科学的态度。

那么，人们应该如何解释医生们在撰写这些著作和文章时的奇怪态度呢？

首先应看到的是，这种奇怪的态度来源于一种广泛的谬误，即假定自觉的有意识的动机可以被视为人的一切行为的根源。特别是那些惯于与生理功能打交道的医生，他们很少对人的行为进行分析，所以最容易忽视这一问题。事实上，人的行为不能仅仅根据自觉意向来理解。只有当考虑到决定一种行为的无意识动机时，我们才能理解这一行为对行为者本人具有什么样的意义。

其次，使人们感到恼怒的是这样一种原因，即医生虽然直觉地把握到装病者的无意识动机之一，却未能清楚地弄明白那是什么，而仅仅从情绪上对此做出反应。诚然，一个弄伤自己以便逃避责任或弄到钱的装病者，从老板和社会的角度来看的确是不可饶恕的。这是一种反社会的攻击性行为，虽然它采取的是否弃自己的形式。但这并不足以解释医生的愤怒，因为医生非常熟悉和了解以疾病形式出现的许多反社会的攻击性行为。真正的原因在于：装病也是对医生的一种攻击，是企图欺骗医生、迷惑医生、愚弄医生的诊断和治疗。在有关装病者的病案报告中，人们往往会注意到聪明的医生如何从高度地关心病人，到困惑于病人伤口的日益恶化，到逐渐产生怀疑、愤怒，到最后揭穿病人把戏时而产生胜利的感觉。有些作者甚至写到，病人如何受到严厉的谴责、尖锐的批判，如何受到开除或其他处罚。正是这些现象清楚地揭示出：医生们已直觉地领悟到病人的动机并不在于物质上的好处，而更多地在于一种想愚弄医生并借此受到相应的惩罚的无意识愿望。

同样的情形也往往清楚地见之于精神分析的治疗过程。病人往往视这种治疗为他与精神分析师之间的一场搏斗和竞争。这种竞争可以是微妙的，也可以是公开的。我的一个病人就曾公然宣称："你最后不得不屈服，而我绝不会屈服。"他显然清楚地认识到这既是一种防御，也是一种攻击的姿态。这些病人就像卡林·史蒂芬描述过的怀疑论者一样，他们总是宣称："一两个例子并不能使我信服。"

病人与精神分析师的这种竞争，往往采取这样一种特殊的方式："不错，你也许是一个精明的、受人尊重的精神分析师，但现在我们俩可以说是棋逢对手，我绝不会让你占上风，绝不会让你治好我。"几乎所有的精神分析师都熟悉下面这样的梦：一场垒球赛正在进行，一个酷似精神分析师的投手有过很好的记录。他已打败了所有投手，现在正面对着他（做梦者）。做梦者走向垒球并打出漂亮的一击（他将放弃分析回家去）。或者，他走向本垒，打出一个又一个界外球，从而对方的投手虽有很好的记录，却不可能将他封杀出局，相反在这场竞争中被累得筋疲力尽。显然，在这个梦中，界外球乃是一种用来抵抗的谋略，病人以此拖延时间，使医生束手无策，最终失去耐心而被大大地激怒。

据此我们可以冒险做出这样的假定：原初的装病行为，主要目的是作为一种挑衅性的攻击性行为。也就是说，其本身只是一种很小的自我攻击，其目的是要从他人身上激起更大的攻击性行为。在这一点上，它与弗洛伊德提出并由亚历山大加以完善的因罪疚感而犯罪的行为完全一样。

临床例证

既然装病出于模仿,那就有许许多多的疾病形式可以被假冒。但实际上总的说来只有两种不同的形式:一种是以主观感觉宣称自己不能工作(例如病人坚持认为自己太虚弱而不能工作),另一种则是由于明显的局部伤害(自己造成的)而被医生和外人认为不能工作。只有后一种才能用来说明局部的自我伤害。在此我将引述一两个例子。

第一个例子是一位二十九岁的妇女,此人我曾见过一面,那是在与一位外科医生共同会诊的时候。这位外科医生确信她有颅骨骨折。她的枕头完全被血浸湿,她像是处在剧痛中那样扭曲和坐立不安,并以一种混乱的、半谵妄的方式回答医生提出的问题。她不断地恳求给她注射吗啡,医生按她的要求给她注射了吗啡。我建议这位外科医生暂缓做头颅切开手术,这使他大为不快,因为他认为手术是绝对必需而且刻不容缓的。

几天之后,护士发现这病人正挖破外耳道的皮肤。根据我们的推测,她正是用这种办法造成大出血的,那次大出血几乎要了她的命。又过了几天,她悄然离去,不知去向。大约一月之后,另一城市的一位同行催促我立即动身去他那里给一个病人会诊,他对病人情形的描述,使我立刻确信这就是同一个病人。此后,我从各方面获得的资料中知道:她曾成功地说服过一个能干的外科医生给她做了颅腔减压手术,还在许多城市中从保险公司弄到钱。她自己给自己造成损伤，然后又总是能够使别人相信：他们对她的受伤负有责任。

尽管对这一病例进行研究的时间短暂，其攻击性、暴露癖和自我惩罚的因素仍然十分明显。要说这病人仅仅是希望得到钱、吗啡和关心，至少是忽略和低估了她用以获得这些东西的高超手段。

在这一病例中，最给人以启发的，是这病在医务人员身上产生的效果。其最初的效果是在护士和医生身上唤起极大的兴趣和关注。当她明显地处于休克状态时，上述情感便立即转变为怜悯和渴望使她缓解的心情。然而，一旦疾病的性质真相大白，强烈的正面情感立即转向反面。医生对这种欺骗十分气愤，特别因为自己竟信以为真地浪费了这样多的时间、精力和同情心而感到怒不可遏。在这种情形下，人们不妨应用一项在精神分析过程中被证明为十分有用的技术手段来检测自己。这就是，尽管一个人受到过良好的科学训练并竭力对病人的一切行为保持冷静客观的态度，一旦他发现自己仍然动了感情（怜悯、愤怒等），他就应扪心自问，这种感情会不会正是病人无意识中希望在他身上造成的效果。

皮肤科医生对"人为皮炎"（dermatitis factitia）这种相当普遍的临床现象所做的描述和说明，对我们理解装病行为最有启发、最有帮助。在"人为皮炎"中，皮肤上的损伤系由个人借助铅笔刀、火（特别是火柴）、香烟、手指，特别是手指甲等物理或化学的物质，自己给自己造成的。我首先排除这样一些病例，在这些病例中，病人承认自己有一种难以抑制的驱力迫使他不停地搔抓皮肤直到造成损伤。这种情形不属于装病行为，因为病人并未隐瞒什么。毋宁说，这种损伤出自一种病人不能解释但并不否认的无意识冲动。真正的"人为皮炎"，其显著特征正如皮肤科医生经常指出的那样，乃是病人即使面对铁证，也会矢口否认皮肤损伤是自己造成的。

尼瑟顿医生曾说："许多这样的病人都反复地做过大的外科手术，有的甚至造成了不可挽回的损伤。事实上许多病人的病史表明，在征得病人本人的同意的情况下，病人的一只手臂或一根手指常常被毫无必要地切掉。""我有三个病人就曾反复地做过腹部手术。除去经济上的损失外，病人家中的成员也因蒙受种种不便而心绪黯然。"

这位富于洞察力的皮肤科医生，以此寥寥数语即一语中的地击中要害。这些正是我认为装病行为中最重要的因素——受苦的愿望、隐瞒的愿望、希望伤害自己的愿望，以及更为严重的、希望他人痛苦、不幸和难堪的愿望。换句话说，这里已集中了我们在自杀行为中发现的所有要素：伤害自己的愿望、被人伤害的愿望，以及伤害他人的愿望。

尔后，我们将考察病人是如何假手于他人，明显地利用外科手术来满足其无意识中自我伤害的需要的。尼瑟顿医生和其他人都曾注意到：这种类型的装病者往往反复接受外科手术。这一观察结果已经预示了我们在下一章中要讨论的问题。

在尼瑟顿援引的四个病例中，自我伤害均开始于一次平安无事的阑尾切除术之后。其中第一个病例特别引人注目：这个病人在最初的阑尾手术后连续做了六次大手术，终于在腹部伤口的附近造成了皮肤溃疡。这病人仿佛被一种什么力量驱使而渴望做腹部手术。七次手术并未能使她满足，她必须继续这一过程，无数次地让医生切开她的腹部。尼瑟顿的报告使人清楚地看到：这病人以不断的生病给自己父母造成了经济和精神负担。由此造成的恶性循环是：通过自己所受的痛苦，她一方面发泄了自己对父母的攻击性；与此同时，她又因自己所受的惩罚而弥补了这种攻击性，然后再以此为理由去攻击自己的父母。

我十分感激克劳德医生（Dr. Joseph Kkauder）为我提供的下面这个病例。这病人是个三十五岁的女人，她六个月来一直有反复发作的皮炎。她丈夫坚持认为应该对她进行治疗，家庭医生则找来一位皮肤科医生会诊。她身上有一些奇怪的呈带状的红斑，在手腕上就像手表一样，在膝下就像袜带一般。这些现象使医生作出"人为皮炎"的诊断。当病人洗澡的时候，医生搜查了病房，发现了一瓶甲酚溶液。克劳德医生当即指责她用它来制造皮肤上的损伤，但是她矢口否认。此后，她承认她用它来洗过手，涂过皮肤，但其目的是为了避免皮肤病，因为她听说皮肤病是由链球菌感染造成的——这就部分地供认了事情的真相。经检查，她情绪正常，没有任何神经反射方面的反常现象，仅结膜和硬腭有知觉缺失的现象。这导致医生最后做出癔症的诊断。

克劳德医生后来发现：她的病在她居住的小城里成了人人关心的话题。她的家庭医生不得不每天发布她的病情公告。她收到许多礼物、鲜花和明信片。她把这些明信片贴在墙上，把病房弄得宛如画廊一般。

人们注意到：病人竭力给医生制造困惑和难堪，与此同时又明显地渴望激起他人的同情、怜悯和关怀。值得强调的是：她并未获得金钱上的好处，尽管有些医生把这视为装病者之所以装病的唯一动机。

自我伤害型的装病行为，其主要实质在于在自己身上造成伤害，造成疼痛和组织的缺失；向他人展示伤口，激起别人的同情、关心和希望将它治愈的努力；在伤口的起因上欺骗医生和他人，竭力挫败医生的治疗；获得金钱或其他物质报酬；最后被检举揭发，受到指责、侮辱甚至实际的惩罚。

以上病例证明：我们不应天真地赞成这样一种观点，即认为装病者是情愿冒险赌一次运气，拿他自己造成的伤害去换取金钱和物质上的收获。首先，人类本来就十分富于赌博精神，但装病者毕竟不常见，这本身就说明以上解释站不住脚。其次，众所周知，装病者所承受的痛苦往往远胜于他可能得到的金钱上的收获。再次，上述解释忽略了病人无意识的因素，尽管这些因素并不为装病者本人和一般公众所熟悉和知晓，但在医学界是众所周知的。

病人自愿忍受巨大的痛苦，来换取微不足道的一点收获，这种明显的差距和脱节，只能这样来解释：首先，金钱上的收获只是全部收获的一部分，其他收获还包括从造成他人的同情、关心、困惑和沮丧中获得的种种精神满足。其次，病人的痛苦并不仅是获得收获的一种手段，也是一种心理需要，是良心要求装病者偿还的一种代价。事实胜于雄辩，无论装病者显得（或声称自己）多么没有良心，他的无意识中都有强烈的罪疚感，并因而需要自己惩罚自己。

遗憾的是，迄今为止，还没有这样一种仪器可以用来测量人的情感，但或许有一种量的关系，可以使我们知道外部惩罚与内心的痛苦恰成反比。外部惩罚越少，内心痛苦就越多。一个用手指挖出自己眼珠的病人，比一个仅仅用火柴烧伤自己的病人所受到的内心谴责要少得多，虽然两者都出自同一目的。当然，这在极大的程度上要取决于我们内心的正义感，但病人恰恰是借他人和自己内心的正义感来达到一种感情的平衡的。

总结

自我伤害型的装病行为可以说是一种局部化了的自我摧残，与此同时，其用途还在于一种向外的攻击（欺骗、劫掠、虚伪地求得别人的同情等）。这种攻击不仅使装病者本人获得同情、关心和物质、金钱上的好处，而且最终能使他"获得"谴责和"惩罚"。这两方面的"收获"都明显地具有"受虐狂"和"裸露狂"患者所具有的那种变态性满足的色彩。

据此我们可以得出这样的结论：这种类型的装病行为，主要被用来作为一种挑衅性的攻击性行为。也就是说，这是一种较小的自我攻击，其目的是为了从他人身上激起更大的攻击或惩罚。其中所涉及的痛苦，乃是由于满足了无意识的需要后，良心为此而要求病人付出的代价，而这两者[①]都具有性欲色彩和攻击性。

---

① 指无意识的需要和良心的要求。——译注

第十三章
多次外科手术

读者在看到自我伤害的多种不同形式，在发现攻击性、快欲化和自我惩罚很可能是这些行为的深层动机时，他也许会想到，在有些情况下，自我伤害的实际功用或社会必要性也许远胜于这些无意识倾向的满足，从而可能是一种更为重要的决定性因素。不管个人身上存在还是不存在残存的攻击性，社会和现实生活本身就决定了自我伤害有时是个人为了生存而必须付出的代价。也就是说，此时自我伤害并非出于个人自己的攻击性，而是出于他置身于其中的外在环境的。像野蛮人的青春期仪式一样，这些外在因素既可以是遗传，也可以是来自文化的。这些受害者本人可能是无辜的，完全不知攻击性为何物。此时自我伤害可能完全来源于社会顺从，或由经验科学所导致。这中间最好的例子就是外科手术。

在外科手术中，我们虽然并未伤害自己，却确实把自己交给了外科医生，甚至恳求他从自己身上切掉某些东西。此时我们并非出于攻击性、罪疚感、变态的快感机制等无意识的要求，而是出于自觉意识到的实际考虑和正当理由，而所有这些理由的根据又是积累了千百年经验的医学科学。的确，逃避真正需要施行的外科手术，似乎比屈从于外科手术更能清楚地表现出自我摧残的意向。但这种"反证法"所指的不过是最为狭义上的局部自我摧残，它既不是心理学意义上的也不是实践意义上的自我摧残。但是，我们仍然看见，这当中也有一些例外。

当病人决定动手术时，此时至少涉及两个人——病人和医生。当医生决定给病人动手术时，促使他这样决定的无意识动机和自觉意识到的目的也不亚于病人。我们通常假定这当中意识的和理性的动机总是占上风。因为，尽管外科手术是虐待冲动的一种非常直接的升华，但它的确已经是一种升华，而且是一种精致优美、成果显著的升华。在它相对短暂的历史中，已经延长了几百万人的生命，解除了无数人的痛苦。当然，升华也有崩溃的时候，或者，它在有些人身上从一开始就是一种病态的伪装。如果是这样，那么施行手术的决定就不是取决于种种客观因素如发炎、畸形、出血等，而是基于一种强迫性的需要。理想的外科医生应该是既不急于开刀，也不逃避开刀，他应该仅仅根据实际情形做出决定。遗憾的是，对外科手术的仔细调查表明：外科医生给病人动手术，往往完全出于其他理由，即出于想从病人身上割掉某些东西的强迫性冲动。有些外科医生像着了魔似的要拿掉病人的甲状腺，有些外科医生则希望切除病人的卵巢，还有一些外科医生则希望给病人动腹部手术切除其内脏。毫无疑问，这些手术往往都有科学上的正当理由，但某些外科医生一次又一次地在不同的病人身上做同样的手术，却难免不令人联想到其他类型的强迫型神经症行为，从而我们有充分的理由怀疑这些医生更多的是出于一种病态的冲动而不是出于科学的目的。

遗憾的是，在外科医生中，具有明显虐待狂倾向的人并不罕见。我个人印象特别深的是：许多外科医生，尽管技术高明，在其他一切方面也都很"好"，但完全不能领会和同情病人的痛苦与恐惧。显然，最野蛮、最能给尔后的人格发展带来灾难性危险的事，莫过于突然之间将一个小孩子带进一间陌生的白色房间，此刻他周围全是身穿白袍、头戴奇形怪状的帽子的陌生人，他看见的是一些可怕的器械、闪闪发光的刀子、浸血的亚麻布；最后，这些人在他高度惊恐的情形下将乙醚筒罩在他脸上，并告诉他只要他深深吸一口气，他的"扁桃体"就会被"取出来"。由这一恐怖场面所造成的内在焦虑，很可能终生难以磨灭。我个人深信：在大多数病例中，这种恐怖所造成的伤害远远胜过外科医生想要切除的东西所造成的伤害。有些外科医生根本不考虑这些，他们的冷漠和无动于衷，表明他们确有严重的心理迟钝。我将这种心理迟钝归结为带有虐待倾向的病态冲动。这种冲动部分地升华后，可以造就一个技术娴熟的外科医生，却不能造就一个对病人体贴入微的外科医生。

但我们也不应对外科医生的困难处境视而不见。他被人们看成制造奇迹的人，人们往往期待他做到那些根本不可能做到的事情。他必须做出决定和选择，进行和完成手术，与此同时还须承担万一手术不成功时所要负的责任，有时候甚至即使手术成功了也仍然会遭到谴责和埋怨。在这种情形下，无怪乎他会变得有些冷漠无情。当需要残忍的时候，他必须有勇气变得残忍。因此，如果他们偶尔出于病态的神经质的冲动而做出错误的手术判断，我们也不必太多地责备他们。

外科医生工作中的无意识动机，到此为止我们已讲得够多了。我们在前面已提到，要进行一次手术，必须同时涉及两个人——医生和病人。现在我们应该考虑一下：在那些不必要的手术中，是一些什么样的动机促使病人与医生合作。因为毫无疑问，有些病人的确开刀开得太多，多得连医学上的理由也难以为之辩解。事实上，病人所做的手术越多，他从中所得的好处就越少。这几乎已经是一条公理。

但公正地说，我们难道能将这一责任仅仅诿之于外科医生吗？我可以回忆起许多这样的病人，他们先前已经一次又一次地求教过外科医生，并且成功地"除掉"了自己的牙齿、扁桃体、盲肠、卵巢、胆囊、直肠、前列腺、甲状腺等。从前，我总是把他们想象成一些缺乏自我保护能力的牺牲品和受害者，想象成是受到那些品质恶劣或过分热心的外科医生的诱骗的人。而这些外科医生，或者想得到金钱和名望，或者出于真诚的信念，其结果是通过这种带有伤害性的治疗，给病人增加更重的负担。但现在，当我意识到神经症病人多么经常地硬逼着医生给他开刀时，我终于明白（我想现在有许多医生也已经明白）：有时候过错并不在医生。那些一味要求医生给他开刀的病人，有时是口头上纠缠，但更多地是以许多生理上的症状要求医生这样做。我们都知道，癔症患者可以自己制造出种种能满足其无意识心理需要的症状,而如果这种心理需要只能在外科手术中得到满足,那么他一定可以制造出种种必需的症状,从而使得最高明的外科医生也往往误认为有必要为他动手术。

　　重复多次开刀的病人能够在他人身上激起同情、怀疑、嘲笑等不同反应,这主要取决于他们的无意识动机在反复开刀的要求中是否明白地显露出来。事实上,这些手术往往不能被一概而论地说成"不必要的"——因为这些病人总有办法使这些手术显得非常必要。何况,人们通常并不怀疑任何手术是否有必要,唯一的问题是:这是一种心理的必要还是一种生理的必要。

　　那些一次又一次地要求医生给他们做手术的病人,往往被一种"强迫性重复"(repetition compulsion)的冲动主宰。杰利菲(Jelliffe)就曾报告过一个二十一岁的女性。她在向杰利菲医生求诊前,已经在身体的不同部位做过二十八次手术。对这种现象,人们似不妨称之为"开刀瘾"。

　　站在科学的立场上,我们也不应忽视这一事实,即:无论这些手术以生理学标准来衡量显得多么不必要,无论这些手术是如何更多地具有"定心丸"的性质,它们仍往往能产生治疗效果。弗洛伊德在《超越快乐原则》一文中曾指出:器质性疾病或器质性损伤往往能够缓解和减轻创伤性神经症、抑郁症和精神分裂症,因为它把由一种毫无准备的刺激所激发出来的大量难以驾驭和管理的力比多束缚和限制起来。他本来还可以再加上一句,外科手术也可以做到这一点。每个精神病医生都可能有过这种不愉快的经验,即一个精神病人久治不愈,最后当病人在外科医生那儿做了一次手术后即迅速好转。的确，精神病医生并不认为这手术是必要的，甚至不主张劝病人去做这手术。何况做手术的医生往往是一些江湖郎中似的庸医（因为高明而谨慎的外科医生也同样认为这手术没有必要）。

杰利菲曾经报告过这样一个病例，这个病人在经过旷日持久、精疲力竭的精神分析后，最后还是在动了一次外科手术后才成功地完成了治疗过程。显然，精神分析师若否认外科医生的心理治疗功用，如同外科医生否认精神分析的心理治疗价值一样，都不是一种科学的态度。我们应该做的，是更为准确地评估外科手术的实际意义，而这当然需要对身体变化的问题做通盘的考虑。

有一段时间，我对整形外科医生的工作特别感兴趣，其原因是一位整形外科医生告诉我，他在治疗上取得的成功效果，既是物理的也是心理的。在研究外科文献时，最引人注目的是：整形外科医生们自己已认识到"病人身上往往有一种病态的神经质渴望"，他们渴望通过手术来矫正那些本来算不得缺陷的缺陷。布莱尔和布朗建议，在矫正某些小缺陷时必须十分小心，因为此时病人往往把它看得极其严重。他们提到许多手术从临床上看十分成功，但病人仍不满足；他们还提到另一些手术，其治疗效果并不成功，但是奇怪地使病人十分满意。总的说来，人们可以从这些文献中得出这样的结论：面部畸形的手术矫正往往能使病人的心理状况得到满意的改善。

临床医生（外科医生和精神病医生）的印象是：外科手术有时似能减轻神经症或精神病的症状，但这种结果的发生率极不稳定，且效果往往十分短暂。目前我们尚无充分的资料来对外科手术避免和减轻精神疾病的概率做出结论。

我曾经有一个患癔症失语症的病人,她曾三次经大手术而暂时地被治愈,并一再坚持要再做一次手术。我竭力劝阻她,并尝试了各种各样的心理治疗,但除精神分析外,其他治疗方法均属徒然。此时,她已找不到任何一个医生甘愿拿自己的声誉冒险,来给她这个没有任何生理理由而仅有心理理由的病人动手术。此后,我又有多次机会从精神分析角度研究同样的病例。此外,我还特别注意研究那些到我们医院就诊前已接受过外科手术治疗的患各种精神疾病的病人。在由此获得的资料的基础上,关于无意识动机和无意识心理机制是如何引导这些病人一次又一次走向手术室的,我已经逐渐形成了某些结论。

一、手术选择的无意识动机

病人选择外科手术的一个主要的无意识动机,乃是为了避免面对某种比手术更令他害怕的东西。当然,通过更深的分析,这种企图逃避不愉快的现实、企图对良心加以贿赂收买的无意识动机,也同样可以表现为许多不需要手术的疾病。但外科手术有一个特别的好处,那就是有另一方可以被拖进来承担这逃避的责任。当写到这里的时候,我突然想起我现在之所以有一小时空闲时间,乃是因为有一个事先约好的病人打电话来说她的耳朵有毛病,不得不去外科医生那儿做一次小手术。尽管她一再对外科医生说,她已觉得自己好多了,完全可以去做约好的精神分析,但那外科医生却不允许她这样做！我知道这是她的遁词，她害怕这种分析。外科医生并不知道实情，但她却利用他来逃避现实。

有一个病人早就与人订婚，却以种种理由五次拖延婚期。这种行为激怒了她的未婚夫，他坚持要她到我们这里来做检查。她的病史中有多次典型的癔症型焦虑发作，且伴随着右腹剧痛。内科医生给她做过一次又一次检查，始终拿不准究竟是否应建议她动手术。她的白细胞计数偶尔高达12000，但往往第二天又降至正常（有人报告说，在假性盲肠炎患者中，甚至可以见到发烧的假象）。最后，还是病人自己恳求给她动手术。她终于如愿以偿。于是，恐慌焦虑和右下腹疼痛的发作得以减轻。但当推迟的婚期逼近时，她的病再次发作，并坚持要进医院。在这一病例中，显然，手术要求不过是在两件难以忍受的事情中选择一件较易忍受的事，以便逃避结婚，逃避她那种因幼稚而不敢面对和正视的异性性关系。当然，除此之外还有一些其他的动机，但这一动机是最显著的。

精神分析师都熟悉这种情形：一位内科医生诊断病人患神经症，建议他来做精神分析；病人也同意，认为这是最好的治疗方法，但要求回家做一些安排，答应最多不超过两个月就回来做精神分析。几个星期后，先前的那位医生来信说，他准备送到我们这里来的那个病人，不幸阑尾炎发作（或肾结石、甲状腺功能亢进、痔疮发作等）而必须动手术。这几乎是某些类型的病人在接受精神分析前必有的前奏曲。大多数病人在外科手术后会继续前来做分析治疗，但并不是所有的病人都这样。

选择外科手术有时候是为了恢复健康。这种情形明显地见之于下面这样的病例：一位二十三岁的大学生曾两次被选入全州的橄榄球代表队，但近来却感到躁动不安，学习上精力不集中，并且经常失眠。经过几个月的痛苦折腾之后，他离开学校，要求父母带他去看了好几个医生。这些医生未能发现导致他生病的生理上的原因，但他本人的主观感觉却觉得自己的病情越来越重。他要求摘除扁桃体，医生认为没有必要。但由于病人坚持这一要求，最后还是将他的扁桃体摘除了。此后他明显地觉得自己好些了。过了一个多月，同样的症状再次发生，而且越来越严重。最后，还是他本人建议父母带他去精神病医院。在那里，他被确诊为精神分裂症。

我认为，在这一病例中，不能说是外科手术加重了病情。我想我们应相信病人本人及其家属的话：外科手术局部地和暂时地减轻了病情。我们不妨假定病人是渴望恢复健康才做外科手术的，这手术可被看成为避免精神分裂而做的一种疯狂的努力。关于这手术的深层意义，我们后面再做讨论。在这里，我只想强调这一事实，即无意识可以抓住手术以逃避精神疾病和精神治疗。我之所以援引这一病例，仅仅因为它十分简略。在另外许多病例中，在我们从病人身上发现明显的精神退化之前，病人往往已做了不止一次手术。这与沙利文医生（Dr. Harry Stack Sullivan）的说法完全一致——濒临分裂的人格往往拼命做出种种病态的努力和妥协，以避免精神的崩溃。

使病人做出手术选择的第二个动机是爱欲（erotic）动机。这通常取决于一种移情（transference），即把对父亲的感情转移到一个知识渊博、无所不能、仁慈和蔼同时又冷酷残忍的外科医生身上。

外科医生的敏锐、坚韧、有力，以及冷酷无情，加上许多外科医生身上常常表现出来的智力和体力上的优越，最能对神经症病人的无意识选择产生巨大的影响。还需要补充一点，某些病人身上的施虐-受虐情结也无疑地强化了对外科医生的（积极的和消极的）移情。我们还必须指出，除了那些渴望得到父爱甚至不惜为此做手术的病人之外，还有一些病人对父爱的接受度要受其受虐倾向的制约，从而他们只能在一种受苦的形式中才能体会到父爱。众所周知，一些最有名、最成功的外科医生，恰恰最缺乏临床上的温柔与细腻。

我的一个病人曾做过一系列鼻腔手术，他现在确信：这些手术完全是不必要的，只不过当时这些手术保证了他能够继续成为他父亲关心、牵挂和焦虑的目标。"我至今仍然记得，"他说，"手术后血是怎样从我鼻孔中滴出来的，而这血又是怎样使我父亲满怀爱心和担忧地关注着我，这远胜于手术的疼痛，远胜于从前我所挨过的打。"

当然，在考虑外科手术的动机时，必须区分原初的收获和继发的、因病获得的收获。在后者中，我们又可以区分出在医院环境中（特别是手术前后的休息期）所感到的舒适愉快、朋友和亲人的关心、护士的照料、医生的安慰等。但是，我相信这些因素都可以深深地渗透到原初的手术动机之中，特别是当病人希望得到关心、同情甚至怜悯（把这作为唯一可以接受的爱的方式），希望在痛苦中受到体贴入微的父亲或母亲代理人照料的时候。总的说来，医生（包括外科医生）的反复关怀似乎主要出自病人的要求，其目的是使病人渴望被同情的愿望得到满足，以代替那由于某种罪疚感而受到禁止和抑制的正常的爱。

在极端的情形下，这种动机往往伴随着"裸露癖"。在下面还要充分引述的一个病例中，手术中的裸露价值在病人自述其手术时所产生的幻想中清楚地显露出来：他的会阴和生殖器袒露在医生和护士的面前，他由此而感到极大的满足。当然，在手术前也常常看见有一些病人似乎极其羞涩和担心手术时的袒露，但这实际上是一种过度反应（over-reaction）。这种广泛存在的潜在满足可以从社会上公开讨论手术经验的文章中找到令人信服的证据。例如，在欧文·科布（Irvin Cobb）的《漫谈外科手术》和在埃迪·坎特（Eddie Canter）的一幅画《神经质的灾难》中，就有两个人站在那里彼此竞相展示自己的手术瘢痕。从精神分析的角度，我们只能把这视为希望证明自己已被阉割，即已经屈服、忍受、生存下来并且付出了代价。"看吧，"他们在无意识中这样说，"我是无害的——你不必（或不可）杀我。"这与我那个病人的幻想和许多公开展露行为中的自觉意识到的思想恰恰相反，后者实际是在说："看吧，我没有被阉割，我的确是个男子汉。"

有时候男人和女人做手术是为了满足一种未被满足的想生孩子的幼稚愿望。特别是那些小时候深信孩子是切开肚子生出来的病人，以及那些从小在家庭中因受父母的压抑而不敢涉及孩子是从哪儿生出来这样爆炸性问题的病人更是这样。我曾经有一个病人，她是一个患癔症的少女，其症状是一天多次徒劳无益地解大便，并坚持认为自己肚子里有什么东西。自然而然，在这样做徒劳无功之后，她便要求做手术。在此之前不久，她和一个男孩子曾有过一次带性色彩的经历。此外，她看见过母牛生小牛，并曾知道有一个亲戚去医院生了一个孩子。显然，她的想法是：她肚子里有一个孩子，这孩子只能从肛门生出来，或者从肚子里取出来，如果她不能从肛门排出这孩子，她就必须去做剖腹手术。

在另一个经过更彻底研究的病例中，一个女人在十三年中做了十三次手术。她在童年时代就想要孩子胜过想要任何东西。她曾幻想有"整整一沓（十二个）"孩子。作为一个小女孩，那时她也深信孩子是动手术取出来的。因此她认为，最能使她生大量孩子的男人一定是外科医生。后来她嫁给了一个外科医生，自此以后，她年复一年地发作种种症状，以致最后不得不做外科手术（大都是腹部手术）。"我现在明白了，"她说，"我是按照我童年时代的想法，这样一次又一次地企图生出孩子来。"

支配这一无意识愿望（希望做手术）的另一动机是希望被阉割（说得更具体一点，是希望通过接受阉割以减轻焦虑）。根据第十章的内容，我们发现在这种愿望中至少有两种要素：（1）渴求惩罚的需要；（2）从性欲上利用这种愿望——受虐狂、袒露癖等。通过接受阉割，病人为他的罪恶（幻想中的罪孽愿望）付出了代价和赎罪品，与此同时，他又摇身一变成为非男性或成为女性，从而就更能得到爱——即更接近女性那值得羡慕的地位。因为女性之所以被爱被追求，不是由于她有什么辉煌的建树，而仅仅由于她是女人。

正像我们在第二章中看见的那样，精神病患者的自我阉割十分普遍。对他们来说，要求某一个人对自己实施阉割甚至更为普遍。而在神经症患者身上，自我阉割往往只是间接的，例如通过性无能、经济上的破产、婚姻上的失败、性病等表现出来。如果病人企图直接实施自我阉割，那也往往会以或多或少较为微妙地加以掩饰的方式进行，例如以结扎输精管、摘除睾丸等方式，而不会是切除阴茎。

令人惊奇的是：医生竟经常将这一过程加以文饰和合理化。这一点可以从新近的医学文献中发现。在《医学引得》中，甚至最近，阉割仍被说成是对神经症、性欲倒错、性犯罪、性变态、精神疾病甚至肺结核的一种治疗方式。

至于病人是如何将阉割加以文饰和合理化的，则可以清楚地由以下病例看出。第一个病例应归功于纽约的亨利·肖医生（Dr. Henry Shaw）。一个前程似锦的年轻科学家被委以重任去完成某项研究，在研究的过程中，他发现他的性冲动成为他最不受欢迎、导致他分心走神的羁绊。他把自己不能完成该项研究的责任归咎于这种肉欲的干扰。他认为只要摘除了睾丸，他的性欲就会减退，于是他就能实现自己的伟大目标。因此他拜访了许多外科医生，央求他们为他做手术。其中一个医生同意了，称只要他能搞到精神病医生建议他这样做的推荐信，就可以为他做这手术。但是显然，没有任何精神病医生会赞成和主张这种局部的自我摧残。最后，他还是找到一个外科医生为他做了这手术，这使病人大为满足。事后他回忆，当医生把摘除的睾丸给他看时，他曾有巨大的松释感。这故事的结局令人十分惊讶：尽管动了手术，但奇怪的是他的精力和性欲并未丧失；后来，当他与前妻离婚并希望再结婚和生小孩的时候，他为自己的阉割悔恨不已。

另一个例子或许能进一步说明这一主题。在这个例子中，阉割的方式较为微妙。一个年轻的牧师即将结婚，尔后将作为传教士奔赴蛮荒之地。这时他来到外科医生那儿，要求做绝育手术。他的解释是：他不希望妻子在蛮荒之地遭遇怀孕的危险，他要保护自己的妻子。医生同意了他的请求，并向他解释说，可以给他做输精管结扎术，而这丝毫不会影响受术人的性欲和性交能力。对医生的这种担保，病人的回答是：他并不在乎手术是否会消除他的性欲，事实上他反倒希望手术能免除他的性欲，因为性欲会给他带来太多危险和麻烦，他宁可早些了结它。与输精管结扎术同时，他还做了悬雍切除术和息黏膜下切除术——即各种象征性阉割。

十年以后，当这个病人因"精神崩溃"接受分析治疗的时候，精神分析师发现：不仅他当牧师、到蛮荒之地去传教，而且他的婚姻本身，都完全是为了逃避和防御一种强烈的罪疚感；这种罪疚感来源于手淫、强烈的性反常和乱伦欲望。换句话说，病人宁可被阉割，也不愿面对那种想象的、令人万分恐惧的惩罚——死亡。他认为他如果企图满足自己的性欲，死神就会降临。多年来，这个病人一直把性视为"肮脏""污秽"的事情。事实上，他经常阳痿。这种态度很好地反映在他做的一个梦中。在梦中，病人看见自己正站在悬崖的边沿，脚下的万丈深渊使他毛骨悚然。当站在那里的时候，他意识到自己手中握着什么东西，他往下一瞧，发现是一节烂香肠。怀着一种厌恶的心情，他将它扔进深谷。

这里我们必须提醒的是：希望被阉割的愿望并不像有些人认为的那样，完全等于自我摧残。正像我们在研究自我伤害时看见的那样，有时候它恰恰是自我摧残的反面——是希望避免死亡。这是献出自己的生殖器作为一种贡品，以代替整个生命的牺牲。正因为如此，所以一个受到精神病威胁的病人往往希望做手术，而一个担心自己的手淫行为的男孩子，往往要到泌尿科医生那里去做包皮环切术。正像切除的包皮是用来代替整个生殖器的一种牺牲（病人害怕自己的手淫会导致整个生殖器的阉割），切除阴茎也是作为一种牺牲，以讨好内在的自我摧残倾向，避免整个生命的牺牲。这是以局部的自我摧残代替整体的自我摧残，是牺牲车马以保全将帅的最后策略。这一点也解释了为什么它能成功地在受虐意义上被快欲化，因为它实际上是生命本能的胜利而不是死亡本能的胜利。

最近有一个精神病患者在一种异常焦虑的状态中谴责他的父亲说："我父亲对不起我，因为他没有让我切除包皮。如果他早就让我切除了包皮，我就不会手淫。如果我没有犯手淫的毛病，我就不会弄到这步田地。"显然，他把他的病视为手淫的结果和惩罚，而他对他父亲的谴责，照我看来应该这样解释："如果我父亲早些让我付出较小的牺牲（指包皮环切术，即象征性的阉割），我就不会付出这样大的代价（指患精神病、失去自由和名声）。"这与精神病患者说"割掉我的阴茎、阉割我，否则我就活不下去——你不杀死我，我也会杀死我自己！"的性质完全一样，只不过后者走得更远一点罢了。

在有些病例中，这种罪疚感似乎永远得不到满足，而总是一而再，再而三地要求某些器官的牺牲。人们往往感到：此时无意识中似乎有一种疯狂的努力，要找到足够的牺牲品来避免整个人格的损毁。身体的任何一部分都可以代替生殖器，从而有些人事实上使自己一次又一次地被零刀碎剐。我认为，充分体现在多次手术瘾这种现象中的，恰恰是这些强迫性的、不断重演的象征性阉割。

每一个医生都看见过许多这样的病人，他们不断地使身体的不同部位"性器化"（genitalization），从而外科手术的施行也必须像败血症中病灶的转移一样不断地变换部位。但是通常这些病人并不会找精神分析师接受分析治疗，因为他们显然已经建立起一种平衡，从而制服了无意识中的惩罚需要。这些病人即使来找精神分析师做分析治疗，也往往是因为平衡建立得太晚了。

另一个经由手术寻求惩罚的病例，将更清楚地揭示出罪疚感形成的原因，从而使我们能进一步考察手术惩罚中迄今仍被忽视的另一动机。

这病人是一个犹太商人，他到整形外科医生厄普德格拉夫那里去修整自己的鼻子。据他说这不是因为那是一个典型的犹太人鼻子，而是因为他小时候鼻子受过伤，从而使它看上去仿佛是一个拳击家的鼻子；这鼻子吓退了他生意上的合伙人，而且直接违反了他那爱好和平的天性。手术进行得十分成功，他感到极大的轻松，摆脱了先前的焦虑感和"孤立"感。在后来的分析治疗中，这病人十分合作，他告诉我，就在做手术的前一天，他做了一个梦，梦见鼻子已经过修整，但因此而变得更大更丑，形成一种"可怕的变形"。我告诉他，这使我怀疑他有一种罪疚感并企图寻求惩罚。他矢口否认。但时隔不久，当回忆导致他去做手术的一系列事件时，他透露出这样一个事实：他与一个犹太姑娘的爱情最近破裂了，现在开始和一个非犹太教的姑娘恋爱。他说，他确信他丝毫不因为自己是一个犹太人而感到不自在，他对犹太传统也没有任何忠诚。然而，就在他与这个异教姑娘相爱之后不久（这件事本身就可能是他竭力否认或磨灭其犹太精神的一种努力），他感到自己极其抑郁，正是在这种抑郁状态中，他才去找那位外科医生为他做手术。人们不难看出：尽管他自己的感觉完全相反，他内心却在犹太和非犹太问题上陷入严峻的冲突，并因为自己对这两个姑娘的所作所为而感到内疚。他意识到自己对她们俩都充满攻击性，因而竭力寻求惩罚，并通过惩罚获得释放。

这种与惩罚需要紧密关联的攻击性在另一个病人身上表现得特别明显。这人所做的多次手术均未能避免严重抑郁的反复发作，因此最后只得来做分析治疗。这病人因其母亲偏爱另一个儿子而受到挫折，因而对母亲产生极大的敌意并把全部感情转移到非常严厉的父亲身上。由于父亲十分专横，所以在青春期时，病人又把对父亲的爱转变为发泄和放纵其反抗心理，他无所不为，除正常男孩子会有的一切反抗行为外，他还以手淫、偷盗、异性爱实验等方式进行反抗。他所做的一切都富于攻击性，主要针对的是父母，特别是父亲。然而，其行为中最富攻击性的却是他对父亲的厚望报之以消极冷淡的态度——他成天游手好闲、一事无成。

像这样过了好几年自由放纵的生活后,有一天夜里,他从一个可怕的梦中惊醒,感觉到一切都已崩溃坍塌。他恐惧地想到他已经得了淋病,他的阴茎已经萎缩;他出现神经质的畏寒、出汗、持续的心悸、心律不齐,以及对突然暴毙的高度恐惧。他的父母立刻带他到好几个大城市找有名的心脏病专家和内科医生诊治。医生告诉他父母,他们的儿子病得很厉害,他的收缩压高达240,他必须戒酒、戒烟、禁色、停止工作、卧床休息,过一种清心寡欲的生活。然而照此办理的结果只是使他陷入严重的抑郁症。

然而,在做了一系列手术后,这种抑郁症状却不翼而飞。首先,他的阑尾被切除;第二年,本来打算切除甲状腺,但后来改为放射治疗;此后不久,他的扁桃体被摘除;两年之后,他又做了痔疮手术。与此同时,他的抑郁症被控制住了;但当手术停止后,他的抑郁症再次发作。

这个病例也说明了惩罚是如何重复罪恶的,即希望被阉割(做手术)的持续愿望伴随着一种受到强化的女性顺从倾向以及由此而来的性欲价值,这种倾向和价值反过来又被用来达到一种消极地进行攻击的目的。在上面引述的病例中,病人的无可奈何和自我惩罚的确比他对父亲的反抗更耗费父亲的金钱、时间,也更令父亲痛苦不堪。这种无可奈何、听天由命和自我惩罚既补偿了他先前的反叛,又被用来获得他非常渴望获得的父爱;此外,他还获得了向外科医生展露自己和屈从于外科医生的机会——所有这些都是这种惩罚的附带收获。

为了说明多次手术中所包含的攻击性因素,我将再次提到那个在十三年中做了十三次手术的女人。她做过的一个梦清楚地表明：攻击性和自我惩罚是如何混合在外科手术中的。她梦见一头可恶的母牛（她自己）口中衔着一把剑攻击身边的每一个人。它把一个人（分析师）追到一个门廊那里去躲避。它一次又一次地向这个门廊冲刺（象征每次的分析；我的办公室就在门廊边）。最后，它倒下去，倒在剑上（外科手术）被杀死。

她立刻把这母牛解释为她自己，把剑解释成她的利舌。就在做梦的这个时期，她一连许多天拼命地攻击分析师。她自己评论说，就是因为她的嘴说话太刻薄，才导致了她婚姻生活的不幸福。她经常以同样的方式攻击她丈夫。她爱上她丈夫是在她弟弟去世后不久。她曾经耐心细致地照顾和护理她弟弟，然而在小时候，她却对他怀有最强烈的嫉妒。当她初次认识她未来的丈夫（那个医生）时，她的感觉是："他能看穿我的五脏六腑。"这是她的自觉意识中想到的，而无意识中的想法则更为复杂——"他知道在我这种姐姐对弟弟的温情下面，隐藏着的是极大的嫉妒和憎恨。他将惩罚我，当然不会惩罚得太重，不会置我于死地——虽然我罪该万死。这种惩罚是要我痛苦地顺从，并且放弃某些东西。"

正因为如此，在结婚之前，她就要求她未来的丈夫给她做手术"治疗慢性阑尾炎"。后来又摘除扁桃体、动过一次腹部手术，再后来，在孩子出生以后，她做了一次妇产科修补手术，三年后，她又重做了一次。于是乎，她一个手术接一个手术地一直做了十三次。

精神分析表明：毫无疑问，她在童年时代对她的兄弟，特别是死去的那个弟弟怀有极大的嫉恨,从而她所做的这些手术,都是出于她的良心对她这种嫉妒和憎恨的惩罚。"倒在刀剑上"显然涉及她的多次手术瘾。这一命运之所以降临到她的头上,乃是因为她自己常常希望男人们被手术阉割。对她说来,每一次手术都阻止和避免了她无意识中深深惧怕的死亡判决。由于这一缘故,她希望做手术并且往往强调她手术中的痛苦十分轻微、她手术后恢复得极快、她在手术后感觉好多了等。实际的局部自我摧残之所以被选中,往往是为了避免想象中的整体毁灭。

二、自己给自己做手术

在这一整章中,我们假定顺从地接受外科手术乃是一种借助某个代理人以达到自我伤害的方式。然而有时候手术者和病人竟是同一个人——外科医生自己给自己做手术!几年前,报纸上曾连篇累牍地报道过一位著名的外科医生在五十九岁时给自己施行局部麻醉,切除了自己的阑尾;而在七十岁时又用了一小时三刻钟的时间给自己做了疝气手术。就在这次手术之后两天,他又去手术室协助一位同事给病人做了一次大手术。另一位美国外科医生奥尔登(AIden)也曾经自己给自己做过阑尾手术。

芝加哥的弗罗斯特(Frost)和盖伊(Guy)医生曾经搜集过大量自己给自己做手术的例子,其中也包括他们自己观察到的一例。他们使我们回忆起一位罗马尼亚外科医生和一位法国外科医生给自己做疝气手术的事,以及一位巴黎的外科医生施行局部麻醉给自己做右手手指手术的事情。巴黎的这位医生，后来不仅报告了自己的案例，还报告了另外两位外科医生自己给自己做手术的案例。此外，还有一位外科医生借助镜子给自己做手术，取出了膀胱里的结石。我的同事拜伦·希弗莱特（Byron Shifflet）医生曾对我讲过，他在宾夕法尼亚大学医学院学习时，有一个同班同学曾成功地自己摘除了自己的扁桃体。

为什么在有许多优秀的外科医生存在、他们的精湛技术和客观判断一定胜过自我手术者本人、整个社会风习都不讲究自己给自己做手术的今天，仍然有许多人自己给自己做手术呢？这一事实迫使我们想到无意识中一定有某些支配动机在起作用。遗憾的是，所有这些案例都不能被从精神分析的角度加以研究。

总　结

除了出于客观的、科学的理由而需要做的手术，以及偶尔会影响到某些外科医生的动机的那些手术之外，就病人而言，往往有一些受无意识支配的动机，使他希望通过某个代理人（即假手于医生）来达到局部自我摧残的目的。在其他自我摧残方式中可以发现的攻击、惩罚和性欲根源，在这里同样十分明显。如果说攻击性因素相对不那么明显的话，那么惩罚的因素则不然。遭受痛苦、向医生移情、扮演被动的女性角色、幻想生一个孩子、幻想有一个男性生殖器，所有这些都被快欲化而且往往发展得登峰造极。

因此，我们可以得出这样的结论：顺从地接受外科手术的内在冲动，乃是一种局部化的自我摧残，是一种局部自杀。其动机与自杀相似，不同之处在于：由于死亡本能未能完全占据上风，故能够以牺牲整体之一部分为代价而免于整个生命的死亡。它既不同于自杀，又不同于自我伤害。其不同之处在于，此时行动的责任已部分地转嫁给他人（医生），此外，它可以在更大的程度上享受和利用快欲化的机会和附带的现实利益。

第十四章
有意造成的事故

关于局部自我摧残的动机和手段，可以通过对某些"事故"的研究得到进一步的证实。而经过分析证明，这些"事故"实际上是有意造成的。"有意造成的事故"（purposive accident）这种说法是如此矛盾悖理，以致任何有科学头脑的人都很难接受，然而一般人在日常生活中却往往谈到有些事故是"有意无意地"造成的。

很可能正是基于这种直觉式的认识和领悟，人们才对某些"意外事故"（例如盐被泼洒、镜子被打破、结婚戒指丢失等）怀有一种迷信式的恐惧。这些恐惧已被"习俗化"，所以虽然有时被人郑重看待，人们却往往不能做出什么特殊的解释。据说古希腊哲学家芝诺（Zeno）在九十岁那年摔倒在地，跌断了大拇指。他把这一"意外事故"的内在意义看得十分严重，以致竟因此自杀了（由此我们可以猜测这一意外跌倒和意外受伤的无意识意义是什么）。

我们必须从中排除任何有意的欺骗，即所谓"伪造的事故"

（pretended accidents）。但除此之外仍然存在这种现象，即事故中显然没有自觉意识到的意向，然而却满足了某些潜在的目的和愿望。我记得在一次正式宴会上，我被安排坐在一个我有点讨厌的女人旁边。我完全掩饰和隐藏了我对她的厌恶，以免破坏整个宴会的气氛。我自信十分成功地做到了这一点，但就在这时，我不幸笨拙地将一杯水打翻在她漂亮的衣裙上。我显得十分狼狈和沮丧，因为我知道她懂得："事故不会意外发生，除非是你人为造成的。"（引用保险公司最近的广告标题。）

在许多这样的"意外事故"中，受害者往往不是他人而是自己。此时个人蒙受的损害表面上看似乎完全出于偶然，是外部因素造成的。然而在某些明显的例子中却可以发现，这是由受害者本人的一些特别的无意识倾向造成的。从而，我们不得不相信：这些事故，或者是死亡本能利用某些机会造成的，或者个体是出于这一目的而以某些极其隐晦的方式自己造成的。

这类病例屡见不鲜。在弗洛伊德最早的一些病例中曾经有过这样的例子。赫尔（K. Herr）从前是病人杜拉的恋人，后来却成为她咒骂和仇恨的对象。有一天，他和她在车辆拥塞的大街上对面相逢。面对这个给自己带来这样多痛苦、耻辱和失望的人，"仿佛是在困窘和难堪的心情中，他（赫尔）……竟让自己被一辆车撞倒"。在三十年前发表的这篇论文中，弗洛伊德指出，这是"研究间接的自杀企图的有趣案例"。

有意造成的事故的特点在于：此时自我（ego）拒绝接受和承担自我摧残、自我毁灭的责任。在有些例子中，我们可以看出自我是如何被另一种力量支配来完成这一行动的。保险公司往往把这归于一种想获得双重赔偿的愿望，然而即使事故是人为地故意伪造的，在这种行为后面，也绝不仅仅是这种善良的动机。在这里，我要再次重申：我现在讨论的仅仅是事故后面的无意识目的和动机。

当回想自己在大街上的危险或疏忽时，人们往往倾向于将这些危险归因于冲动、沉思、分心、不注意等。但如果有谁竟因为心中在想股票交易或新买的衣服，就对自己的生命安全丧失了兴趣，那么他就是对现实表现出一种自我毁灭式的冷淡和漠然。

至于说到冲动，人们可以专为这种征兆的灾难性后果写出厚厚的一本书。冲动毁灭了无数的事业、婚姻和生命。罗密欧与朱丽叶的悲剧戏剧性地揭示出冲动和仇恨是如何导致自我毁灭的。就在罗密欧认识朱丽叶之前，他的冲动刚刚使他失去自己所爱的人。尔后的冲动，先是导致他朋友的死，接着，由于他为朋友的死复仇，又导致他被流放。最后，如果他不是那么冲动地认为朱丽叶已经死了，不是那么轻率鲁莽地采取自杀行动，那么无论他还是朱丽叶，就都用不着自杀了。

就算人们承认冲动是心理不健全的征兆，人们仍然可能要问：仅仅因为这样，就能说冲动的目标在于自我毁灭吗？对这个问题，我只能回答说，经验表明，冲动的后果往往是自我毁灭；至于其起源，我们没有权利遽下结论。不过，有许多人都是因为冲动给他们造成严重的困境，才来做精神分析治疗的。我们确实知道，冲动来自一种难以控制并经过一定伪装的攻击性。这在有些人身上几乎是再明显不过的。这些人仿佛是要不择手段、不顾一切地达到自己的目的，用他们的话说，就是要"硬打进去"，而到头来却往往不得不放弃这一目标，或者将整个事情弄得一团糟。尽管他们往往声称自己的用意是很好的，但朋友们却把这视为一种装腔作势。从心理学和生理学的标准来考察爱情关系，这种不成熟往往会使得双方十分失望，而且往往会使人怀疑对方具有无意识的攻击意向。

从这些临床的观察和理论回到近年来关心公共福利的人所担心的交通事故上，我们已有大量统计数据足以证明某些人比一般人更容易出事故。大都会人寿保险公司在克利夫兰、俄亥俄州对电车驾驶员进行了一项调查，结果发现某一路段30%的驾驶员所出的事故，就占整个调查事故中的48%。国家安全中心对汽车驾驶员所出事故的调查，也发现了相同的情形。出过四次事故的人，其事故率比基于纯粹坏运气的事故平均率高十四倍，至于那些发生过七次事故的人，其事故率则比机遇率高九千倍。而且，那些多次肇事的人往往重复同样的肇事方式。国家安全中心公共安全部的工程师贝克尔最后得出这样的结论："机遇（运气）在所有的事故中只起很小的作用。"

汽车肇事往往发生在至少可发现某些潜意识意图的情况下。我们平时常说一个拼命开车的人是"他不要命了"。在精神分析治疗中，也能发现这种现象的证据。

病人们经常承认，他们曾幻想过自己"意外地"驾车冲下悬崖，从而使他人认为自己的死是出于事故。这种事也发生在例如迈克尔·阿伦（Michael Allen）的戏剧《绿帽子》中。人们只需想象一下，在致命的事故中有多少事故或多或少是出于一种自杀意向的。

这些事故有时是受无意识的自杀冲动支配的。例如，有一则剪报曾这样描述一起汽车肇事。在这次事故中，驾驶人本人并未睡着，但他身边的一个同伴睡着了。正当汽车以每小时五十五至六十五千米的速度前进时，这位同伴突然从梦中惊醒，夺过方向盘来猛烈旋转，造成汽车在路当中翻倒，驾驶员死亡。这个同伴事后解释说，他当时做了一个很逼真的梦，梦见汽车正笔直地向着电线桩撞去，他在惊慌失措中抢过方向盘，绕过了这根危险的电线杆。精神分析的经验使我们相信，这个梦必须联系电线杆、汽车、开车的象征意义来解释，它表明：此人对自己受到驾驶人的同性恋吸引十分恐惧，因而有一种想要逃避这种情势、惩罚自己和毁灭驾驶人的冲动。

造成死亡的事故与仅仅造成身体某部分残废的事故之间的区别何在？在这里我们仍可以假设：这是由于死亡本能未能全面参与并受到收买贿赂的缘故。这与我们所研究的局部自杀的其他方式是一样的。

这一推论从精神分析的证据中得到了可靠的支持。例如，一个病人曾有如下的经历：她一连好几个星期抱怨精神分析太花钱，抱怨她的丈夫吝啬、不答应她继续完成分析疗程，抱怨他在金钱问题上一向小气和卑鄙，而精神分析师又那么商人气，在收费问题上真可谓寸步不让，等等。事情逐渐变得很清楚，原来是她对自己的贪财和吝啬感到十分内疚，而自己拒不承认这一点。正因为这种内疚，她才不愿接受她十分憎恨的丈夫的钱，而宁可从精神分析师那里想办法。有一天，她到分析师这儿来做治疗，宣称她已从一个朋友那儿借到一笔钱，从而可以继续其分析治疗而不必依赖其丈夫的慷慨大方。但是她说她必须把付给分析师的钱降低一半，问分析师答不答应。当分析临近结束她做出这一建议的时候，精神分析师只简单地回答说，她自己不妨对这一建议进行一番分析。

告别精神分析师后，病人驱车回家，途中撞在另一辆汽车上，结果两辆车都严重损坏了。这一时期她所做过的梦、她的种种联想和细小的事故，均清楚地证明：这一事故系由于她想降低精神分析师的收费、从分析师那儿获得不义之财，以及她那种尖锐的内疚感和渴望惩罚自己的欲望造成的。她坦率地承认这是她的责任和过错，尽管她平时开车开得很好。这一惩罚同时又保证了她可以继续向医生讨价还价而不必有任何自觉意识到的良心不安。

不仅汽车驾驶员如此，徒步的行人也往往被一种想毁灭自己的愿望所支配。"行人粗心大意会杀死自己。"1936年5月14日，为杜绝交通事故，报纸上有这样一则通栏标题。"去年美国有将近七千人因横穿马路而丧生。他们总是急不可耐地横穿马路，因而走完了他们人生的'最后一程'……他们无视交通信号而横穿马路，闯过十字街头，在大街上玩耍，在高速公路上行走——所有这些即便不说他们违反了交通规则，至少也可以说他们直接违反了一般人的常识。"

按照国家安全中心的统计，实际情形比这更严重。"使用美国的大街和公路的行人，每年约有三十四万人次'遇到麻烦和危险'，这指的是每年人车相撞造成死伤的实际数字。"其中有一万六千人最后丧生。

我们敢肯定：这导致一万六千人死亡的事故，其中有一些乃是由受害者本人的过错导致的。我现在竭力要证明的就是：这些事故和过错不能仅仅解释为"粗心大意"。因为毕竟，对自己的生命粗心大意本身就值得研究。而按照我的看法，这种粗心大意作为一种征兆，与自我毁灭的冲动有着直接的联系。统计人员所说的"直接违反了常识"，如果不是指这种行为违反了人的自我保存的自然本能，还能指什么呢？

另一种不同类型的有意造成的事故，可以借用堪萨斯城的精神分析师哈林顿医生（Dr. G. Leonard Harrington）的病例来说明。一个二十一岁的少女曾患严重的恐惧症，以致直到十岁还不敢上学。在精神分析的过程中，她提到自己曾有赤身裸体的冲动和欲望，此后不久即想剃掉自己的阴毛。后来她又承认，在此前一天，她曾有过手淫行为。医生回忆起就在她说的那一天，她曾经用剃刀"意外地"割破了自己的手指。于是这里就有两组彼此关联的事件——被禁忌的性行为和受伤。

在另一病例中，一个随时随地要以一种戏剧性的方式发泄其对团体中其他成员的憎恨和敌意的人，突然有一天坚信自己得了淋病。在此之前，他曾对一个酷似他弟弟的人有过性攻击性行为。他把此人认同为他的弟弟，而他对自己的弟弟一直怀有同性恋情感和极大的憎恨。他对这件事有强烈的罪疚感并曾以各种方式惩罚自己。他变得悒郁不欢，毫无必要地花费大量金钱去看医生；他节食，限制自己去拜访任何朋友，以免自己的病传染给别人。此外，他还有过许许多多自我惩罚的幻想。他知道眼睛发生淋病感染的严重性，并由于自认为已经有脓进入自己的眼睛，马上就要双目失明，而一连好几天痛苦不堪。他过去很喜欢读书，现在却什么也不敢读。他不断地冲洗自己的眼睛，小心翼翼地保护眼睛，但仍然不断地担心自己的眼睛最终无法逃过瞎掉的命运。

一天傍晚，正当他坐在那里沉思的时候，他发现他房间的门关不严。他拿起一把刀，不采取任何保护措施就去削门。在这样做的时候，他"意外地"使一块木屑飞进他的眼睛，搞得他眼睛受伤，十分痛苦。

当然，这样一来，他更有理由小心翼翼地保护他的眼睛和更多地去看医生，更多地寻求别人的同情，更多地为自己的攻击性辩解。他自己也认识到这一切，并将这一切归结为有意造成的事故。这是与自我阉割相等同的自我伤害，因为我们已经知道：对眼睛的攻击和侵袭，以及与之相关的恐惧，均直接与阉割焦虑有关。

虽然每天新闻中报道的事故都是些不令人满意的材料，从中很难得出科学的结论，但在下面的场合，人们却不难从中看出某些含意。我曾在一年当中，不依靠剪报局的帮助就搜集到五例同样精彩的现象。某人设置了一个圈套，准备伏击另一个不认识的陌生人（通常是一个贼或强盗）。他用这陷阱来保护自己的家产，结果却忘了自己设下的机关，以致自己被杀死或伤害。现将这些剪报附在下面：

死于自己设下的机关——养火鸡的人在鸡舍门口装上火枪，自己却忘记了……

加利福尼亚康普顿12月8日电：由于火鸡经常在夜间被盗，五十九岁的E.M.M在鸡舍的门口安装了一支火枪，只要门一打开，连接在门和扳机上的绳子就会牵动扳机。

星期天早上，M先生匆忙地去喂鸡，忘记了自己设下的机关。枪开火时击中他的上腹部，他后来死在医院里。

——《托皮卡州报》，1931年12月9日

死在自己的防盗机关上——自然主义作家B.H.B博士开门时被枪射死……

宾夕法尼亚道依列斯城6月1日电：自然主义作家B.H.B博士昨天晚上被人发现死在自己家中，成了他自己设下的防盗机关的牺牲品。

B博士显然在星期五就已死去。他的右脚上有一处枪伤。他是在开壁橱的门时被他安装在里面的一支枪开火打死的。

——《托皮卡每日要闻》，1931年6月2日

死亡陷阱

在米德兰海滨，六十三岁的彼得船长在家中安装了一支双筒猎枪，枪口对准大门，一根绳子将扳机连接于门闩上。然后他离家外出，去兰德利弗旅行了一趟。当他归来时，忘记了自己设下的机关。他从大门进去，结果把自己的腿整个打断了。

——《时报》，1931年1月1日

走进自己的防盗陷阱

艾奥瓦德文坡特12月21日电：七十一岁的A. F.对偷鸡贼的多次登门深恶痛绝，因而在谷仓中安上了一支枪，只要门一开就会击发。但他自己忘记了这个机关，亲自去开谷仓门，结果被打伤了腿。

——《底特律自由新闻》，1931年12月21日

被自己的防盗枪打中

防盗陷阱的确恪尽职能，保护着这里的一家轮胎商店，以致公司里的一名职员C. L.竟因此而被送进医院，治疗屁股上的创伤。这是今晨他因公打开商店的门时，机关发挥作用打中的。据报道：L先生在开门时忘记了关上与防盗枪相连的开关。因此，当他开灯时，一支0.45的卡利伯尔手枪立即击发，打中了他的屁股。

——《欧文斯波洛信使报》，1933年5月14日

下面这个例子与防盗陷阱的例子有些相似。它同样是个人无意中使自己成为自己认定的敌人的受害者：

芝加哥的一位铁匠P. R.在他六十三岁生日那天夸口说：汽车绝不可能伤到他。今天，当他钉完最后一只马掌，关上店铺走上街头时，却突然被汽车撞倒，死于非命。

——《时报》，1931年11月9日

这些例子提供了有力的旁证，证明这些人由于其针对他人的无意识愿望而有杀死自己的潜在意向和需要。从精神分析学研究中我们知道：这些不认识的入侵者或掠夺者通常代表着设置陷阱的那个人无意识幻想中的某个人。

我最近对一个被控杀人的人做过检查。在这一病例中，不认识者（凶杀的受害者）的特殊意义生动形象地得到说明。凶手也根据下述情形被判决：当时病人（凶手）和两名同伴正驾驶汽车行驶在乡间公路上。他们将车停在一座车库旁准备做些修理工作。深夜，他们走上街头，看见一辆车停靠在栅栏旁，车上的人正在酣睡。此时，没有任何挑衅，甚至没有看清那人的脸，这个年轻人即举起枪来杀死了那熟睡的人。他表示服罪，并被判处终身监禁。这桩凶杀案发生于几年前，但直到今天，杀人犯本人仍不能解释他为何要这样做。然而对他的生活所做的调查都表明：尽管他本人并不知道，那个被杀死的人却代表着娶了病人姐姐的那个人。当然，这种认同作用是众所周知的，但一种神经症强迫行为竟能在犯罪的方向上走得如此之远，并且不需要任何文饰、任何自觉的认同或以精神病的方式发生，这种情形却属罕见。在这一例子中，陌生人在病人的无意识中被等同于那个闯入他和自己姐姐的快乐生活中的陌生人。

从新闻报道中还可以找到大量证据，涉及无意识中有目的的意外自杀，因为这些案例一旦成功，就不再适合于医疗研究。有时候这些自杀如此明显，例如，人们很难怀疑下述致命的自杀在一定程度上正是由于可怕的愤怒对自己的自我摧残。

乐极生悲

在纽约的布朗克斯，十四岁的罗丝·麦克姆得到了二十五美分，家人告诉她，她可以去看场电影。罗丝欣喜若狂，她跳起舞来，不断地欢呼！她昏昏欲睡的父亲托马斯·麦克姆命令她安静。但隔了一会儿她又高兴地欢呼起来。托马斯·麦克姆愤怒地从床上跳起来，不幸被绊了一跤，一头撞进一座中国式的大橱柜，被割断了喉管，撞碎了头骨，当场死于非命。

——《时报》，1931年2月9日

读这一段剪报的同时，应联系以下这篇更熟悉的例子。在这里，由愤怒而产生的自杀冲动是有意识的。

由于孩子的嘲笑，十一个孩子的父亲自杀身亡

五十二岁的J. G.昨天在一系列微不足道的烦恼事件后开枪打死了自己。他是一位稳健的工程师，能挣一笔可观的薪水养活自己和十一个孩子的家庭。昨天适逢他休息，他在家中忙于维修房屋。在去运材料的途中他轻微地撞坏了汽车，接着又发现买回的材料有问题。有一个孩子开始嘲笑他，可能正是这激怒了他，才促使他开枪自杀。

——《芝加哥预言者报》，1930年11月26日

这并不足以说明这些偶然事件中包含着无意识的目的。最重要的是要知道这究竟是什么样的目的。关于这种目的，我们只能根据

报纸的报道做出推论。然而在精神分析学研究过的案例中，我们却能够清楚地看见，这种偶然事件经常被用来惩罚那些有罪孽行为或罪孽愿望的人。在那些并不致命的案例中，这种惩罚不仅可以用来作为赎罪的代价，还可以用来作为一种特许，即允许个人继续沉溺于这种罪孽行为或罪孽幻想之中。这在上面引述的一个例子中十分明显。罪孽行为刺激了良心，良心遂向自我提出要求，要他付出代价。在有些情况下，这种代价是一种自我判决的死刑。但在另一些情况下，这种惩罚不像那么严厉，但奇怪的是仍然是很高的代价。这一点只能从心理经济学的角度来解释，因为我们已假定局部的自我摧残在一定意义上是一种救赎，它能保护自我以对抗强加给它的死刑惩罚。这种以部分代全体的奉献，不仅是为了赎过去的罪，也是为了寻求未来的保障。美国的政治家和诈骗犯深深懂得这一点，犹太人在宗教牺牲仪式中也深深懂得这一点。做非法生意的人往往要给该辖区的警察一点"塞嘴钱"或"保护费"，而警察为了维持这种贪污，也要从这笔钱中拿出一部分给他的上司……但有时整个系统也会崩溃，例如，如果做非法生意的人拒绝交付这笔代价，这时外在的法律力量就会行使职能，而非法的生意就会被迫关门。

在许多神经症患者身上，我们都能看见这种为了继续沉溺在被禁止的色情或攻击性倾向中而周期性付出代价的原则。抑郁症症状也往往有种种强迫性行为作为其前驱或因种种强迫性技巧而迁延。这一原则特别容易在那些被我们描述为"神经症性格"的病人身上辨认出来。正像我们看见的那样，在这些人身上，攻击性易于成为行动而不是幻想，与病人关系密切的人都深知这一点。人们甚至可以怀疑,同样的心理机制也在那些以不可思议的周期性成为连续不断的灾难性事件牺牲品的人身上发挥作用。

下面这个例子见于1934年3月19日的《时报》。据报道说,此人曾三次遭雷击,被活埋在煤矿井下过,又被炮弹炸上天。失去了一只手臂和一只眼睛,后来又被活埋在两吨重的泥土下。"此后,他曾从十米高的悬崖上坠下,尔后又从马背上坠下,被马从铁丝网上拖过。他曾从高速滑行的雪车上摔下,跌破了头骨。他八十岁那年两次患肺炎而痊愈,八十一岁那年因中风而卧床,八十二岁时被一辆马车从身上碾过,八十三岁时被一辆汽车从身上碾过,同年他又在冰上滑倒摔断了股骨!"

我们不可能指望有机会对这位经历了一连串意外事故的八十三岁老人做精神分析研究,但是凭借我们已经研究过的病例以及从这些病例中获得的原则,我们可以推断,此人人格中必定有某些无意识的心理内容迫使他不断地与死神抗争,虽然每次都成为胜利者,但也付出了高昂的代价。

我从前的一位病人曾经历二十四次大灾难,包括无意中毒死其孩子和三次在同一地点发生车祸,每一次他的车都彻底毁坏。他连续地撞坏过十一辆汽车。我们完全可以发现,他的罪疚感部分来自他希望杀死其家庭中某些成员的可怕的无意识愿望。

对这种不断地醉心于偶然的、意外的自我毁灭的行为,我不知道该如何命名。但新闻报道的撰稿人却喜欢把这些"命运"的牺牲品称为"命途多舛的斗士"。每个人都知道这种人,他们老是被迫陷入麻烦的困境,其原因并非像上面讨论过的神经症性格那样是由于其自身行为的复杂矛盾性,而是由于某些现实的冲突,而这些冲突似乎是偶然的。他们的生活简直是一连串不幸的事件,是命运的不断的打击。很难说这些人中有多少是不自觉地选择了这条艰难的人生旅程,但是人们心中总是会暗暗怀疑,在有些人身上,这种命运实际上的确出于无意识的选择。

这种精神现象的例子更易从每天的报纸上获得而不易从临床实践中获得,因为这些人通常并不认为自己对自己遭遇的不幸有任何责任,所以不会到医院来,成为精神分析研究的对象。下面是从报纸上摘选下来的一些典型例证:

彼得再次愚弄了命运

五岁的命运艰难的斗士再次从意外事故中活下来

英吉利布兰克本8月30日电:五岁的P. L再次从意外事故中活下来。

昨天晚上,他在被马踢伤面部后送进医院。早些时候他曾被一匹马从身上踏过并被一辆自行车从身上碾过。后来他又从寝室的窗户上跌下,造成肩关节脱位。最近他爬上一座磨坊的屋顶,不停地向一群惊慌失措的人挥舞帽子,直到从屋顶上滑落坠下。然而他抓住了房檐,被人救了下来。

昨天夜里,他平生第二次跌进很深的水渠,差一点被淹死。

——《托皮卡每日要闻》,1929年8月30日

另一个例子如下:

南科达他州苏福尔斯11月20日电：苏福尔斯的旅行家E. P. L. 有权要求获得意外事件受害者的世界冠军头衔。在他生下来仅十一天的时候，他就从摇篮中跌出来摔断了左臂。

四岁那年，他从马背上跌下来摔断了右臂。六岁的时候，他用斧头劈一根木桩，结果把右脚砍得露出了骨头。一年以后，一头牛撞得他半死，他的一只手臂、四条肋骨、髋骨和双腿都断了。

此后有几年免疫期。他在十岁时加入了一个马戏团。他的一个节目是越过三头大象跃入一张大网。有一次失手，跌断了他早已伤痕累累的左腿。

他最精彩的一次意外事故是在1906年，当时他在一辆货运列车上做刹车工人，当他在飞驰的车厢顶上跑来跑去的时候，不慎从车顶上滑落下来掉到铁轨中间。三十七节车厢从他身上碾过，但一辆也没有伤到他，直到守车开过来，他的衣服才被轮子挂住，被拖了五千米。他的左臂被轧断，九个脚趾受重伤，头骨破碎，身体左半部被压扁。但他却活了下来。

到1925年又发生了另一起严重的意外事故。当时他乘坐旅客列车，在甬道上被绊倒，跌断了脊椎骨，造成短期的瘫痪。康复以后，他又去乘汽车，汽车从约十四米高的堤岸上冲入河中，他险些被淹死在河里。

今年他再次在一辆普尔门式卧铺车厢的甬道中摔倒，摔坏了脊椎，扭伤了两只脚的踝骨。此后他患了猩红热，在医院里住了六个星期。在恢复期，他又患了风湿热，一连十九周卧床休息。

在此之后的意外事故是在旅行营帐里的一次煤气炉爆炸。他被火焰吞没，幸而得到朋友们的及时救助才没有被烧死。

尽管经历了许多意外事故，他仍然活得十分快活。

他说："你只有充分品尝生活的苦难，才能充分享受生活的甜美。"

——《托皮卡每日要闻》，1927年11月21日

从我们的理论看，这些反复发生的意外事故是十分有趣的。尽管它们发生的次数可能比我们知道的还多，但是这些极端的例子只能被视为特殊的甚至是奇怪的。

在过去的岁月里，所有的事故都被一视同仁地看待，即仅仅被看作"纯粹的事故"，它们是不幸的、偶发的、奇怪的，除了极少数以外，大都是不太重要的。今天，这种态度正遭到许多组织和个人的激烈反对。在这些人看来，美国每年有十万人在事故中丧生，这一事实只能再一次惊人地表明：不能用那种漫不经心的态度去对待这些事故。国家安全局统计，每年因事故而死亡、受伤的人和损坏的车辆，其经济损失达三十五亿美元。许多人如果知道，每天死于事故的人数超过死于任何一种疾病（心脏病除外）的人数而名列美国人死亡的第三大原因，一定会大吃一惊。在三岁到二十岁期间，因事故丧生的人数超过因任何疾病丧生的人数；而在

三岁到四十岁期间，一个人很可能死于某种事故而非死于任何其他原因。

在美国，每五分钟就有一个人死于意外事故，与此同时，另有一百人在事故中受伤。令人心惊的是，就在你阅读这段文字的期间，或许就有好几人死于非命，好几百人受伤致残，这还仅仅是指在我们国家内。

这些统计数字应该唤起我们对问题严重性的注意。人们正制定许多计划以减少工业、交通、农业和家庭中的事故危险。但在我看来，所有这些计划和工作似乎均未能充分估计到隐藏在许多所谓"事故"后面的看不见的自我毁灭因素。

总结

作为结论，我们可以说尽管在报纸杂志上时常可以发现有意造成的意外事故和习惯性地成为"命运"受害者的最富于戏剧性的例证，但要对它们做出精确的理解却需要更为详细的资料。然而，根据精神分析学对这种类型的案例所做的研究，我们似乎可以确信：在这些事故中存在着的其他形式的自我毁灭（无论是极端形式的自杀，还是局部的自我摧残、强迫性地屈服于外科手术或装病）中，也同样存在着为我们所熟悉的那些动机——包括攻击性因素、惩罚的因素、赎罪的因素，并以死亡作为其偶尔的、例外的结果。尔后的观察使我们进一步猜测到：牺牲的原则也在这里发挥作用，从而使个人在某种意义上宁可屈服于事故的可能性。在这些事故中，他至少还有死里逃生的机会，而不必去面对那虽然仅仅是从良心或想象中威胁他但他却无比恐惧的毁灭。以这种方式，他成功地使毁灭冲动得到部分的中和和冲淡。与此同时，人们对因事故而导致的死亡和受伤这个异常重要的问题的兴趣也与日俱增，但是迄今为止还没有什么这方面的研究成果。

第十五章
性无能与性冷淡

对无意识精神生活所做的科学探索，其结果之一乃是认识到某种无需向孩子、野蛮人、动物和那些单纯诚实的自然人指出的事实，这就是性器官和性生活对于一个人所具有的重要性。现在看来令人觉得奇怪的是：当弗洛伊德指出这一明显的事实并指出文明社会据以虚伪地掩饰和否认这一事实的方式时，居然遭到来自各方面的咒骂和攻击，但这些咒骂和攻击仅仅表明了攻击者的无知、虚伪和神经质。直到今天，人们仍然能够发现这种一度流行的假正经的遗迹。

且拿一般人对于性器官的功能性缺陷和功能性损害（即性无能和性冷淡）的态度来说吧。在某些权威看来，这两种疾病是如此广泛流行，甚至被视为"文明人"普遍具有的病态，被视为文明发展不可避免的牺牲和代价。即便如此，科学界至今仍把它作为一种禁忌，那就只能雄辩地证明它仍然属于保守的维多利亚时代（甚至更早）了。至今，谈论这种事情仍无异于标榜自己是江湖术士或肉欲主义者。例如：一本权威的医学教科书就仅仅三次提到性无能，而在任何地方都只字未提性冷淡；与此相反，在谈论行走障碍时，仅索引就占据了整整一页版面！

近来各种各样的书店里倒是充斥着用心良苦、编写完善的有关性的书籍，其中许多甚至不厌其烦地讲到像淋病和梅毒一类严重的广泛流行的疾病。但是，性无能和性冷淡比上述疾病更加流行和广泛，而且，从病人的角度来看也更加严重。

性无能作为一种暂时的症状几乎是一种人们普遍有过的经验，尽管人们往往不承认。而习惯性的性无能，无论是局部的还是彻底的，则远远多于人们甚至医生们所知道和设想的。一些人因此而不断地感到羞辱或压抑，另一些人则以一种明哲的态度把它视为一种费解却无药可救的事情。还有一些人则根本未能意识到自己的实际情形。许多人相信自己完全具有性能力，而且也能以正确的方式进行性行为，并使其妻子得到完全的满足。然而他们从中得到的实际只是极少的快感和乐趣。而这种乐趣的缺乏正是一种未被认识到的性无能。这种心理上的性无能的另一种表现形式是在性交完成之后的一种悔恨感和失落感。我记得有一个病人虽然自己坚持要性交，但在性交完毕后总是要痛苦地责备他的妻子，说她不该允许他这样做，并声称他将整天心神恍惚、筋疲力尽，可能会着凉、感冒，智力也会被削弱。还有一种形式的性无能也往往未能被人认识到，那就是过早地达到高潮。

从心理学的角度看，女性的性冷淡相当于男性的性无能，这一点或许并非那么不言而喻。显然，在一般人看来，它们根本不是一回事。性无能往往被认为是偶然的、例外的，而性冷淡却被认为是经常的、不那么严重的。人们曾进行过多次调查以统计女性性冷淡的发生率，却没有人想到过对男人进行这种调查。这当中一部分原因是男性的性无能往往采取更微妙的表现形式，但是我认为更主要的原因还是人们对女性性压抑的默认和赞同。实际上，许多男人和女人都不知道：女性往往也能体验到自觉的性欲。

如果人们相信医生的临床经验和统计调查的数字，就应认识到，大多数女性的共同特点乃是：对性生活完全不感兴趣，仅仅是"为了自己的丈夫"才忍受着性交行为，她们从中没有任何感觉，无论是痛感还是快感。这些女性往往对性表现出某种理智上的兴趣，甚至可能阅读过这方面的书籍，但一般说来也正像她们的男性伴侣一样，绝不去请教医生，绝不与朋友或邻居讨论这类问题。整个问题就像一本关闭的书，人们总是尽可能地不提及它。

在这方面与上一组人形成鲜明对照的是另一些女性，她们在性行为中曾有过模糊的或间断的快感，甚至在长期的间隔后还偶尔达到过高潮。这些女人往往真诚地关心自己的痛苦并竭尽全力变得正常。她们大量阅读这方面的书籍，并向朋友、邻居、医生甚至江湖术士请教，还进行各种各样的试验。我记得有一位男性和他的妻子双方都因女方的性冷淡而无比痛苦，甚至尝试让丈夫的一位朋友与妻子同居，以看看是否会"有所不同"。很可能，在婚姻关系中，女方的许多不忠实行为即部分地起源于这种动机。

无论在男性身上还是女性身上，这种状况往往会得到多种多样的解释。偶尔也会发现一些构造上的、"器质性的"生理变化，人们于是便将原因归之于这种变化；于是便无数次地进行在我看来毫无道理的手术。也有人以性腺的理论来解释这种状况，并且配合这种理论设计出与之相适应的治疗方法。以上方法偶尔也会收到治疗效果。但同样的事实是：催眠术和蛇油也偶尔能收到成功的治疗效果。无论如何，有句老话虽然陈腐却十分有必要用在这里，这就是：偶尔的治愈效果也不能证明什么。

所有这些构造学和化学变化的理论都是正确的，但并非唯一的真理。它们只部分地符合事实，却忽略了其中的心理因素。生理因素的确起了作用，化学因素也确实起了作用，但心理因素同样起了作用。在我看来，特别是在这种疾病中，心理因素更值得考虑、更易于改变、更易收到治疗效果。正因为如此，我才选择这种综合征来揭示精神在肉体疾患中所起的作用。这一点，我们将在下一节中予以充分的讨论。

我们可以把这种功能上的障碍看作一种抑制，一种消极的症候，一种正常性行为、正常性快感的丧失或摧残。其功能上的性质相当于实际的自我阉割（我们此前已讨论过自我阉割的动机），此时性器官虽未被真正地阉割，却仿佛并不存在一样地被闲置和废弃。正像自我阉割乃是一切自我摧残的原型一样，性无能也是一切功能性抑制的原型。在这一意义上，我们不妨说它是癔症的最初的模式和体现。癔症的根本特征就在于以牺牲功能来代替牺牲器官本身。

当我们说一种症状在起源上属于癔症症状的时候，我们的意思是说该症状起源于以限制一种器官的功能来满足人格中某些无意识的目标和意向。我们知道：有机体的一切器官功能都旨在实现个体的愿望和本能欲求而无视敌对的、冷漠的外在环境。生理学家业已证明：当面临危险或威胁、我们渴望奋起反抗时，身体就会自动地做好一切准备。此时，血液从皮肤转移到肌肉，糖原被大量地投入使用，肾上腺素和凝血酶原也因生理防卫的需要而大量被释放出来。所有这些都是机体自动完成的，其目的在于实现战斗的愿望，而这些愿望本身却很难被意识到。

这些防卫反应常常涉及更为复杂的机制。例如，一个在战壕中的士兵患了"弹震休克症"（shell-shock），他因恐惧而瘫痪，双腿自然地拒绝将他带到更危险的战场上去。这种延伸出来的自卫反应并不能明辨利害，而且不像一般的自卫反应那样能够自动地进行自我调节。因此，此人的双腿同样拒绝把他送到别的地方，甚至是更为安全的地方。这样我们就认识到：这种防御反应虽然也满足了某种愿望，却侵犯了人格中的其他愿望——正因为如此，我们才把它说成一种症状。在一定意义上，症状总是具有破坏性的，因而当它这样发生的时候，我们完全可以把它说成自我毁灭机制的产物。即便这种导致冲突和症候形成的主导"愿望"或主导冲动是自我保存的冲动或"愿望"，情形也是如此。那个士兵牺牲了他的双腿的用途以便拯救他的生命——自我保存作用胜利了，却付出了较小的自我毁灭的代价。

这一解释本身即意味着冲突是无意识的。自觉意识到的愿望可以被理性地处置——无论是使之获得满足还是索性予以否认，其结局总能被接受；而无意识的愿望（包括我们希望逃避的恐惧）却只能以无意识的、自动的方式被处置，它常常表现为症状和抑制，而且往往对于整个人格说来是非理性的和不恰当的。在这些症状和抑制后面，常常隐伏着无意识的愿望和冲突。

性无能与性冷淡完全可以与弹震休克所导致的癔症瘫痪相比较。因此，我们必须反躬自问：在正常的性行为中，究竟有什么样的恐惧和危险，从而使得许多人宁可自愿放弃（自我毁灭）性行为的能力和乐趣呢？在这些人的无意识中究竟隐藏着什么样的巨大的和非理性的恐惧，竟使得他们采取了这种自动的防御反应而无视其强大的与之相反的愿望呢？我们深信要弄清这一点是极其困难的，因为性器官与性功能能激起最大的骄傲和羞耻，因而总是被人深深地遮掩着。

临床医生的第一个想法可能与他的女病人告诉他的想法一样。一个病人说："我很想纵情放任自己，但我害怕怀孕。"或者，她会说她害怕受到丈夫的伤害。男病人也这样说——他们之所以在妻子面前阳痿是害怕自己会伤害妻子，而之所以在其他女人前面阳痿则是因为害怕患性病。

但我们不应过分拘泥于这些自觉意识到的恐惧。当然，这些恐惧也可能有一定的真实性，但也仅仅是部分的真实性。事实上，有许多方法可以防止疼痛，有许多方法可以防止性病，也有许多方法可以避免怀孕。我们从经验中知道，这些自觉意识到的恐惧不过是种种"遁词"而已。在此下面，隐藏着强有力的无意识恐惧，这些恐惧来自不同的源头。在此之前，在分析殉道、受难、多次外科手术和自我摧残时，我们已接触过这些恐惧，但现在我们要在一种特殊的情境中，在一种最基本的心理情境中，对这些恐惧做发生学的研究。

一、对惩罚的恐惧

无意识恐惧最强有力的一大成分是恐惧预先想象到的惩罚。正常的成人能区分什么是社会确实要惩罚的事情，什么是儿童时代误以为要遭受惩罚的行为。许多人至今仍然把性视为邪恶的行为，因而认为它必然会受到惩罚。

一个男人在与一个女人结婚后，如果他无意识中把她视为母亲的翻版（母亲在他童年时代曾成功地抑制了他的性行为），他自然就不可能充分克服这种恐惧而让自己的身体充分发挥其本能欲望。在一只脚上静坐达二十年之久的印度教徒，由于他自己相信这是他的宗教职责，因而即使是火烧眉毛或悬赏千金，他也不会站起来拔腿飞跑。

人的整个一生都不知不觉地受童年时代的态度支配。在正常人身上，这种不幸的童年时代的误解会被尔后的经验所纠正，但许多人做不到这一点，这并非由于智能的低下。良心的反应是在早期生活中形成的，尔后的经验所能改变的只是极小的部分。因此，无论有还是没有自觉意识到的恐惧，在许多人的无意识中都存在着与自觉意识到的恐惧全然无关的对于惩罚的恐惧。一旦自我受到一度与惩罚性痛苦联系在一起的诱惑的威胁时，这种对惩罚的恐惧就会被大大激发起来。与此同时，这种对快感的压抑和禁止，本身即构成一种惩罚。

人的无意识可以动用各种各样的方式来避免这种恐惧,并使这种受禁止的性欲成为心理上可以接受的事实。我记得有一位女性不能与丈夫共享性交的乐趣,因为每当这种时候,她父亲严厉的、反感的表情就会出现在她眼前。这个女性和她的丈夫后来终于发现,如果丈夫事先假装愤怒地揍她一顿,事后她就能正常地享受性交的乐趣。我认为这显然是由于这女人也有许多儿童都有的那种感觉,即认为惩罚能够抵消一切。因此,通过遭受她自己认为她应该遭受的惩罚,她就可以驱散她父亲阴郁的面孔而沉溺于父亲不赞成的性行为中。

男人的情形也是一样。的确,这种对于惩罚的需要确能解释妇产科或泌尿科医生对性器官所做的痛苦治疗何以有时能够奏效,尽管事实上性无能和性冷淡极少有(如果不说绝对没有)生理构造上的病变。

对惩罚的恐惧是如何转变为对惩罚的渴望的呢?对此我必须重复上面说过的话:癔症(而性无能和性冷淡乃是癔症的典型的和原始的形态)可以定义为这样一种状况,即一种器官的功能在这种状态下被放弃或受到限制,其目的在于阻止预先想象到的该器官的损害或切除。说得更通俗一点就是:癔症状态下的器官渴望较轻的惩罚以避免更重的惩罚。

二、攻击性成分

在这种对于惩罚的恐惧后面,也许隐藏着的仅仅是童年时代的误解和错误的联想。但是临床经验业已表明：这些误解和联想往往与一些并非天真无邪的成分混合在一起。在性无能和性冷淡背后，男人和女人都有一种共同的恐惧（有时候是自觉意识到的，但更常见的却是无意识的），这就是恐惧伤害性伴侣或被性伴侣所伤害。这种恐惧泄露出虐待狂的狂想。我们知道：许多被视为爱的行为，其背后都隐藏着深深的未被意识到的恨，这种恨不但否弃了一个人自觉寻求的性满足，而且通过这种自我否弃，使个体表现出攻击性——对对方的仇恨、拒绝、轻蔑。这种情形在早泄中尤其明显，此时男性不仅使女性遭到挫折，而且实际上弄脏了她的身体，就像生气的婴儿尿湿他的保姆一样。

为什么男人会仇恨他自认为他热爱着的女人呢？通常有三大理由。

这种无意识仇恨的一个最常见的理由是渴望报复。这种报复心可能来源于近期发生的事，也可能来源于很久以前在他人身上发生的事。许多人一生都在企图把自己童年时代的感受发泄到某人身上。人们自然会想到唐·璜①这个浪荡公子，他在童年时代被自己的母亲遗弃，此后毕生都以他母亲对待他的方式来对待其他女人，先让她们爱上他，然后再无情地抛弃她们。

一个事业上非常成功的男病人，由于周期性的抑郁症而接受精神分析治疗。在治疗过程中治疗师发现，他对他夫人表现出某种

---

① 唐·璜（Don Juan）：西班牙传说中的一个花花公子，曾多次诱惑女性，始乱终弃。莫里哀、拜伦、普希金均以其为主人公创作过戏剧、长诗、诗剧。——译注

性无能。他经常用温柔和爱抚唤起他夫人的性欲，紧接着却不是自己失去了全部兴趣就是发生早泄。在分析过程中可以清楚地看见，他这样做的目的是为了挫伤他的夫人，而他也确实做得十分成功。他夫人直觉地觉察到他这种"半途而废"的行为中所蕴藏的敌意，所以每当这种时候总是变得歇斯底里、心神恍惚、痛苦不堪，甚至一边哭闹一边用拳头捶他。而这又总是使他无比悔恨无比抑郁。此人童年时代在一个由非常能干和精力充沛的母亲管辖下的家庭中长大。母亲对俱乐部和社交生活比对自己的孩子更感兴趣。这病人是家中的长子，而且很可能是母亲事先并不想要却意外怀孕生下的孩子，他的出生打断了他母亲已经开始着手并在他出生后好几年一直为之献身的一项计划，所以一生下他，他母亲便把看护他的责任完全交给了保姆。在分析过程中，他十分动情地回忆起他当时对母亲的遗弃感到如何的痛苦和憎恨，并如何以凶猛的哭闹和发脾气来表示抗议。当他因此而受到惩罚的时候，他变得更加怀恨在心。他从小受到母亲的挫伤，因此终生怀着对她进行报复的愿望。

　　无意识仇恨的另一理由（特别是在女性身上）不是渴望为自己报仇而是为了替自己的母亲报仇。早在儿童时代，他们就认为自己的母亲在遭受父亲的摧残，而一旦他们懂得一些两性之事，又立刻认为这是一种残酷的暴力和亵渎。许多女人显然赞成自己女儿有这种印象，以此使女儿站在自己父亲的对立面，并趁机警告她们应该防备和警惕所有的男人。这种女人自认为自己是在保护女儿，但是我们知道她们也是在向丈夫复仇。由于这些缘故，女儿长大后也决心用同样的方法向男人们复仇。她把这种复仇隐藏在爱的面具后面，但或迟或早她的丈夫总会感觉到这一点。

仇恨的第三个原因是嫉妒。在无意识中，男人总是嫉妒女人而女人也总是嫉妒男人，其程度远远超过一般人的想象。关于这一点，我们在前面的章节中已经做过反复的讨论。充当正常的、消极被动的女性角色，对某些女性说来似乎是一种难以忍受的屈辱。由于这种嫉妒和仇恨的存在，一个女人除性冷淡外别无他法。另一方面，有些男人也往往嫉妒女人，不仅嫉妒她们受保护的地位和她们的社会特权，而且更重要的是嫉妒她们生育孩子的能力。这种对自身生物性角色的拒斥，在某些男人身上可以以发展某种创造性而得到补偿；但在另一些人身上，却往往表现为直接的或稍加掩饰的女性嫉妒或女性仇恨。

我记得有这样一位事业成功、很有名望而且显然十分正常的病人，他因为一种症状而在许多能干的医生手中进行过长期的治疗。他的症状是：每当额外的家庭责任落到他肩上的时候，他就会产生可怕的焦虑。在这些责任中最主要的是他妻子渴望生几个孩子。理智上他完全赞同妻子的愿望，然而只要一考虑这个计划，他就会痛苦不堪，以致竟辞去自己的职务。而在某些医生看来他已濒临精神完全崩溃的边缘。另一个与之相似的例子是举国皆知的金融界著名人物。尽管他是金融界的巨擘，但在自己家中却是一个可怜虫。他的妻子曾恳求他给她一个孩子，但这一前景却使他如此不寒而栗，以致尽管自己有强烈的性欲和极大的情感冲突，却不得不一连几个月地中断与她的性关系以避免冒任何"风险"。最后的冲突竟如此尖锐，以致他妻子主动与他离婚。此后他娶了另一个女人，这女人后来因他而怀孕，但不等孩子生下来，他自己就一命呜呼了！

三、彼此冲突的爱

但是恐惧与仇恨并非产生性无能与性冷淡的唯一原因。人的性欲也可以被彼此冲突的性欲对象所抑制而降低其性能量。说得简单一点，一个男子可能因爱上别的女人而不自知，因而在自己妻子面前性无能。这个被爱的女人也许早已死去，也许曾是童年时代的一个偶像。例如有这样一个男人，他之所以老是不能爱他的妻子，乃是因为他寸步离不开自己的母亲。许多男人尽管已经结婚，但在无意识中却仍然深深地依恋着自己的母亲，因而只能像孩子对母亲那样，给自己的妻子以一种孩子气的爱。这种男人不能真正地、像自己妻子所渴望的那样，把妻子当作妻子、当作自己的性伴侣——当然，这得假定妻子本身是正常的。人们往往发现这种离不开母亲的男人会爱上那些喜欢扮演母亲角色的女人。这种结合也许令他们双方相当满意，但不能被看作正常的性结合。许多这样的婚姻会中途触礁。

在许多女人的生活中也会发生同样的固定作用（fixation）。少女也许会深深地爱上自己的父亲，以致不可能接受丈夫的性行为。她可以与他亲密相处、相敬相爱，但不管她怎样巧妙地愚弄了他，甚至不管她怎样巧妙地愚弄了自己，她都不可能欺骗自己的无意识。她的肉体不可能对爱的境遇做出反应，因为她所有被压抑的情感均把这视为对自己真正的"初恋"的不忠。

此外还有一种彼此冲突的爱。这种爱虽然不像对父母或兄弟姊妹的固恋那样容易被人发现，却同样是经常发生的。我们知道，儿童在把对父母的爱转移到家庭之外的其他人身上的过程中要经历一个喜爱同性儿童的阶段。这一个体发展的同性恋阶段在正常人此后的生活中完全被压抑或仅仅升华为构成友谊关系的基础。然而在许多人身上，或者由于量的过剩，或者因为它曾以某种方式受到培养，这种同性恋因素并未消失。于是这种人便始终无意识地强烈依恋于同性恋对象，甚至当他在自觉意识中认为自己是正常的异性恋者之时也是如此。事实上，恰恰是这些无意识中具有同性恋倾向的人，才像列坡瑞洛[1]那样拿着名单到处宣扬自己异性恋的能力，好像要竭力否认自己无意识中隐隐觉察到的秘密一样。

最后还有一种冲突的爱，这种爱比任何一种爱都更有力也更盛行，这就是对自己的爱。我们不应忘记：所有的对象爱（他恋）——对丈夫、妻子、朋友、邻人、兄弟、姐妹、父母的爱——都源于自恋。我们所有人都最爱自己——首先是爱自己，最后还是爱自己。然而在正常人身上，经验却使他能够看到：把对自己的爱投出一部分去爱他人是有好处的；但也有许多人并不这样做，这一过程在他们身上受到抑制。由于种种原因（有时是缺乏自信心，有时是怕他人反感，有时是过去痛苦的经历，有时是错误的教育），这一过程未能实现。对这些人来说，与他人建立真诚的深挚的关系是不可能的，除非它能建立在满足自己自恋需要的基础上而不是建

---

[1] 列坡瑞洛：唐·璜的随从。在莫扎特的歌剧《唐·璜》中，列坡瑞洛在他著名的咏叹调中列举了被他主人勾引过的许多女人的名字。——译注

立在消耗自己自恋的基础上。这种人也会恋爱，但他爱的是与他相同的人，是谄媚奉承他的人。这些人能够满足他的虚荣心，能够以不断的情感营养来维持他的自信心。如果一个人像这样爱他自己，他就不可能去扮演一个施爱于人的角色。他只能永远充当爱的接受者，就像小孩子的自恋总是从母亲的关心中得到滋养一样。

在性行为中，这种人有时也极其能干，特别是当他们的虚荣心受到恭维，他们自我万能的感觉被激发起来的时候更是如此。但这并非真正的性强健，这种人或迟或早总要遇到灾难。他们往往为自己的性器官感到骄傲自豪。的确，如果说他们喜欢手淫胜过喜欢性交，这句话一般不会有什么错误。因此他们的性交往往不过是阴道内的手淫而已，而这的确已经是一种性无能，并且或迟或早终将显现出来。

在性问题上的拘泥作风和道学倾向，给性无能和性冷淡的治疗蒙上了迷雾：一方面，无数人罹患这种疾病而不知道有任何有效的治疗方法；另一方面，又使许多人无端地成了江湖郎中或庸医的摇钱树。此外还有许多人不得不接受那些虽然心怀善意却开错处方的医生的治疗。这些医生把所有的性无能和性冷淡均归因于物理的或化学的因素，并采用相应的方法来进行治疗。正像克鲁克香克在别的场合所说的那样，这就像是一名医生看见一位妇女在流泪，就把这命名为"阵发性流泪"，并建议用颠茄和收敛剂滴眼，限制水分摄入，吃无盐饮食，避免过多的性交和烟、酒、茶；一旦所有这些治疗措施均无效，就只有动手术切除泪腺。

尽管如此，这种治疗方法的暗示价值或惩罚价值，有时倒真能促成良好的结果。但我相信，更多的时候这种方法是完全徒劳无益的。合理的治疗办法应该是使病人意识到并进而抛弃那暗中作祟的无意识影响。但那些故意低估性无能与性冷淡的严重性的人，实际上不可能接受精神分析学提出的这一值得郑重考虑的重大治疗计划。他们也许是过于骄傲，不愿承认自己的失败，也许是不愿面对事实，不愿对自己的整个性格做全面的修正。他们宁可把性无能和性冷淡孤立地看作一种微不足道的症状加以治疗，就仿佛这仅仅是一种不便而不是一个有重要意义的线索一样。

总结

对性功能和性快感的抑制似乎是另一种形式的功能性局部自杀，它是响应解决无意识中情感冲突的内在动机而产生的。这些冲突来源于对惩罚的恐惧、对报复的恐惧、对无意识仇恨所导致的后果的恐惧，再加上由于目标的冲突而导致的性行为中能量投注的不足。此外还有这样一种倾向，即为了获得无意识中"倒错"的性满足而放弃其正常的生物性性别角色。但这些恰恰是我们先前在其他种类的自我毁灭中发现的那些动机，即攻击动机、自我惩罚的动机、性欲倒错和性欲不足等。

因此我们不妨说：性无能和性冷淡（即放弃正常的性器官快感）乃是一种局部的自我毁灭。就其实际上涉及性器官这个特征而言，它也不妨被称为"器质性"自杀，但是这并非这个词的通常含义。我们通常所说的"器质性"，乃是指某一器官所发生的结构变化。

但是问题的关键正在这里。许多性无能病例确有某些结构即"器质"方面的变化。这些变化究竟是原因还是结果呢？无论是哪种情形，它们都确实关联着自我毁灭的动机，而且事实上标志着毁灭和破坏。

这就使我们不得不考虑最后一个问题——结构上的器质性损害，以及能够被人发现的自我毁灭动机。这将构成下一部分的内容。

第五部分

器质性自杀

第十六章
医学中的整体观

迄今为止，我们已经考察过一般的人格压抑和直接或间接发生的局部自戕。从逻辑上讲，从这些（一般化的或局部化的）以外在手段导致的自我摧残，到那些构成日常医疗对象（无论是一般的还是局部的）的内源性破坏过程，只不过是一步之遥。如果深深隐藏的无意识动机可以导致挖出眼珠、割掉耳朵的冲动，难道它就不可能在疾病中以种种生理学机制去危害眼睛与耳朵吗？既然我们已经看到，许多人都有用饥饿、鞭打来折磨和否弃自己的冲动，以便使自己虽生犹死，难道我们就不能怀疑，例如在肺结核中，真正在背后捣鬼的绝不仅仅是结核杆菌（众所周知，这种臭名昭著的杆菌传播广泛、生存力弱，容易在那些不能适应生活的人身上繁殖作祟）吗？我们已经看见，有些人是如何热衷于动手术割掉自己的一个又一个器官的，而在这种牺牲自己器官的冲动后面又是如何隐藏着表面上似乎是为了自我保存、实际上却是为了自我毁灭的无意识动机的。那么，难道我们就不应该追问，这种局部化了的自我毁灭冲动是从何时孕育、何时开始的吗？显然，即使按生理学或病理学的标准，这些手术也并非全都是"不必要"的。那么我们难道就不能想象，这种手术作为自愿的牺牲，在进行性的自我毁灭过程中并非仅仅是突发的吗？

这些质问很容易在医生和门外汉中激起坚决的抵制和否认。奇怪的是，这种抵制和否认的原因之一竟是神学上的。几千年来，器官的"错误行为"一直被视为独立于"意志"之外的医学问题，因而被排除在教会和国家的权力之外。然而人的四肢的"错误行为"却不被这样看待。身体的这些部分有受意志支配的神经传导和横纹肌，因而被排除在科学豁免权之外。所以，一个人肝脏或心脏的"错误行为"归医生处理，而他的手脚的"错误行为"则应由法官和牧师处理（后来也交给精神病医生处理）。只是在很久以后，医学和科学才将后一种行为中的一部分从"过于人性"的典狱官手中夺过来。的确，这一点直到现在仍未被普通人知道。一般人在感情上仍然不能理解：犯罪乃是对某种刺激、某种能力的完全合乎逻辑、合乎因果关系的预定反应（predetemined reacstion）。

尽管如此，当前的趋势却指向这样的观念。传统的从道德和法律角度看待行为的方法已逐渐被精神病学的科学方法所取代。无疑，在许多人心目中，精神病学仍然局限在治疗精神病的范围内，但是在与这些"疯子"打交道的过程中，精神病医生却发现他们比那些传统化和习俗化了的一般病人和社会研究对象更容易理解，而且也不那么扑朔迷离。精神病学最后竟走得如此之远，以致竟运用自己的一套理论和方法来研究一般的、传统意义上的病人。当然，由于实际的成果尚少，我们现在不过刚刚有了一个开端而已。但这个开端是一个良好的开端。

由于自中世纪以来，统治着人们思想的一直是精神与物质、心灵与肉体的二元论（而这也确有或似乎有某些实际的好处），所以像自杀这种病理行为至今仍未被视为一个医学问题。国家和教会对待自杀的态度要比医学对待自杀的态度清楚和明确得多。在广泛讨论人们赖以实现自我毁灭的种种方法时，我们不能将自己局限在动用手脚上的方法上；我们还必须考虑同样的动机赖以表现的其他方式，而这就直接把我们引向精神病学和医学的领域。每个人都有他毁灭自己的方式。有些人的方式比别人更方便，有些人的方式比别人更经过意识的考虑。但也许，器质性疾病也是一种方式。

这种观念并不与解剖学、生理学中的事实相冲突。多年来，这一理论一直被一些细心的、勇敢的医学界人士所采用，其中著名的有欧洲的格罗代克（Georg Groddeck）和我国的S.E.杰利斐（Smith Ely Jellife）。我们知道：人格中深邃而执着的渴望（这在神经学中被称为"内源性刺激"），会以种种方式传达到器官和肌肉。这种传达可以是化学的，也可以是物理的，也就是说，可以通过荷尔蒙，也可以通过神经纤维。神经传导可以经由随意的神经系统和不随意的神经系统进行，这两种系统内都包含着刺激的纤维和抑制的纤维。因此，从理论上完全可以说：来自自我毁灭的冲动可以由植物性神经系统传送到平滑肌系统去执行，正像它也可以由随意的神经系统传送到横纹肌系统去执行一样。于是，这就会导致上面假设的那种器官损伤。

这种由内源性原因导致器官损伤的确切性质，正是心因性肉体疾病的关键所在。所有的医生都知道并且承认：瘫痪、震颤、肿胀、疼痛、抽筋以及其他"功能性"症候，可以出现在身体的任何部位，并直接与心理因素有关。这些症候用专业术语讲就是所谓癔症。但人们公认这些症候是可以逆转的现象，也就是说，它们并不涉及身体构造上的改变。这种器官的损伤（或"自我摧残"）乃是一种功能上的损伤。例如，所有医生都熟悉一种癔症性失明。此时病人什么也看不见，但对病人眼睛所做的检查却发现不了任何可见的构造变化或病理变化。在这种情况下，遭到损害的并非眼睛，而是视力（但往往是暂时的）。不过在实际工作中，这种区分往往并不准确有效。火药在受潮后，即使其构造并没有发生变化，它仍然遭到了破坏。然而，许多医生认为这种功能损害完全不同于器质性疾病的构造上的病变，并且与后者全然无关。

但以下三种事实却不容我们如此轻而易举地满足于这种假设：

（1）这些"癔症"损伤有时会成为慢性的，并发生构造上的改变。

（2）实际上，肉眼可见的组织损伤和病变可以而且业已由暗示（即仅仅通过观念）产生出来。

（3）同样的动机可以被证明既存在于癔症中，又存在于器质性疾病中。对人格的研究往往表明，器质性疾病仅仅是整个人格疾病的一部分，并且似乎具有毁灭自我的明确目标。甚至可能发生这样的情况，即器质性疾病和功能性疾病同时存在，两者共同服务于同一种需要，或随着自我毁灭冲动的时起时伏而以一种疾病代替另一种疾病。

以上三个事实粉碎了心物、心身分离的美妙幻想。这种幻想在一般群众和医学界中长期流行。凭借它，医生们可以感觉到一种责任上的轻松和宽慰，哪怕一种症候明显地表明它有其心理上的根源。医生们喜欢这样想：人的自我保存本能绝不会容忍对他的伤害；无论病人"疯狂"的心灵可能会做出些什么，其"健全"的肉体完全可以去纠正、重建和抵抗不良环境和心理因素的侵害。医生们总是认为：病人来求他帮助，是因为他们遭到厄运、细菌或其他入侵者的骚扰，而病人本人乃是一心一意地与这些入侵者战斗，竭力要保持其肉体的完整。这些医生闭目无视这样的事实，即病人与之战斗的敌人，有时并非来自外部而是来自病人的内部，是病人自己身上的一部分。与这敌人进行战斗的责任本应由医生负起，而这敌人往往竭尽全力来反抗医生的努力。不错，细菌的侵入、腐败的食品或命运的艰厄的确也是造成这些损伤的原因，但我们往往可以观察到：这些伤害是病人自己找来、自己邀请来的。

前面所说的这些可能会使人做出这样的推论，即作者企图否认外部现实在人类疾病中所起的作用。但事情并非如此。我的目的毋宁说是要人们注意：人们在估计自己疾病的时候，往往容易忘记或忽略人的无意识动机。我们知道，那些在表面上看似乎是意外事故的事情，实际上往往出于受害者的明确意愿。人们应该记住，甚至像国家安全委员会这种非心理学的组织①也常常想弄清楚究竟是否有所谓的"意外事故"。事实上,不幸是人选择的,痛苦是人选择的,惩罚是人选择的,疾病也是人选择的。当然并非所有的人、所有的疾病都是人选择的,但确实存在着这样一种倾向。这种倾向常常未受到医学科学的考虑,并且隐藏在一些似是而非的不正确或不充分的解释下面。

我们不妨拿疖子这种典型的局部器质性损害为例。作为医生,我们所受的教育总是驱使我们从物理和化学的方面去考虑这种疾病。因而如果有一个病人脖子上长了疖子来找我们诊治,我们总是会根据我们以往所受的教育来考虑问题。我们会想到细菌群,想到种种复杂机制,想到血糖的浓度,想到免疫力和抵抗力的化学性参与,想到白细胞、抗体、血液中的氢离子浓度,想到皮肤的肿胀、发热、疼痛,以及什么时候用什么方法去穿刺让脓流出来最好,等等。但我敢说,我们绝不会去考虑这个脖子上长疖的人的情感、愿望、失望、挫折。我敢说没有任何人会认真地相信存在着一种"疮疖心理学"或造成疮疖的情绪因素。但我这里有一个具体的病例表明:这种情形是完全可能的。我曾治疗过一位十分聪颖的已婚少妇,她因为自己不能很好地对待丈夫的无数亲戚而感到十分痛苦。她以极大的努力来向他们掩饰自己的情感,但结果显然只能是将他们在她身上激起的敌意反过来加在自己身上。三年前,有一

---

① 国家安全委员会(National Safety Council)是负责公民人身安全的组织,不同于1947年成立的国家安全委员会(National Security Council)。后者是由总统出任主席,负责国家安全的情报机构。——译注

次她丈夫的母亲来拜访她的时候,她突然急性发作可怕的疮疖,所有的治疗都宣告无效。但一当她婆婆离开她,这些疮疖便立刻痊愈消失。此后,同样的情形发生了好几次。"无论什么时候,只要丈夫的亲戚上我们家来,我就立刻会长疖子!"在她前来向我求教之前不久,正当她丈夫的母亲准备来她家住几天的时候,她突然"神经崩溃"并伴有严重的坐骨神经痛,一直持续了两个半月。

这些现象究竟意味着什么?人们可以对它不屑一顾,也可以说它并不意味着什么,但这不过是一种逃避而已。人们也可以说我们不知道它究竟意味着什么,而这似乎可以被称为科学上的不可知论,但这也不能阻止我们去尝试发现它的内在意义。当然,人们也可以把这种现象解释为纯粹的巧合或装病,但考虑到它的频繁发生,上述解释也很难站得住脚。

当然,我并不是说疮疖往往是由婆婆刺激引起的。我的意思是说,无论在医学文献中还是在我们的日常经验中,我们都能频繁地看见,生理疾病往往意味深长地与一些牵涉到情感的事件和处境密切相关:速记员脸上的皮疹,每当她十分厌恶的老板外出度假时就立刻消失无踪;某大学生的头痛总是在上同一个要求严格的老师的课时发生;某律师只要坐在他年长的前辈左侧,他的右臂就会爆发难以忍受的疼痛;不愿参加音乐会的钢琴家总是在每一次安排好的音乐会前手心大量出汗,而在其他时候却没有这种情况。一个细心观察的医生,根据自己的经验可以开出一长串这样的记录。只不过因为疮疖看得见摸得着,所以我才选用了这个例子。

这能算是癔症吗？按传统的术语，所谓癔症，即意味着这并非"真正的"疮疖，意味着这些疮疖是以某种隐秘的方式由无意识产生出来的，它们的形状和疼痛都具有夸张的性质。但问题在于：它们仍然是"疮疖"，仍然是一种"损伤"，仍然发挥着它的作用。那么，把它们称为"癔症性"疮疖又有什么好处呢？

在对自我摧残自我伤害的研究中，我们发现这些攻击自己的无意识动机往往建立在这些因素上：（1）对周围环境中某人或某物的憎恨和敌意——这些憎恨和敌意（不这样就）难以宣泄和表现出来；（2）由这种敌意所产生的罪疚感，以及由这罪疚感所唤起的自我惩罚冲动；（3）以一种受虐狂的方式忍受痛苦，并将这痛苦爱欲化。当然，除此之外也有附带的自觉动机。

现在我们就可以用这种解释来说明上面那个长疖子的病例。我们完全有理由猜测：这位女性的敌对情绪（其起源是不难理解的）既不可能通过行动也不可能通过言语获得充分满意的发泄和表达，因而只能转向她自己，并经由某些未知的生理机制而表现为器质性疾病。正像在其他病例中那样，它也同时服务于上述三重目的。它表达了她的仇恨；它惩罚了这位善良的妇女（因为她表现了她引以为耻的敌意），同时为她提供了她不如此即难以得到的自我关注的正当理由；最后，它还可以有外在的附带收获，即打消了她如此害怕见到的人的来访。

在我看来，这种解释在因果关系和治疗学上的意义均比仅仅分析导致感染的葡萄球菌的种类要完整和真实得多，尽管它也并不完全排斥后者。我并不是在这里倡导"心因说"。的确，如果不是出于实用的便利而去倡导心因说，那将是完全错误的，正像把疾病发生的原因仅仅局限在物理和化学因素上也是完全错误的一样。人的自我毁灭的倾向和自我保存的倾向（无论这些倾向是心理的、物理的还是化学的过程）仿佛是在机体内进行着一场持续的战斗，这场战斗既反映在心理体验、心理感觉上，也反映在我们知之略多的生理构造中。我并不断言心理过程永远是"原发"过程。我不过是说：它给我们提供了机会，使我们能够去发现和以语言解释人格中物理、化学、情绪和行为表现（或许确如弗洛伊德所提示的那样，所有生物性现象）的目标所在。

这些无意识的自我毁灭倾向似乎有时以自觉自愿的方式显现，有时则以无意识的方式去攻击身体的某一部分或某一内部器官。有时候两者则结成联盟。我们很难有机会来证明这两者之间的关系。在实际工作中，这与大多数病例并无多大关系，但在理论上，这却是留给精神分析学的一项任务或机会，这就是：去个别地辨认和分析导致肉体疾病的情绪因素。很可能，未来的医学教科书对导致每一种生理疾病的外部环境因素和内在情绪因素的重要性会有系统的研究，而这只有在内科医生和精神科医生长期精诚合作、共同研究的基础上才能实现。当然，这种合作，现在正日益增多。无论这种合作能否证实所谓器质性疾病在动机和事实方面确实代表着一种自我毁灭，它也至少可以促进这样一种观念的广泛传播，这就是：人乃是物理、化学、精神和社会诸因素造成的结果。

现在我们最好还是将自己限制在我们的主题范围内，即假定器质性疾病中暗藏的自我毁灭倾向有着心理学的表征，这些表征有时是可以被发现的。我们可以先回到其他已经考察过的自我毁灭方式上，借以考察某些器质性疾病，看看其中是否存在（或不存在）同样的构成成分——攻击性、罪疚感、快欲倾向。

第十七章
器质性疾病中的心理因素

一、自我惩罚的成分

几千年来，人们一直相信：疾病是上帝对人所造罪孽的一种惩罚。也许，我们今天的科学在将它作为迷信加以排斥的时候已经走得太远了一点。我们知道，每个人都创造并服从他自己的神祇，每个人都在执行对自己的惩罚和判决。要说器质性疾病可能包含着这种自我惩罚，也许不会招致什么反对。但一般的假定是这只限于人们用这种方式来受苦；如果说这种自我惩罚的目的已成为病源，进而导致疾病的选择和发生，可能就很少有人会表示赞同了。

然而，在对器质性疾病的研究中，人们却往往惊讶于个人身上的自我惩罚的需要是多么强而有力，有时竟在疾病暴发之前就已明显地显示出来。人们会发现，有些人是多么需要每天定量地给自己以惩罚和痛苦，而一旦不能以一种惯用的方式做到这一点，他们又是如何急不可耐地要以另一种方式来代替它。有时候，一种外在的受难会被一种内在的受难——一种器质性疾病——所取代，有时候，一种器质性疾病又会被另一种器质性疾病所取代。

狄更斯的《小杜丽》（Little Dorrit）很好地表现了作家本人对这一问题的直觉。克伦南姆夫人以昔日的错误行为导致杜丽先生长期被监禁在债务拘留所里，而现在她自己却成了一个无望的病人，甚至不能起床出门。"他（杜丽先生）脑海里迅速闪过一种念头：在我在这里的长期囚禁和她在自己家中的长期囚禁中，她是否已找到了一种平衡呢？'我承认我使这人被拘禁，但我也遭受了同样的痛苦。他在监狱中霉烂，我也在自己家中霉烂。我已经付出了代价。'"

这些观察使我们产生这样的怀疑（尽管尚未被证明）：这种对于惩罚的需要，这种渴望惩罚自己的强迫性冲动，乃是无意识中隐藏在器质性疾病症状表现后面的关键因素之一。让我们再考察几个临床病例。

一位五十五岁的男病人，十年来一直处于高血压中。在写这份病例报告的前一年，他渐渐变得不能与人交往、焦虑和轻度抑郁。在这种状况下，尽管他得到了很好的治疗，他的血压（高压）仍缓慢地上升和停留在230毫米汞柱。有一天，他向自己的医生承认，由于他在许多数额较小的金钱问题上长期"疏忽"，他现在很后悔自己不能生活得"更道德些"。（事实上，他一直在道德上谨小慎微,正像他的医生所说的那样,他是"不正常的老实"。例如,他的习惯是,每当从放现金的抽屉中拿出一张邮票时,就要相应地放两分钱进去。)这种日益严重的抑郁最后发展到企图自杀。幸好护士十分敏捷机警,才避免了这种暴力和血腥的行为。此后他又做了多次未遂的尝试。

在这里,我们已接触到一种主要受暴君式良心支配的难以忍受又难以和解的自我毁灭冲动。其心理学的一面表现为良心过分敏感,从而先导致罪疚感和自责感,尔后又导致抑郁,最后导致公开的自毁行为。从生理学的方面看,我们接触到的是一种恐惧反应,表现为血压的升高,以及可想而知的心脏和肾脏的病变。换句话说,这个人是在同时企图以两种方式自杀——机械的方式和生理的方式。这两种自杀技巧可能如出一辙,都发源于他那"过度肥大"或甚至不妨说是发生了"癌变"的良心。由于对这一特殊病例所知的细节甚少,所以我们只能提供一种假设的解释,但我们知道这种解释已被运用于许多类似的情形。难以忍受的挫折导致难以忍受的憎恨。这种憎恨,由于缺乏正当的理由和机会、缺乏向外宣泄的心理途径而受到压抑并指向内部。在一段时间内,它固然可以在自我的管辖下被吸收,然而其最终的结果是其同化力越来越大。说得简单一点就是:不能指向外界或不能通过外部机会得到满足的自我毁灭冲动,势必会反映在自己身上。在有的情况下它会表现为持续的焦虑,而这种焦虑最后终将导致毁灭的结局,而这种结局又是个人事先就能预感到并产生恐惧感的。

我弟弟[①]和我曾报告过一例病例，这一病例很好地揭示出自我惩罚成分所具有的力量。这是一个六十一岁的男病人，在我们看来，他的器质性心脏病与他的心理状况有着确定的关系。四年来，他一直有严重的胸部疼痛，并常常放射到两臂甚至手腕，且疼痛时伴随着大量的出汗。他曾经看过许多医生，所有这些医生都有一致的看法，那就是：他的病的确很严重，需要好好休息。此后他又开始发作剧烈的头痛。他生活得相当安静。在他来找我们诊治之前，有一年半光景他已完全放弃工作并遵循严格的作息时间表：早上在床上进早餐，餐后卧床休息到中午，然后穿衣起床进午餐，午餐后休息几小时，然后司机开车，驱车外出几千米兜风，然后又回到家里卧床休息。尽管如此，他却抱怨说他睡眠很差，而且从未感觉好一点。

检查结果表明：他患有动脉硬化症，并且影响到脑血管和心脏血管。

与心脏病发作同时或稍早些，病人曾隐隐感到心神不安，每当和他人在一起就觉得不舒服、不自在，夜里经常做梦（梦中往事多涉及过去的老同事）。多年来他一直为严重的便秘而痛苦并伴有种种其他的"结肠"症状。在病人来找我们就诊的时候，他的精神症状已经很明显的是初期妄想性精神病。他向医生承认他曾经有手淫的习惯，并说他相信全城的人都知道他有这种习惯并一直在议论他。他常常做色情的梦。在梦中，一个男性的同床者常常是他求爱

[①] 卡尔·门林格尔的弟弟威廉·门林格尔也是精神病学家和精神分析学家。——译注

的对象，而此人则因为他的求爱而惩戒他。

在生活中，病人是一个小城中的商人。他是一个年过半百的单身汉。他以往的全部经历（包括喜欢嫖妓、喜欢旅馆中的男伴、对女性缺乏持久的兴趣等）均表明他无意识中有强烈的同性恋倾向。在此之前，他一直成功地抗拒了这种倾向，但近来他却表现出过分喜欢家中男性仆人的倾向。尽管他从未有过公开的同性恋史，但隐隐意识到这种倾向无疑导致了他这种表现为疾病症状的恐惧心理。每当他获准进入精神疗养院，他所有的症状立刻大为减轻。当然，在这里，他有对抗种种诱惑的保障。他的妄想倾向完全消逝了。不过有充分的迹象表明，他的冠状动脉硬化病在解剖学上讲仍很严重，但令人惊奇的是他的心脏状况却显示出功能上的好转。任何时候，只要他一想到回家，他的症状就会变得严重。显然，除了疗养院的日常治疗外，病人因远离那些刺激其同性恋倾向的影响而获益匪浅。由于他对医生产生的那种可以接受的移情，他不再需要惩罚自己，他因反抗同性恋倾向而产生的妄想和疑病症也大为减轻。

病人症状的改善是无可置疑的事实，尽管我们还难以估计疾病中心理因素的分量。当然，老年人易患的身体和内脏疾病完全有可能作为最初的创伤打破了完整封闭的心理体系，并在其中发挥确定的作用且显得越来越精致微妙。但是，与失调的性生活相联系的罪疚感所产生的强有力的影响也是显而易见的。

对性习俗的亵渎和冒犯特别容易使人产生明显的罪疚感，无怪乎生殖泌尿器官的器质性疾病往往直接起因于这种亵渎和冒犯。我曾观察到好几起这样的病例，并做过详细的报告。的确，我凭自己的观察而深信：即便是性病，有时候也是由于受害者自己的邀请而受到传染的，不仅是由于自己行为的不检点，而且由于以某种未知的微妙方式限制了组织的抵抗力。

眼睛的疾患往往可以追溯到无意识中强烈的罪疚感，而只要我们还记得，眼睛是除性器官之外与性生活关系最密切、最容易被等同于性行为的器官，我们就更容易理解这一点。在童年时代看见某些不许看的事情，在儿童心灵中几乎就同实际做了这种事一样严重。确实，存在着这样一种性欲倒错，这种性欲倒错所追求的满足仅限于去看某些被禁止去看的事物，通常是裸体女性或夫妻同房。精神分析把这种性异常解释为好奇而遭到挫折的儿童的那种未得到满足的渴望的继续。如果确实如此，我们就有了很好的证据来说明：这种倾向是普遍的，因而由于犯禁的幻想而导致频繁的眼疾（惩罚）也就不足以使我们感到惊奇。

眼科医生通常都不深入调查隐藏在眼病后面的情绪因素，而对于许多带有眼部症状前来请教精神病医生的病人，我们往往又难以分门别类地对他们做充分的研究。一位英国眼科医生曾就许多眼科"疾病"的根本性质坦率地表示：

> 我一次又一次地发现，头痛，眼痛，不能调节焦点专心致志地读书、缝纫或做其他精巧的工作，往往开始于情绪紧张的时候。奇怪的是病人从未意识到这一点，而每当真相被揭开后又总是感到惊讶。

但我对我曾经治疗过的一位少女印象极深。她当时二十四岁，在以前的十二年中，她除了走遍美国的各大城市求教于一个又一个眼科专家外，几乎就没有别的事情可做。所有的学业、社交和其他活动都中断和取消了，这一方面是由于她眼睛的状况而受到禁止，另一方面则是由于她忙于去看医生。任何时候，只要她试图使用眼睛，就立刻出现疼痛症状。她甚至有这样的感觉，仿佛她的眼球就要从眼窝中掉出来似的。她求教过的许多专家曾主张运动、锻炼、滴眼药和其他治疗，但也有一些专家告诉她，这种状况主要是心理的。

结果证明确实如此。疾病的急性发作是在她刚刚听到她弟弟在世界大战中战死的消息时发生的。早在儿童时代，她就对这个弟弟十分嫉妒。事实上这嫉妒是如此强烈，以致她竟幻想杀死或阉割他。现在，他的死一下子唤起并使她意识到因这种想法而产生的罪孽感。

在这一病例中，阴茎羡嫉似乎起源于她曾有过的偷看行为。她想看看她的弟弟是否与她有所不同，因此在夜里趁他睡着的时候到他的床上去偷看。这种罪疚感不仅与对弟弟的嫉妒有关，也与偷看有关。

在这以后，我又看过许多眼睛有问题的病人，其性质大都相同，即都有与眼睛相关的焦虑，并由此导致不同程度的视觉障碍和继发的物理变化，如充血、水肿、疼痛、肌无力等。在人的无意识中，那种将眼睛象征性地认同于生殖器的倾向，更增强了人利用眼睛来替换性地完成与性罪孽有关的自我惩罚行为。

在我看来，功能性的眼部疾病完全可以导致更严重的器质性眼病，但在这方面，我们缺乏大量的临床证据。不过，格罗代克报告过这样一个病例，这个毫无疑问属于器质性眼病的病例，生动地表明了其中包含的自我惩罚因素。

他（病人）是在远离文明的一个山村里长大的，从未进过学校，童年时代过着牧童生活，只是后来离开家庭以后才学会看书写字。十四岁那年，他跟村里一位鞋匠学制鞋，从早到晚一直默默地坐着干这工作，只有在师傅与过路人谈话的时候才有所分心。在常来鞋店的人当中有一个盲人，村民们都管他叫亵渎上帝的人。他们的无知使他们深信：他是因为不去教堂而受上帝惩罚才看不见的。

这个盲人给这个少年留下了难忘的印象。不久之后，他放弃了制鞋，开始过流浪生活。因为他正患视网膜出血，医生警告他必须另谋一个不那么使用眼力的工作。多年以后，他来找我医治，此时他眼睛的状况越来越糟，眼科医生告诉他已经没有什么办法好想了。此时持续的视网膜出血又重新开始，就在他来找我的当天，眼科医生又发现了新的出血点。他告诉我：秋天是对他的出血症最不利的时候，并且他在秋天总是十分抑郁，就像现在（十月）这样。当我问他，他自己如何解释在十月容易出血这件事时，他回答说这可能与自然界中万物的死亡有关。落叶使他悲伤，很可能正是这个原因使他的眼睛变得更脆弱。此外他还说出出血的另一理由：他的小女儿在游戏时曾打中过他的眼睛。此时我的联想恐怕太大胆了一些，我告诉他：虽然秋天和他的视网膜出血之间一定有某种联系，但这并不是由于自然界中万物的死亡，因为十月的巴登（地名）并不给人以死亡的印象，相反，它充满光辉的、燃烧的生命。我问病人在十月里有没有出过什么严重的事情，他说没有。我不相信，要求他随便说出一个数来，他说"八"。我便问他，他八岁那年有没有发生过什么事情，他再次予以否认。就在这时，我突然想起他曾告诉我那个盲人如何被村民们说成渎神的人。于是，我问他，他有没有亵渎过上帝。他大笑着说，他一度非常虔诚，但那是在童年；现在，他已好多年不再拿上帝和教堂这种事来麻烦自己了；这些东西不过是用来骗骗一般人的。说到这里，他突然口齿不清、面色苍白，倒在椅子上不省人事。

当他清醒过来后，他伏在我肩上哭着说："医生，你说对了，我是亵渎上帝的人，正像我对你讲过的那个盲人一样。这件事我从来没有告诉过任何人，甚至在忏悔时也未说起过。现在，当我回想起这件事的时候，我发现这是不能忍受的事情。你说对了，是在秋天，是在我八岁的那年，那是在我的家乡，那里的人们严格地信奉着天主教，所以在村与村之间都立有木制的十字架。有一次我们——我的兄弟、我，以及其他几个男孩——向十字架扔石头。我真不幸，一下子打中了十字架上耶稣的像，它掉在地上被摔成了碎片。这就是我一生中最可怕的一桩往事。"

当他稍微安静下来后，我告诉他，我不能把他今天的出血与他女儿的打击联系起来看,他必须再想想前一天的事情并随便说出一个钟点。他说出"五点钟"。我便问他是否记得他当时在哪里,他回答说他记得十分清楚,因为五点钟他正在一个车站乘上电车。我要他再去那个车站。当他回来时,他兴奋地告诉我,恰好就在那个车站的对面,有一个耶稣受难的十字架。

我向他解释:我们可以把每一种疾病都看作防范更坏的命运的一个手段。因此,我们不能不设想这视网膜出血的发生是为了避免看见某种东西而痛苦——在这里,病人的视网膜出血乃是为了不致因看见十字架而回忆起自己的渎神行为。

这种暗示是否正确都无关紧要。我自己完全明白,这并非对疾病的完整解释。在治疗中重要的是医生的做法是否正确,全部问题在于:病人必须借助这种做法来恢复健康。我要说的是:病人确实得益于我的这一观察。因为在此后的两年中,他一直没有发生过出血,尽管他甚至放弃了室外工作而开始定居下来过需要经常写字的生活。两年后,他又重新发作过一次出血,此事经证明与看见退役军人佩戴的铁十字勋章有关。出血被吸收以后,十三年来,他再没有发生过任何出血。尽管他现在是一位书店老板,比一般人更需要经常使用自己的眼睛。

在其他医学领域里也可以找到类似的例证。例如,在有关甲状腺肿大的医学报告中,就可以找到自我惩罚动机导致疾病的最富戏剧性的说明。甲状腺是"情绪"心理机制中的一部分。甲状腺肿大往往是（即使不永远是）由不寻常的情绪刺激或情绪紧张诱发的。这一点，早已是普遍为人们所接受的医学事实。诱发疾病的情绪的特殊性质，在对甲状腺肿大进行紧急而实用的手术治疗过程中往往被人们忽视，但这在我们此刻的研究中极其重要。

我曾经说过：对惩罚的恐惧（以及对惩罚的渴望）在许多病人身上十分明显。安亚伯市的纽伯格医生和坎普医生（Dr. Newburgh and Dr. Camp）报告过一例病例，这是一个患严重甲状腺肿（甲状腺功能亢进）和其他内分泌疾病的三十二岁的妇女。对病人的研究表明：疾病的发展是在她看护她生病的母亲那段时间。她逐渐产生这样一种强迫观念，老是认为自己做了什么促成母亲死去的事情。几个月后，就在她这种罪疚感越来越严重的时候，她的母亲真的死了。此后，病人在很长一段时间内一直被焦虑所笼罩。这种焦虑（以及甲状腺肿大）在治疗后有所好转，但在遇到另一件涉及道德问题的事情时又再次复发。经过心理治疗后，她恢复了健康。她在与医生的私人通信中说，一年之后她仍然十分健康。

爱默生也报告过几例他从心理学角度研究过的甲状腺肿大病例，他的发现与我们的课题有着明显的相似之处。例如有一个妇女在度过了放荡的青春时光后嫁给了一位道德高尚的人。此人由于听她说起并发现她以前的种种罪过之后，为了惩罚她而开枪杀死了自己（当着她的面）。在此事件之后的四个星期，她那典型的甲状腺功能亢进病（包括甲状腺肿大）迅速发展并达到最高峰。

另一个病例是一位二十二岁的男子，他在被任命为工头，负责一项重要的建筑工作后不久，立刻出现典型的甲状腺功能亢进症状。害怕自己刚得到第一次机会就不能干得漂亮的恐惧心理,似乎诱发了紧跟在任命之后的甲状腺病。此外,病人承认,当他在南方干这工作的时候,他曾与一位少女订婚,但不久即发生争吵。争吵时她假装自杀,吞下一些药片,当着他的面惨叫一声跌倒在地上。病人很快就离开了南方,直到后来才知道那姑娘的自杀是伪装的。

第三个病例是一位二十二岁的美国妇女。她的甲状腺肿得很大,眼球突出,烦躁不安,手足震颤,说话很快,明显消瘦。她新近嫁给了一个年龄比她大得多的男人。据旁人所知,她们相处得很好,直到她入院的前几天才发生意外。那时她听见一声尖叫后冲出房门,恰好看见她丈夫开枪打死了他的两个兄弟。她是唯一的目击者,所以被带去警察局。由于自诉是出于自卫,她丈夫没有被判死刑,而是被判终身监禁。但他责备他的妻子,说如果她的证词再有力一点,他就会无罪释放。病人和她母亲都说,甲状腺肿大就是在这事件发生后七天迅速发展的。

我最近看过一个四十五岁的女病人。她的甲状腺肿迁延了二十年,在这二十年中,给她看病的都是最好的医生。她动过好几次手术,做过各种治疗,但都没有持久的疗效。我最感兴趣的是这病开始的情形,以及她对这病的洞察力。我问她为什么现在来找一位精神病医生,她回答说:"因为我神经过敏。那些医生只治疗我的甲状腺,不治疗我的神经过敏。我的神经过敏是甲状腺引起的。"

"你有没有想过,实际情形也许恰恰相反,"我问她,"很可能甲状腺肿大是由神经过敏引起的呢?"

"是的,医生,我过去总是这样想。病正是这样开始的。"

她毫不停顿地说，"我家中曾发生过一起悲剧。"（说到这里她的泪水夺眶而出）"我弟弟开枪打死了我的继母。我想这件事与我的病有某种关系。就在那以后不久我就发病了……他们把我弟弟送进教养院……后来发现他淹死在教养院的一口井里……他很可能是自杀。"

很明显，我的这个病例与爱默生的三个病例十分相似，其中甲状腺肿大的发生似乎都与枪杀事件有关。我又继续追问了一些我认为可以解释发病原因的情况。

病人的弟弟比她小两岁，他们没有其他的兄弟姊妹。他们的母亲在三十五岁时死去，当时病人只有七岁。母亲死后，他们跟祖父母生活在一起。祖父母对病人的弟弟十分溺爱，对病人却几乎毫不关心。两姐弟后来回到家中跟父亲一起生活，但与此同时，父亲娶了一个脾气暴躁、十分霸道的女人。多年以后，显然没有任何直接的诱发事件，弟弟开枪打死了继母。

当然，我们没有证据说甲状腺肿大是由枪杀引起的情绪刺激导致的，但时间上的联系十分明显。根据我们研究其他病例所得的经验（参看有关自杀的讨论），其中的心理机制应该是：这个女孩既恨她的继母又恨她的弟弟，一旦他们中的一个杀死了另一个，她就产生了仿佛是自己亲自杀了人的罪疚感。她过去总是因为弟弟而受到歧视，现在又自认为对凶手的过错有责任。换句话说，由于她以前曾因为弟弟的过错而受惩罚，现在她也在无意识中期待着再次的惩罚。

在上面提到的四个病例中，甲状腺功能亢进的出现，似乎是因目睹暴力死亡而发生的。这一事实，也许仅仅是巧合。但我必须说，当我发现这一点时，我是十分惊奇的。更令我惊奇的是，我发现了特里斯·本尼德克（Therese Benedek）最近所做的研究中也有两例这样的甲状腺功能亢进症。其中一个病人与另一个女人同住在一间屋里，当发现这女人自杀时，她的甲状腺肿大随即发生；另一个病人虽然未曾目睹任何暴力死亡的场面，却强迫性地执着于这样一种想法——担心自己可能被控谋杀了一个小女孩（她的尸体刚刚找到）。她无论如何不能使自己摆脱这种自我指控——"你就是杀人犯！你杀死了那个女孩。"本尼德克医生的两个病人都这样觉得自己就是杀人犯。

这些病例在数量上不多，如果与成千上万仅仅经一般医生治疗而未做心理学研究的病例相比，其数量更显得微乎其微。然而我的目的并不在于证明事情总是这样，而是证明在有些例子中，事情有时候是这样。我认为在这些病例中有一点的确得到了证明，那就是可怕的罪疚感，以及与之相应的对惩罚的恐惧和对惩罚的需要。当然，如果有人说这些病人只不过是夸大了一种"惩罚"，而这惩罚无论如何总会发生（例如以甲状腺肿大的方式发生），那么对这种说法，我无法反驳。然而关于疾病的起因，我们还没有发现更好的解释，而且，事实上我们的假说也并不与任何已知的事实相矛盾，最重要的是：这种假说与其他自我毁灭的方式相吻合，而在那些较能为我们所认可的自我毁灭中是有神经系统的自觉参与的。

二、攻击性成分

正像一般人常常想象的那样,疾病往往代表着惩罚。我们不难相信这一点,而且发现:科学的证据也在一定程度上支持这种看法,譬如它将器质性疾病中的某些动因归之于无意识中的罪疚感。但如果说这些疼痛、不幸和机能丧失的背后隐藏着攻击动机,人们也许就不太容易相信。然而对惩罚的强烈需要必然有激发的原因,正所谓"有烟必有火"。

因此,我们下一步的研究将直接指向与这种自我惩罚有关的罪行——无论是真实的罪行还是幻想的罪行。换句话说,我们要证明攻击性因素同样包含在产生器质性疾病的成因中。

在有些器质性疾病中明显地存在着凶狠却压抑着的仇恨。我们曾从心理学角度研究过这样的病例。例如,在前面提到过的心脏病病例中,我的弟弟和我曾发现有证据证明心脏症状和心脏疾病有时是完全受到压抑的攻击性倾向的反映或表现。众所周知,心脏疾病容易发生在那些外表温和、彬彬有礼的人身上。而我们要补充的则是,它容易发生在那些情感上强烈依恋于父亲而对母亲怀有或多或少敌意的人身上。但在其自觉意识中,对父亲的爱往往完全掩盖和抹杀了深深隐藏的恨。因此,如果父亲有心脏病或心脏病症状,某些儿子就容易把这些症状也包括在自己对父亲的认同作用中,并通过局部的(器质性)自杀来反射性地实现其难以表达的弑父冲动。(有些研究过这类病例的精神分析师曾指出:这种认同作用与其说是对父亲的认同，不如说是对父亲所爱对象即病人母亲的认同。在这一意义上，心脏病同时象征着对子宫、对女性生殖器的失望而导致的"心碎"。）

攻击性倾向在心脏病的发生中是最重要的因素之一。这一点可以从冠状动脉硬化症更多地发生于男性而不是女性这一事实中得到证明。

我想引用一些病例来说明这一点。例如，斯特克尔（Stekel）曾报告过这样一个病例：一个结实强壮、从不知道疾病是何滋味的五十一岁的男人，有一天夜里，突然因一种压迫感而醒来。心绞痛很快便过去，而他也认为是由于前一天晚餐吃得太多的缘故。但几天之后的一个夜晚，他又再次发生心绞痛。自此以后，心绞痛无论白天夜晚都常常发生。他去请教一位医生朋友，其诊断是冠心病，并告诉他，如果小心保养，他或许可以再活两年。由于朋友的建议，病人住进了一家疗养院。他变得越来越抑郁沮丧，总是感到死亡已经逼近。后来他去找斯特克尔医生治疗。在治疗过程中，医生发现：心绞痛起因于一次严重的情感冲突。病人失去了他爱的女人。由于这个女人，五年来他一直对自己最好的朋友怀有醋意。由此而激发起来的强烈憎恨由于友谊而难以表现出来。在第一次心绞痛发作前几周，他的内心一直隐藏着强烈的冲突，想要杀死这背叛他的朋友。精神分析治疗十分成功，心绞痛完全停止了。十年后，病人仍然"非常健康"，他"婚姻幸福，正处于创造力的高峰"。

在纽约的普雷斯比特里安医院，一位美国研究者和他的几位同事从心理学角度对许多器质性疾病进行了研究并做了一份报告。在他的病例中有一个二十六岁的未婚女性,她心前区疼痛已持续了七年。她在八岁时曾患病并被诊断为"中暑",在那段时间,她经常昏晕并有舞蹈病的症状。但这些症状从未在家中发生过,因此每当她外出,就得有人(通常是她母亲)陪着她。当这些症状消失后,她又开始有心脏病的症状并常常便秘。多年来,她一直按时吃泻药,而在最近两年则几乎每天都要灌肠。在进行心理治疗的头六个月中,病人的便秘消失了,但心绞痛的发作却十分顽固。在病人温文尔雅的外表下,实际上隐藏着对父母、对她深深嫉妒的弟弟的压抑着的憎恨。在尔后的心理治疗中,严重的心绞痛停止了,但轻微的心绞痛仍时时发生。

我相信这些病例已足以清楚地显示受压抑的攻击性的强烈程度。有时候,这种攻击的目的可以通过疾病而间接地得到满足。就像沃尔菲医生的一个病人一样,那女孩的心脏病迫使家人不得不关心她、照料她。当然,这并不能证明敌对冲动在疾病发生时的强烈程度,但它的确表明:这些病人身上有着强烈而顽固的敌对倾向。

因难以忍受的巨大仇恨而引起的内心冲突可以表现为血压的不断升高,这已几乎是人人皆知的常识。那些急躁易怒的老人的家属,往往担心(或希望?)老人会在突发的怒火中死去。克拉伦斯·戴(Clarence Day)的父亲不就是常常提醒倒霉的家人"注意我的血压",借此来拒绝他们的各种邀请吗?

当然,要解释血压的持续升高,就必须假定有连续而持久的刺激。而从前的医生们也确实经常提到,那些必须经常处于精神紧张状态下的人(例如铁路工程师)常常容易因过度紧张而患高血压病。但同样众所周知的事实是：许多人虽然经常处在这种紧张状况中，却并未患高血压；而许多患了高血压的病人，除了我们在生活中都会遇到的那些突发事件外，却并没有置身于或意识到任何长期持续的"精神紧张"，如恐惧、焦虑、愤怒等。

正是在这里，精神分析以其对无意识的洞察而能对我们有所帮助。我们知道：许多人并没有充分意识到自己的焦虑、恐惧、愤怒和仇恨等内在的隐蔽的感情，却从其他方面表现出这些情绪。通过我们的帮助，他们便能正视、认识和承认这些情绪。我记得有一个特别生动的例子：一个女性来找我们诊治，因为她突然丧失了她赖以为生的写作能力。这是她唯一的主诉症状，但我们却发现她的血压高达200毫米汞柱。两年来，她没有写出过任何东西，她对此十分绝望和沮丧。但是，在我的办公室里，她却突然开始写作，并且是自动地写作，仿佛不是以她的文风。她写下一些人名，一页又一页地写了好几百个人名，终于以这种方式宣泄出自己的内在情感。只是在写完以后，她才意识到自己写了些什么。她所写的告诉她（也告诉我）她是多么恐惧和害怕，她是多么憎恨某些人（而她起初却告诉我她是多么爱这些人），她是多么想杀了他们，以及她是怎样地濒临自杀或"疯狂"的边缘。当她把这一切都写下来以后（包括这些可怕的情感的起因及其全部细节），她认识到这是真实的。现在，她极其惊讶地发现自己先前居然没有意识到这一点！与此同时，她的血压降了下来。

若说所有或大多数高血压病都是这样，即由无意识中受压抑的情绪（特别是恐惧）而长期处于内心紧张的状态所导致，那是不符合事实的；但如果说有一些高血压病的确如此，却是毫无疑问的。

一位精神分析师曾报告过一个病例。在这病例中，对患长期持续高血压的病人所做的精神分析收到了不寻常的治疗效果——病人的症状突然就消失了，而且再也没有复发。这个病人三十二岁，患高血压已十四年。在其家族史中，他有许多亲人患过心脏病和高血压。他本人早在十八岁时血压就已经很高了。他在两家著名的心脏病诊所做过全面的检查，没有发现有其他毛病，而仅仅被诊断为"原发性"高血压。

他来做精神分析不是因为高血压，而是有其他原因。但有一天，通过特殊的治疗（等会儿就要说到治疗细节），他的血压降至正常而且一直维持在此水平。医生并没有对他做其他的治疗，他的生活习惯也没有什么改变。

人们自然很想知道，在那不同寻常的一小时有效治疗中，究竟发生了些什么样的事情。事情是：病人当时正在陈述他童年时的一件事。他突然绘声绘色地表演起来——变得异常愤怒，抓起沉重的烟灰缸，做出要袭击希尔医生的样子，但他所说的一切都像是针对他自己的母亲。他的愤怒到了顶点，脸涨得通红，脖子上的血管扩张。随后，他的脸重新变得苍白、出汗，完全忘记了这段插曲。

但是渐渐地，他不仅回忆起这段插曲，而且回忆起其最初发生的场面和细节。在先前那段攻击性插曲中，他说到过一条马鞭。现在，通过联想，他回忆起小时候他经常被妹妹取笑，直到他忍无可忍地揍了她。此时，他母亲顺手抓起一条碰巧就在身边的马鞭，显然十分愤怒地跑过来要惩罚他。他出于恐惧而从母亲手中夺过鞭子，拔腿就跑，却不幸被床拦住了去路，不得已举起鞭子做出要打母亲的样子。但他终于没有勇气，乖乖地交出鞭子，希望或许能免于惩罚。但他母亲还是愤怒地鞭打了他一顿。此后，他完全忘掉了这段经历。

回忆起这样一件简单的往事，就能造成如此深刻的变化，这似乎有些不可思议。但我们可以认定的是：这段往事所浓缩的情境，代表了病人童年一个关键时期中长时间存在于母亲、妹妹和他之间的关系。希尔医生相信，鞭打给他的自尊和自信造成的痛苦是更加难以忍受的。由于恐惧和软弱，他既不能保护自己，又不能攻击他人，甚至不能充分感觉到自己的愤怒。他没有别的出路，只能将愤怒压抑在心中并使之与人格的其他部分脱离，因而导致由受压抑的愤怒引起的疾病症状。

在这一病例中，无论体质上的高血压倾向是否存在（报告曾说到病人的家族成员易患这种病），人们都能看出他对专制的母亲的反应是导致疾病的一个因素（在母亲面前，他既不能保护自己，又不能表现出愤怒）。精神分析治疗使他能将这一往事整合同化在他的经验总和中，从而使之在理智的处理下得到正确的位置。这就使他的血管舒缩系统免除了一个沉重的负担，可以不再对大量无意识的、不这样就得不到表现的情绪做出病理性的反应。

人们往往对自己观察所得的结果印象特别深刻，哪怕这些观察结果在细节上并不那么可信。我特别记得：有一次我被叫去看一个六十岁的病人。他在医院里已住了大半年。在此之前，他已因高血压而被保险公司拒绝其人寿保险。他一直享受着出色的医疗，但他的血压一直没有降下来,而且他确实有过一次轻微的"中风"、一次脑血管血栓,从而使他的右臂发生局部瘫痪。

由于他的年龄和其他情况,我们显然不可能对他做正式的精神分析。然而我们在精神分析方法基础上所做的有限制的心理治疗,却取得了不同寻常的效果。这个停止了自己的事业、辞去了自己的职务、不再期望余生中还能有什么活动的病人,在六个月的心理治疗后出院了。他重操旧业,不知疲倦地投身于工作中,比他以前所做的生意更大,赚的钱也更多。与此同时,他的收缩压也由250毫米汞柱(1931年1月1日时)降至185毫米汞柱(1931年8月31日时),在此后两年的跟踪观察中,他的收缩压一直固定在这一水平上下。在此之后,他认为自己完全恢复了健康,不再做任何治疗。据我所知,他现在仍活得生龙活虎,尽管遭遇过外在的烦恼和打击,但他的健康状况仍然很好。

在这个病例中,我发现造成高血压的确切原因乃是他与社会和经济因素所做的可怕战斗。在这场战斗中,尽管病人表面上取得的成功远远超过一般人的想象,但实际上他并没有真正赢得胜利。他整个童年时代都处在极度的贫穷中——父亲抛弃了家庭,病人本人十二岁就去工作,以自己的自我牺牲和艰苦工作来维持家庭的生活。他勤奋工作的态度和谦虚温和的风度,加上敏锐的商业本能,终于使他有了万贯家财。但是新的敌人又来袭击他。他对付得了所有这些敌人,却对付不了另一个——他自己的儿子(他对父亲的反叛可谓手腕高明、坚韧有力)。我的病人把先前对自己父亲的敌意转移到这个儿子身上。尽管他们是事业上的合作者,但两人之间的明争暗斗却几乎带有谋杀的性质。病人的辞职是一种局部的屈服,而他右臂的瘫痪则无疑与他无意识地压抑自己打倒儿子的愿望有关,这种愿望的收回几乎把他自己打倒。他跟自己的妻子之间从未有过幸福和快乐,却一直对自己的母亲怀着温柔的爱(一直到她死去为止)。

我认为此病人的高血压来源于攻击性倾向的不断的内部刺激。他不断地在准备战斗,又一直充满恐惧。他病情的好转可以理解为:从医生那儿得到的安全感缓和了一部分恐惧,更有意义的是,由于将这种攻击性转变为谈话而减少了攻击性的量,其生理和心理的反应便表现为疾病的好转。

除心血管疾病外,在其他疾病中也可以发现强烈的攻击性。例如,关节的强直和肿大,以及我们称之为关节炎或风湿热的疾病,曾使得人们从各方面去寻找病因和发病机制。当然,有些显然主要是由感染引起的(但我们并不知道感染何以独独选择某些关节);而另一些则显然来源于某些内在变化——化学的变化、代谢的变化和机械的变化。尽管往往没有直接的发现,但我们可以正当地推测,情绪因素也参与到上述所有因素之中。近来,许多医生报告:他们观察到关节炎与心理有极大的关联,而其中攻击性成分特别明显。

我最近从一位从未见过面的妇女那儿收到一封信,信中描述了她儿子的病况。她说,她是两个儿子的母亲,小儿子是"非感染性多发关节炎"的受害者(包括所有关节,甚至波及脊椎骨)。显然,他做过彻底的治疗,拔掉过一颗牙齿,症状暂时有所改善,随后是典型的复发,并伴随着膀胱感染而使病情变得复杂。有意义的是:信中描述病人是个强壮、英俊的小伙子,小时候除得过"水痘"外,从未患过任何病。他一直"十分强壮、有风度、爱整洁、善于与人相处"。而比他大二十个月的哥哥则刚好相反,虽然很有才能,但自童年时代起,就一直占弟弟温和天性的便宜。他凭借自己的特权,以各种方式欺侮他、取笑他、欺骗他。后来,他离家出走之日,也正是弟弟患关节炎之时(尽管信中并未特别指出这一点)。哥哥离家之后不务正业,日夜酗酒,越来越堕落,"他的所作所为使我们丢尽了脸"。他到处开空头支票而由弟弟去偿付。为了证明自己做得有理,他指责母亲偏爱弟弟。去参加祖母的葬礼时他喝得醉醺醺的。与此同时,他在经济上继续依靠母亲和生病的弟弟(弟弟经营着一家小店铺)。

这母亲似乎很有洞察力。她知道小儿子从小"就不善于表达自己所受到的深深伤害",但现在"他对哥哥的爱已经被打得粉碎,他甚至嘲笑这种爱""他现在觉醒了,但很痛苦,狂躁不安"。

这母亲好像差不多已感觉到:她这外表文质彬彬、风度优雅、举止有礼的小儿子,被他先前所服侍、所敬爱的哥哥激起了最大的仇恨,却把这仇恨转向了自己,致使自己生了病。而这种病如果落在那造孽的哥哥身上,就可以免去那许多扰得全家不宁的是非。

杰利菲(Jellife)曾报告过一个相同的病例。这是一个更有天资、更受压抑的年轻人。他患有广泛性的关节炎,骨骼的变化已从X线照片得到证实。在这个病例中,仇恨的对象是家庭中的女婿,他们之间有长期的财产竞争。对这一点的意识和洞察减轻了关节炎的病情。

波士顿的默雷医生（Dr. John Murray）给我讲起过下面这样一个病例。一位年轻人因一味要与自己事业上很有成就的父亲进行比较而十分痛苦。他对父亲的敌意主要出于内在的理由而没有什么外在的理由。他的攻击性间接地表现为以逃避、闲散、怠惰和挥霍来挫败父亲对他的期待。这些方法渐渐被十分严重的偏头痛取代，而他则以此作为他增加酒量的理由，以致他常常出于这两种原因而一事无成。

下一步则提到他的婚姻。这婚姻的不同寻常的结果使他的酗酒和偏头痛完全消失，但取而代之的是进行性的、疼痛难忍的关节炎。关节炎使得他什么都不能做，而且任何治疗都没有持久的效果。在去默雷医生处就诊的前两年，他已下定决心，认定自己再也无法走路。尽管自那以后，他的病已有了明显的起色，他还是没有恢复单独一人走路的能力。另一件有趣的事情是：他以一种粗暴的、虐待的方式（隐藏在"开玩笑"的伪装下）取笑和嘲弄他十分喜爱的大儿子。这一点可以被视为他那种敌意的间接表现。这敌意起初是针对父亲的，现在却指向他自己的儿子，也就是说，象征性地指向他自己的一部分。

咳嗽这种症状可以代表、也可以不代表呼吸道的器质性病变，但它确实往往代表着强烈的攻击性倾向。当一场音乐会或一位演说家的演讲不断地受到某个咳嗽者的干扰时，人们很自然地就会想到这点。

格罗代克（Georg Groddeck）是一位最有洞察力、最有分辨力的临床医生,他曾经以自己为病例来写有关咳嗽的心理问题。在他写那本书的时候,他碰巧患了严重的伤风,但是,"我整个一生、我家庭中所有的人,都像我一样有这种习惯,即用咳嗽对一些不满意的印象做出反应"。

他的观察开始于注意到他的咳嗽使他那九个月的婴儿十分高兴。这婴儿似乎对父亲那有力地喷气的举动很感兴趣。"只有通过这种细心观察的天赋,儿童才能模仿地或独立地把这种举动做得十分完美……"格罗代克认为儿童是从咳嗽者的面部表情和咳嗽这一行为本身中觉察到咳嗽的目的的,这就是"希望吹掉某些令人不快的东西,或摆脱某些已经感觉到钻进自己器官的东西,不管这东西是自己身上的一部分还是一种外来的异物,也不管它的性质是精神的还是生理的"。

为了证实这一点,他指出他的继子(与他根本没有血缘关系)也有这种习惯,即用咳嗽对不满意的事情做出反应。有一次,在一场与医学问题全然无关的谈话中,他的继子告诉格罗代克:当他还是一个小孩时,格罗代克的大声咳嗽曾对他产生过极大的影响。格罗代克本人也回忆起当自己还是孩子的时候,就已经认识到咳嗽具有警报作用,并经常利用这种警报作用。

有一天晚上,不知什么缘故,我母亲带我和妹妹去参加她每周都要参加的聚会。由于我和妹妹很快就对成年人的闲聊感到厌倦,母亲便把我们送到另一个房间要我们睡觉。我不知道我是怎么产生这种想法的,我忽然觉得目击者越多,疾病就越会给人留下深刻印象。于是我突然有了一个主意,让妹妹和我一起大声咳嗽,希望我们俩明天能够不上学而放假一天。这计划取得的成功超出了我们的希望。我们不仅第二天可以不去上学,而且可以使母亲在当天晚上比她原打算的时间提前回家。当然,第二天我们不得不卧床休息,但这并没有使我们不愉快,因为我们仍睡在同一间房间里,彼此分享着我们所有的快乐与忧伤。

在我研究了好几年的一个病人身上,我的观察以惊人的相似证实了格罗代克的观察。这病人是三十岁的律师。他来做精神分析不是由于身体上的不舒服,而是由于他自己也清楚认识到的情绪失调。这种情绪失调导致他与家庭成员、与事业上的同僚等发生严重的冲突,其程度已到他自认有必要暂时停业的情形。然而在对这一病例进行治疗的早期,他那经久不愈的咳嗽却成了他话题的中心。有时候,这种咳嗽竟厉害得打断他的谈话达好几分钟之久。按他自己的说法,这咳嗽是如此厉害,以致他经常夜里咳醒,只能睡两三个小时。他的家人说,在影剧院中,即使坐在不同的地方,他们也能从他那熟悉的大声咳嗽中认出他来。同一公寓居住的房客也对这家人很不满意,可以推想,这主要是由于病人不断大声咳嗽的缘故。

在精神分析的疗程中,他经常非常痛苦地抱怨这咳嗽,说我忽视了他的咳嗽,至少是没有给予相应的治疗。他说他在这两年的治疗中,咳嗽丝毫没有好转,而我却仍然坚持这咳嗽一定有其心理上的起源。我对这咳嗽进行观察所得的结果是：它可以停止两三个月，只有在病人的抗拒倾向开始时，才又再次严重地复发。我还注意到：尽管这咳嗽的声音很大而且是痉挛性的，尽管咳嗽时病人的面部和身体都被扭曲，但他很少咳出痰来。而最重要的观察结果是：他常常有一段时间根本不咳嗽，但当我开始说话，或讲到中途的时候，他的咳嗽就立刻开始了。在大多数情况下，我的谈话或解释都遇到了这样的咳嗽。毫无疑问，在无意识中，这咳嗽乃是对我的解释的一种抗议，是一种以伪装的方式加在我身上的谩骂，其声音之大只能使我停止讲话。

这种咳嗽的其他功用可以从病人所做的一个梦中看得十分清楚。尽管病人拒不承认这咳嗽有心理的因素在里面，但这次他承认了并自己做出了这样的解释。

病人梦见自己正参加基万尼斯俱乐部的聚会，俱乐部的成员们正威胁说要把他逐出俱乐部。他剧烈地咳嗽，仿佛要对他们说："你们看，都是你们干的——都是你们造成的。"他这种做法，正像他经常对他父母亲所做的一样。每当他希望使父母内疚，他就对他们说："我希望我死掉。"在精神分析过程中，病人自己指出：当他还是个孩子的时候，他就威胁要以死来报复，以此谴责医生对他漠不关心的态度。因此，咳嗽实际上代表他对关怀的需要，代表对不满意的解释的防范，同时也是一种惩罚的威胁，而表面上则是命令他人同情自己。

这病人曾找过不下二十名医生，以求得对这咳嗽的解释和治疗。大多数医生总是向他保证说没有发现任何病变，但也有少数医生的含糊其词会使得他异常紧张，于是他又以此为借口，再去找更多医生以求证实或推翻这些诊断。我们医院的一些医生对他做过反复检查，均不能证明他有任何器质性疾病。但是人们必须想到，这种慢性的、无疑是心因性的咳嗽，最终有可能导致某种器质性病变。正像格罗代克说的那样："最初只是出于一种防卫需要的习惯性咳嗽，后来却能导致解剖和生理的病变和紊乱，这种病变很早即潜伏着不易被发现。迄今为止，还没有人试图研究这一问题。"

再举最后一个病例来说明器质性自我毁灭中的攻击性成分。有一种疾病被人们称为皮肤硬化症，这种皮肤的硬化就像人们偶尔在博物馆中看见的"石化人"一样。这种病的病因尚未被认识，通常被认为是不治之症。格罗代克报告过一例皮肤硬化并伴有全身大部分皮炎的病例。病人肘关节的皮肤已紧缩得导致双臂不能伸直。在格罗代克详细的报告中，我将只提到这些症状最后的成因。

病人小时候，有一段时期正当他怀着对父亲和哥哥的痛苦敌意时，他养了许多温顺的兔子。他常常观看这些兔子交配和其他一些活动。但其中有一只公兔，他不许它与其他母兔交配。每当这只兔子偶尔成功地获得机会的时候，他总是拧着它的耳朵将它提起来吊在横柱上，用马鞭打它，直到手打累了为止。他是用右手打的，而最先发病的也是右手。在治疗过程中，他的记忆浮现出来时遭到了最大的"抵抗"。病人一次又一次地回避这些记忆，同时迸发出许多严重的器质性病变。在这些症状中，有一种症状特别重要——右肘皮肤的硬化更厉害了。但自从病人完全回忆起那些往事的这一天开始，这些症状便大为改善，并且治愈得如此彻底，以致病人的肘关节已能够舒展自如。二十年来,他虽然做过许多治疗,但始终未能做到舒展自如。现在他伸展起胳膊来没有一点痛苦。

格罗代克继续指出:这只被病人剥夺了性乐趣并因性"罪恶"而被加以惩罚的大白兔代表病人的父亲,他对他的父亲的性特权也有同样的嫉妒感,并因为自己遭受的挫折而恨自己的父亲(正因为如此,他才以兔子作为替身进行报复)。我在这里想要强调的主要一点是:器质性病灶中确实隐藏着可怕的仇恨和攻击性。

以上这几个病例,除了证明我们所熟悉的攻击性冲动确实存在外,不可能说明其他什么问题。这些攻击性冲动曾是构成其他形式的自我毁灭的主要成分,现在又被我们从某些器质性疾病病例中发现。

现在的问题是:许多没有接受过检查、没有患病的人,他们身上被压抑的攻击性是否就没有那么强,因而不能被视为疾病的成因了呢?我们必须承认这很可能是事实。在有些病例中(例如在格罗代克的病例中或希尔的病例中),疾病直接与心理冲突有关,但这一事实也并不是攻击性能够导致疾病的最后证据。因为,也有这样的可能,即疾病完全是由别的因素所导致的,只不过它使自己成为一种方便的载体而以象征的方式来表现了那些心理失调。同样,从心理学理解中得到的治疗效果,也不能被用来证明致病因素已经被找到。因为众所周知(虽然常常不在热心的观察者的考虑范围之内),我所提到过的一些疾病,尤其是高血压,其病情都可能在许多不同的治疗方式下有所改善,只要这些治疗同时伴随着安慰、保证,伴随着医生的保护的态度。

当然，在同一病人身上，器质性疾病伴随着我们指出的那些心理需要同时出现，这也许仅仅是一种巧合。的确，巧合这玩意儿总是容易落在我们精神分析观察者头上。毕竟，与一般开业医生诊治过的几十万病例相比，我们的材料是如此之少。我们不能证明事件与事件之间存在着因果关系。我们只能指出，它们显得似乎有因果关系，而且这种联系反复出现在许多病例中。

我相信：关于攻击性确实能使人生病的最后证据，只能在对受害者整个人格所做的研究中找到。当我们看见一个人在他难以驾驭的极度紧张和巨大的内心冲突中挣扎时，当我们注意到有迹象表明他的压抑作用正在崩溃，正表现为失眠、易怒以及种种攻击性、挑衅性的行为和自我惩罚的行为时，当我们发现身体疾病只不过是那种为对抗强烈的攻击性倾向而建立起来的已知机制，以及作为这种机制的替代物或伴随物而出现的已知模式的一个组成部分时，我们就有证据推测，这种疾病也如其他症状一样来自同样的地方。

何况，人们往往能够从自己身上的一些日常小病中观察到：人最初是如何满腔怒气（往往伪装成抑郁），直到他终于使自己生病，而以头痛、腹痛等症状来表现这些怒气的。我们不难想象，更大的病变也可以从更大、更持久的情绪状态中产生。

在日常思维和日常说话中，人们常说某人或某事"使我头痛"。与那些只有狭隘的物理头脑的医生相比，这些一般公众倒是更具有心理学头脑。因为，医生往往只会说那些先于疾病的易怒和不满意是疾病的症状，是已经紊乱失调的生理状况的结果而不是它的原因。

在这里，我要重复一遍，我的目的并不是要证明心理症状导致生理症状。我相信这样说就像说生理症状导致了心理症状一样是不正确的。我在这一节中所要指出的是：自我毁灭的倾向既可以表现为心理的，也可以表现为生理的。这种倾向本身并不偏重于心理，也不偏重于生理，但是它的心理表现有时比生理表现更容易为人所理解。因此，如果在一个病例中既有这种倾向的心理表现又有其生理表现，它就给我们提供了一个机会，使我们能够对它的生理表现有更清楚的了解，这就胜过了仅仅孤立地考察其组织学变化。正像我们在这一节中看见的那样，自我毁灭的表现方式也包括病人那难以控制而又不愿意承认的仇恨。

三、爱欲的成分

从前面几章的观察可以得出这样的推论：器质性疾病除其他功能外，还可以用来表现病人的自恋。生病的器官成了病人主要的关注对象，或者不如说是眷恋对象。这是一种局部的自恋，可以与一般意义上的自恋相对照。将自恋集中于某一器官，并不一定会导致疾病。许多人常常"爱上"自己的鼻子、手、面庞和身材。但如果我们仔细考查任何一个病例，我们就会发现弗洛伊德、费伦齐（Fereaczi）和其他人所描述过的那种情形，即对某一器官投入超过正常量的"爱"，与此同时却减少了对于外部对象的爱的投注。

根据我们的理论，这种自恋乃是器官被用来作为自我毁灭、自我惩罚的攻击对象时的结果。爱欲之"流"被转移到这里，主要是为了中和与阻遏其他因素，使造成的损害减少到最低限度。因此，我们有望发现爱欲成分进入所有这些器质性疾病的基本心理结构的证据。

遗憾的是，我们不可能考查所有的器质性疾病，我们也没有任何实际的手段可以确切地检测出"器官力比多"，即爱在某一特殊器官中的投入量，及其与正常投入量的差异。但是在某些能够被人们接受的病例中，我们可以找到确切的证据证明这些倾向，还可以由此推论出其量的变化，就像我们通过前面所举的一些病例，证明和描述显然存在于某些病例中的攻击性倾向和自我惩罚倾向时那样。

我们不要以为这些证据只能从长期的、慢性的消耗性疾病中发现（这种病使其受害者带有受难者的色彩），很可能，即使最短暂的疾病也代表了自我毁灭的冲动，但这种冲动却被爱欲的注入所中和"治愈"（也许，这种爱欲成分一开始就存在，只是在后来才发挥其作用）。人们不妨说：人总是在心理治疗所必需的程度上把爱投放到受损伤的器官上。我们可以用一些简单的例子来说明这一点。一只狗连续几小时不断温情地舔自己脚上的伤。它这样做，很可能并非出于什么理智上的考虑，而是由于所受的伤将大量的力比多引向脚掌。这样这只狗才会如此温情地关心自己的脚，而通常这种温情都是留给身体其他部位的。在人的身上也可以明显地看见这种机制。一个脖子上长了痈疖的男子不可能对他心爱的情人继续保持强烈的兴趣，他脖子的疼痛吸引了他的全部关注。

奇怪的是：这种爱欲的投入，本来似乎是用来缓和投入某一器官的攻击性和自我惩罚，结果自己却可能积极地参与到这种自我毁灭的过程之中。我们不妨回顾我们对自我伤害、对殉道受难，以及对其他形式的自我毁灭所做的研究，在这些情况下，爱欲成分都确实发挥了这种作用。而且我们发现：常常正是由于这种本能的扭曲或倒错，才导致它企图以量来弥补质的不足。同样的情形也见之于器质性疾病。我记得有一位青春期少女被家人从很远的地方送来我们这里，其原因却是她鼻子上长了一个粉刺就惊慌失措。其实那粉刺已经看不见了，但由于她不断地挤捏、摩擦，她的鼻子反倒又红又肿。

这当然是"自愿"造成的伤害，是一种自恋式的自我毁灭。同样的情形也能从某些器官对伤害做出的过度反应中看到。最简单的例子就是某些人在被昆虫叮咬后伤口极度肿大，其痛与痒都更多地是由治愈过程，而不是由原来的咬伤所引起的。另一个例子是割伤或溃疡的治愈过程中过度增生新组织，即所谓"赘肉"。也许人们不明白这与爱欲有什么关系，但肿痛和痒感能刺激人过分地关注其伤口，这一事实却是普遍的常识。

我曾有机会观察一位女病人所患重感冒的发展。她是一位富于直觉和洞察力的女人，当时正在接受精神分析治疗。感冒发生在非流行性季节，而这女人平时也很难感冒。事实上，她经常以自己对感冒有免疫力而自豪。据她说，她一生中只有过很少几次感冒。

我曾在有关精神分析文献中报告过这一病例的详细情况，而我的发现也已经被其他精神分析学家以其他病例加以证实。我没有必要在这里引用全部材料，问题的实质在于：这感冒标志着这女人心理重建的转折点。她正是在那时才开始承认：她是多么需要被爱。她显然是在以一种自发的方式来满足这种愿望，即把破坏与爱欲的冲突先集中在一个器官上，然后再集中在另一个器官上。她的眼睛、鼻子、喉咙和她的胸部都一个接一个地卷入这种感染。在某种意义上，这些器官的每一个都代表着她整个的人格。她需要爱，却又感到若不为此而受苦和付出代价就未免太罪过了。她的病对她具有心理上的意义，这一点可从她自己的话中看出。在她说这番话之前，我曾对她那受压抑的攻击性做过自己的解释。

她说："也许还是你说得对，我确实想要得到某些东西，并且想得如此热烈，以致不得不转过身来说服我自己——我并不想从任何人那儿得到任何东西。但是现在我'得了'感冒，而当我说'得了'感冒的时候，这种说法就抓住了我的注意力，使我想到也许我已决定从现在开始我要得到一些东西。也许正是这种想法在一定程度上在这个周末改善了我与我丈夫的关系。"

事情当然绝不仅此而已。也许，读者会对我的解释感到失望和不满，因为我的解释是：这个女人一直抗拒她实际上很想得到的爱，正当她决定撤除防御和屏障的时候，却"得了"上呼吸道感染。但不管怎样，我相信事情确实如此。

而且我相信：同样的动机还可以从许多肺结核病人身上发现。这一点，事实上已经被一些有直觉的外行注意到。例如，特拉热（M. de Traz）在谈到肺结核病人时曾这样写道："我们发现，肺结核往往与精神生活有关，往往是在忧伤、烦恼、道德上的震惊等影响下发生的。"他对肺结核病人共同的心理特点做了如下的描述：

　　他们所面对的世界是凭空虚构出来的——尽管他们并不知道这一点，而且也永远不可能知道这一点。他们有各种各样的计划，然而其记忆却少得可怜。他们不会遭到小小的失败，只是因为他们遭到的是全盘的失败。他们遭到的不是一点一点的失望，而是彻底的失望，他们生下来就是为了耽于梦想的。他们整天没完没了地躺在长椅上幻想，创造出虚假的欢乐与雄心。他们具有无穷无尽的可能性，因为这些可能性从来无须付诸实现。没有比他们更善于梦想的病人。因此，肺结核与其说是肉体的解体，不如说更多地是由精神骚动所导致的衰竭和发热。所有那些馈赠给不幸的人的最温柔的幻想和最纯真的快乐都被肺结核人作为礼物又奉献给我们。

　　他们是如此需要爱。也许你会说"所有的人都是这样的"。但是不，他们比任何人都更需要爱。首先是因为他们孤独、悲哀并往往被人们遗忘。他们心中的软弱与悲戚希望得到别人的怜悯；而他们心中的幻觉又希望得到别人的理解。由于不能靠实际的行动生活于现在，他们便徘徊于过去和未来，流连于回忆与期待。他们是靠着心灵在生活，而这心灵，由于被经常使用和过分打磨，已变得越来越饥渴。

　　毕竟，肺结核是摧毁自己的一种优雅方式——缓慢地、悲剧性地、比较舒适地摧毁自己；有好的食物，有休息和宁静，有他人同情的眼泪。它也往往容易发生在那些显然十分需要爱的人身上——特别容易发生在某些聪明、轻灵的年轻貌美的女性身上。一位刚刚从这种病中康复过来的朋友曾说：肺结核病人的活泼和乐观往往不过是用来掩盖他们真正的抑郁的帷幕。这种心情正如特拉热所说，乃是为了获得病人所亟须的爱。一旦医生和探视者离开病房，那种死气沉沉的抑郁便重新笼罩一切。

有一些肺结核病例曾得到过精神分析的研究。而这种对爱的需要，这种以疾病代替爱情的做法，在某些病例中显得特别明显。杰利斐和伊文斯（Jelliffe and Evans）曾研究过一例四十三岁的男病人。他是六个孩子中最小的一个，一直被母亲视为纤弱的孩子。母亲常对他说，从他两岁患百日咳以后，他就一直体质羸弱。他现在已记不起他小时候到底是否特别体弱，但他记得母亲不让他干农场上的重活是一件愉快的事情。他在十岁左右曾患过一次重感冒，这使他既可以免除给菜园除草的任务，又可以得到特别的看顾，享受许多特权。他经常剧烈地咳嗽以便使父亲听见。咳嗽使他能够不必下地干活。尽管他父亲并不同意让他离开农场去学校念书，然而他在二十六岁时还是进了大学。在学校里不受家庭的约束，他开始了全新的生活，感到非常健康。三年以后，他的钱全部用光了，不得不回到家中，于是又开始生病，咳嗽也经久不愈。两年后，他再次进大学念书并最终获得奖学金出国学习。在国外学习的那几年，他的咳嗽完全好了，自己也感到很健康，但他仍渴望有谁能像母亲那样爱他、照料他。他急于找一位夫人，并在国外与人订婚，但不到几个月便解除了婚约。此后抑郁的老毛病开始复发，咳嗽也越来越厉害。他有过两次少量的咯血。他多次化验痰液,均未发现结核杆菌,但他越来越渴望得到他人的照料,最后终于寄宿在一位有经验的护士的家中。在那里,他常因消化不良和发高烧而卧床不起。一年之后,医生从他的痰液中发现了结核杆菌。

精神分析清楚地表明,这个病人对他母亲有明显的口腔依恋。正如作者所说,"在他的整个一生中,他一直都在用咳嗽吸引他母亲的关注"。从分析治疗中获得了对自己疾病的了解后,他能够面对现实,抛弃这种幼稚的态度,不再逃避那些麻烦的、不想干的事情,而这些事情正是他母亲的溺爱保护着不让他做的。

最令人信服的证据乃是由胃肠道疾病所获得的证据,这些证据是最明显、最直接的。我们的消化器官可以同时行使生理职能和心理职能,这已是普遍的常识,然而非医疗界的读者可能并不熟悉这一点。事实上,许多病人都是因各种各样的消化系统的毛病来找医生看病的。其症状包括剧烈的疼痛到轻微的不舒服或恶心。许多病人都爱在医生面前自己给自己下诊断,虽然往往极其含混或极不准确——例如反胃、胃灼热、便秘、神经性消化不良、胆汁过多等。另一些病人则在医生面前列举出一长串他们必须"忌掉"的食物,因为这些食物与他们"不合",对他们"有害",使他们生病,使他们腹痛、腹泻或便秘。这些消化道疾病五花八门,种类繁多,而病人们则为此身受其苦。尽管在其他方面他们都是些通情达理、知书识字的人,但一说到这些症状就变得思路混乱、疑神疑鬼、古怪偏执。他们从未想到过:腹痛、消化不良或便秘完全可能与心理和情绪有关。而一旦有人暗示这一点,则会遭到他们的坚决否认。

尽管如此，少数明察秋毫的医学界人士还是知道：病人的这些症状，有时候可以通过引导他们去讨论他们的其他问题（如事业上的烦恼焦虑、家庭问题、个人面临的种种困难等）而得到缓解。但是知道这类症状可以通过讨论病人的情绪问题得到缓解是一回事，而知道缓解何以发生、知道这些症状最初如何产生则是另一回事。芝加哥精神分析研究院的一些研究人员正在对这些问题进行研究，希望发现这些患胃肠疾病的人的深层心理究竟是什么。他们的努力主要并非在于治疗这些病人，而是要弄清他们为何生病，以及这种研究过程为什么会具有治疗价值（就像弗洛伊德最初的一些病例一样）。经他们研究过的病例并非全都获得了治愈，也并非全都能够被查明其确切的心理因素以及这些因素彼此之间的关系。此外，他们的确从这些病例中发现了相当明确的心理倾向，而且可以从中归纳出某些公式。

他们发现：那些主要具有胃肠道症状的人，几乎都有强烈的、不寻常的被人爱的欲望，而且这种被爱欲望似乎都遵循一种幼稚的获取模式。但是，他们都倾向于对这些强烈的口腔欲望做出一种反抗的、具有补偿型独立性的反应，其情形仿佛是要对人宣布："我是一个有能力的、积极主动的创造者。我经常施惠于他人，支持和帮助他人。我承担起种种责任，我喜欢别人有求于我。我是一位完全自足的领袖，我积极主动、勇于进取、无所畏惧。"这种态度可以表现在口头上，也可以表现在行动上。但是人们透过这种态度可以发现：它下面隐藏着一种恰恰相反的强烈倾向，即极其强烈地渴望得到他人的照料、护理、喂养、保护、宠爱、关怀和支配，而这种渴望常常从胃肠道反映出来。当然,许多人相当自觉地意识到这些倾向,但这些人却仅仅是无意识地具有这些倾向,并且对它们进行强烈的压抑,而以否认和假装具有独立性的伪装来取代这些倾向。然而他们在否认其潜在的愿望时所付出的代价太高,而且为了对抗这种无意识的人格二重性而出现了明显的胃肠道病痛;而我相信,这种胃肠道病痛同时具有爱欲的性质。

我将全文引述一份病例摘要:

> 在一例胃溃疡病例中(一个四十六岁的男性,曾接受三个星期的既往史研究)……病人更多的是由于外在的生活情境而不是由于内在的拒斥而被掠夺了满足其口腔型接受倾向的可能性。在童年时代和青春期,他完全沉溺于接受式的满足,完全不属于领袖类型,他的态度中丝毫没有胃溃疡患者常有的那种勃勃野心。他和一位极其能干、聪颖、智力上十分优越、积极活跃、属于领袖类型的女人结婚,然而婚姻很快便使他失望,因为他希望从妻子身上找到无私奉献的母亲的化身。这倒不是因为他妻子在婚后发生了变化。事实上,从一开始她就把自己的全部生命奉献给事业上的晋升,奉献给学习、工作和创造。他们的性生活也极不和谐。妻子性冷淡,病人本人则有早泄的毛病。病人从妻子身上一无所获,其获取倾向受到挫折,很快便转而形成与妻子竞争的态度(因为即使在家庭收入上她也比他强)。他未能从妻子那里得到母亲式的爱和照料,反倒被她的优越驱使着去发展野心和努力,而这正是他深深厌恶和拒斥

的。无论他怎样努力，他在事业上从未取得成功，而是始终流于平庸。在婚后二十年，当他的内心冲突处于高峰时，他终于因为胃溃疡而发生严重的胃出血。但在这二十年间，他一直为种种胃肠道症状所苦，主要是饭后持续数小时的胃痛（在进食后可稍稍缓解）和慢性胃酸过多。而溃疡则是迁延了十八年之久的胃肠道功能紊乱的结果。

就在胃出血之后不久，他开始和另一个母亲型的女人（与他的妻子恰恰相反）有了性关系。据他说，他妻子从不给他做饭，但这个女人为他做饭。她温柔体贴、贤惠实际，决不逼他去实现他无法实现的野心。和她在一起，他过的是小布尔乔亚的富于节制的小康生活，而这正像他公开承认的那样，正是他唯一的理想。自从与这女人有了性关系，他的全部症状都消失无踪。生活使他恢复了健康，而其方式则是使他那种获取倾向得到了满足。

亚历山大（Alexander）对此评论道：

根据精神分析的理论，我们不难理解：为什么营养功能特别适合于用来表达受到压抑的获取倾向（这种倾向主宰着我们所有的病例）。幼儿对于获取，对于被人照料、被人宠爱的愿望和依赖某人的愿望，在吸奶这种寄生情境中得到了最理想的满足。这样，获取所具有的情绪特点，即对爱、对获得照料的渴望，从婴儿期便与营养的生理功能紧紧关联在一起。尔后，如果它们因为压抑而得不到表现，它们就会表现为幼儿渴望被喂食的原初模式。这种被压抑的获取倾向可以视为对胃的慢性心理刺激而导致其功能失常。这种刺激与消化系统的生理机制无关，其起源完全在于情绪冲突，而不在于饥饿的生理状况。

我目前的看法是：处在这种持续的慢性刺激下的胃，不断地处在如同其消化食物的状态中。慢性的过分蠕动和过分分泌胃液很可能即由此而来。这样，空胃便不断地暴露在它只有在进食后或即将进食时才周期性地面临的刺激下。神经性胃肠症状、上腹疼痛、胃灼热、打嗝等，很可能正是这种慢性刺激的表现。有时候，这种刺激甚至可能导致溃疡的形成……

这些研究人员还提供了一些详细的病历来证明他们的结论。要在这里充分引述这些结论则嫌太长了一点，但我可以抽出一个病例加以引用，以此传达他们所获得的大量临床证据所证明了的东西。

例如，培根（Bacon）曾报告过一个女病人因上腹疼痛迁延七年而前来就诊。她的这种疼痛有时竟痛得需要服鸦片止痛，同时还伴随有剧烈的打嗝、放屁，偶尔还有腹泻和便秘。她有时还有持续十至十五天的拼命进食。在这期间，她的体重会增加五到十千克。

她已婚，三十五岁，外表十分"女性气"，穿着漂亮，对男人很有吸引力。她有许多朋友，但通常只与他们保持短期的友情。她在欧洲出生，是三姊妹中最小的一个。父亲死后，她于八岁那年来美国。她的父母从前十分富有，但现在已一贫如洗。她父亲受过很好的教育，乡亲们均对他寄予厚望，但她本人却回忆不起什么有关父亲的事情。相反，她的母亲无知而粗放，并且很疼爱病人。不过，母亲同时对她很残忍和疏忽。病人回忆起一件典型的事情：当她六岁时，有一次有一个男人企图欺侮她，她哭叫呼救，而母亲却出来打了她一顿，并不想弄清她为什么哭叫。整个童年时代，她不得不拼命工作，帮助母亲。她非常嫉妒她的二姐，她觉得她自私、贪婪，而且总是能够成功地得到她想要的东西。

病人二十岁时嫁给了一个比她大十五岁的男人，平生第一次获得了充分的爱护与关照。她的丈夫在事业上十分有成就，智力也十分优越，有些像她父亲所处的位置。她跟他去过许多地方旅行。他还送她上寄宿学校读了两年书。在性生活上，她对他总是比较冷淡，但她却因为自己处在这种从属依赖、孩子似的地位上而感到十分幸福。

但这种幸福境界后来受到了干扰。首先，由于婚后七年，他们的孩子出生了，需要她给予爱和关注，而过去她只是这种关注的接受者；其次，丈夫由于商业上的需要而越来越经常地离家在外；最后，她在婚后九年才发现，她丈夫一直在供养前妻和她的孩子。她对此愤怒至极，也就是在这期间，她出现了胃肠道症状。此后持续了七年，直到她来做分析治疗时为止。

事情变得更为复杂：她的丈夫遇到重重困难，最后终于失业，并患有性无能（阳痿），她对这两件事的反应都极其愤怒（并伴有胃肠道症状）。但愤怒归愤怒，她还是拼命工作以维持家用，她照料孩子，并为丈夫准备好精心烹调的饭菜，尽管她自己病得这么厉害，根本就不能吃这些东西。

她对自己的态度是一种赞许的态度。她感到自己比自己的朋友和同事优越，她的努力值得嘉奖，她总是为别人做事，甚至到了"用自己的仁慈去喂饱他人"的地步。然而在这种自觉意识到的态度下，却可以发现她有从他人（特别是从男人那里）得到爱、得到关注的强烈倾向。如果得不到，则不惜主动去攫取。对这种需要的压抑和否认在她身上唤起一种由受挫而产生的破坏性愤怒，而这正是被精神分析学家称为口腔型人格的根本特征。她对丈夫怀有痛苦的憎恨，憎恨他不能像先前那样养活她，憎恨他对前妻的义务和忠诚，憎恨他不能在性上满足她，以及前面提到过的他经常不得不离家在外。她的愤怒已达到故意不忠实来进行报复的地步。她有过几次风流韵事，但没有一次是由于深深被情人所吸引，而更多的是出于蓄意伤害自己丈夫的愿望。这些婚外恋有一个表面上十分奇怪但实际上非常有意义的特征，这就是她也恰恰因为她对丈夫深感愤怒而对情人们深感愤怒。她抱怨他们不能满足她、在使她受挫中取乐、经常失约、没有给她任何东西。

对她说来，口腔活动乃是获得性满足的一种方式。这往往表现为每当她自觉性欲得不到满足，也即每当她的某个情人抛弃了她之后，她便周期性地开始大吃。反过来，每当她在爱情中沉湎于短暂的幸福时期，她就对食物丧失了兴趣。

上面所说的这些已足以证明，这病人是如何习惯于用她的嘴而不是用她的性器官来爱的，尽管后者才是女性成熟的、正常的生物性表达方式。她的阴道是冷淡的，但她的嘴却能吃、能吻、能恳求、能吸吮；更何况她还能够指责、攻击和咬人。以胃肠系统来执行本应由生殖器系统来执行的功能,这就加重了它的负荷并使之濒于崩溃。从精神分析的观点来看,这些症状可以被视为一种退行性的口腔模式,即由于口腔的攻击性和与之伴随的罪疚感,而以口去获得"爱"和自我惩罚。

从以上这些"显微镜下"的分析可以看出:这些人(就像我们大家)仿佛离了爱和被爱就不能活下去,然而他们却不能以一种正常的方式做到这一点。相反,由于某种程度的挫折,他们倒退到原始的、幼稚的因而也是"倒错的"方式,这就导致产生了一种替换性的爱欲与一种由挫折失望引起的愤怒和憎恨(攻击性)混合而成的情绪。这种攻击性反过来又遭到了良心的反对,因而便需要一种惩罚。这一切——口腔的渴望(以及它直接或间接获得的"爱")、攻击性(原发的攻击性冲动以及继发的以疾病来代替的攻击性)和自我惩罚——都通过胃溃疡的形成而得到了满足或"解决"。

在前面,我们引证了一些材料来说明器质性疾病中爱欲成分的存在。这种爱欲成分显然以双重作用参与到所有的自我毁灭之中。其正常功能似乎旨在中和或削弱攻击性成分与自我惩罚成分所具有的破坏性,但有时候(也许一直在一定程度上),它又总是挫败自己本来的目的,反过来增强这种破坏性。这样,爱欲成分既可能调动治疗力量来扭转疾病的趋势,又可能在疾病中寻求过度的实现和满足,以牺牲整个人格为代价来滋养自己。目前,我们只能推测:有些东西能使这种成分达到最适宜的量和质,有些东西则可能打破平衡,使之倾向于攻击和自我惩罚。而爱欲成分本身则只能尽可能地在代价太高的交易中，以我们描述过的强烈的、不成熟的"器官爱"来抚慰自己。当然，在另一些病例中，它也能发挥较为正常的功能来中和那种破坏力，从而使这些破坏力在治疗过程中逐渐减退。

总结

　　器质性疾病是由许多相辅相成的因素共同造成的。这些因素不仅包括细菌等外来因素，而且包括心理因素等许多内在成分。当个人对于情绪刺激的反应大大超过了习惯的、有利的外显手段时，这些因素就会反过来投向自动控制的原始"泄洪渠道"，并表现为疾病症状。但是当这症状式的表现成为习惯性或慢性的表现时，我们往往容易忘记我们对它们的心理意义的认识。一个完全懂得人在处于巨大恐惧的时刻会不由自主地发生肠蠕动的医生，一听别人说慢性腹泻可以起源于慢性的、持久的恐惧，立刻会惊讶不已地感到难以置信。但是我们却不妨假定：持续的刺激会导致持续的症状，而这些症状反过来又会导致一种相应的但具有破坏性的器质性变化。

　　这章的分段应被视为仅仅是出于表述上的方便，并不意味着在某些情况下仅有一些成分在发挥作用。当然，有时候一种因素确实比另一种更显著，但这也许只是人为造成的。为稳妥起见，我们只能这样下结论：某些器质性疾病的心理起因类似于某些被我们视为自我毁灭行为的心理起因；它们表现出同样的机制，包含着同样的要素。当然，这当中无疑有着结构上的差异。在下一章中，我们将尽量说明这些差异可能是一些什么样的差异。

第十八章
选择较小的损害

深入考察疾病中通常被人们忽略了的心理因素可能会给人造成一种错误的印象，但只要看看医院门口众多等待看病的受害者，看看医务工作者和科学家对致病的细菌、创伤、毒素、肿瘤，以及它们在人体和动物体内肆虐的后果所做的精心研究，这种错误的印象就会烟消云散。任何有理智的人都不会否认：肉体是脆弱的、易受伤害的；个人即使没有自己一方的激发，也能受到导致疾病的外来病原体的侵害，这种情形根本说不上什么自我毁灭。但是，正因为这种情形不言自明而且众所周知，所以人们反而容易忘记，即使是在细菌感染的问题上，也有两种势力在讨价还价。一方是遭到削弱的免疫力和抵抗力，另一方则是细菌的侵入和毒性。在结核杆菌和肺炎球菌等细菌造成的病例中，这一点似乎尤其明显。因为我们知道，这些细菌任何时候都包围着我们，而我们大多数人都能成功地抵御这些细菌。显然，每个人都曾有这样的经历，即恰好在他生活中的某一严峻时刻患了感冒，从而使他倾向于假定：他的情绪状态在一定程度上影响了他，使他患了这种病。

因此，我们最好将所有的疾病分成至少三类：（1）纯粹意外地遭受外来侵袭、个人的自我毁灭倾向丝毫未参与其中的疾病；（2）自我毁灭倾向在一定程度上参与或利用了主要由外来侵入造成的机会的疾病；（3）外因仅仅是次要因素的疾病。

仅考察后面两种疾病（其中自我毁灭的因素可在一定程度上被人发现），我们便立刻通过考察不同的疾病形式而发现：它们可以排列成一个严重程度不同的序列，最严重、最不可逆转的是自杀，其次是器质性疾病、是癔症；最后是那些被冲淡了的自我毁灭方式。这些方式是如此普遍、如此无伤大雅，因而被视为"正常"（例如抽烟）。

这一序列还可以用图表的方式来表示（见图一）。在这一图表中，毁灭性冲动（黑色）被与之抗衡的现实因素（白色）扭转，特别是被自我保存和对他人之爱等内在倾向扭转，因而正常的结果往往是围绕这些障碍出现了一个弧。

一般所谓正常行为、神经症行为、精神病行为和自杀行为组成了一个进行性序列。神经症避免了个人与现实发生严重冲突，但由于缺乏足够的爱欲中和作用而使人无法享有充分的正常生活。精神病则显示出个人与现实的尖锐冲突，这是此病的原因，又是它的特征。只有自杀比精神病更受限制，更具自我毁灭性。

也可以用相似的序列来说明代表不同程度中和作用的每一种特殊的自我毁灭方式。例如，我们还记得，一些自我伤害方式往往

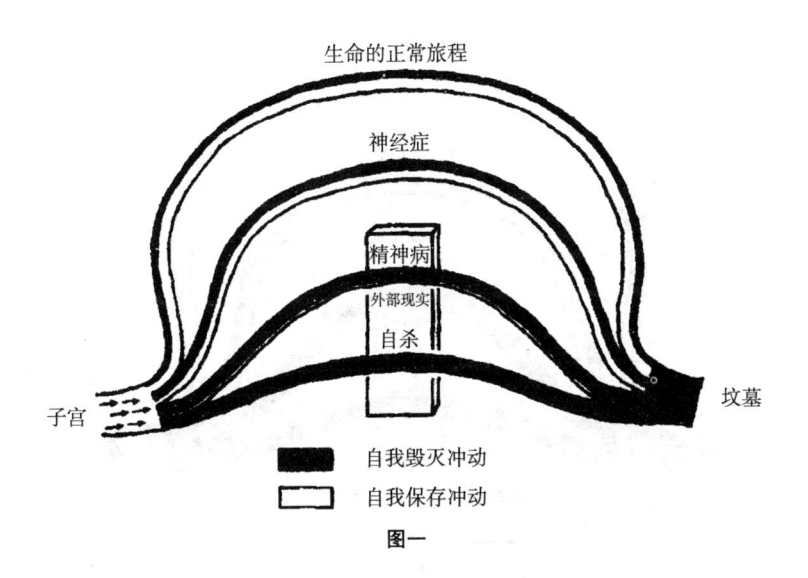

```
           生命的正常旅程
              神经症
           ┌─────┐
           │ 精神病│
           │外部现实│
           │ 自杀 │
子宫 →→→    └─────┘       坟墓

        ■ 自我毁灭冲动
        □ 自我保存冲动
              图一
```

可能是相对正常的、为社会所同意的，例如剪发、剪指甲等。而另一些方式，虽然并不导致个人与现实发生严重的冲突，但的确显示出爱欲中和作用在量上的不足。这指的是神经症性的自我摧残。此外，还有一些自我毁灭方式压倒了爱欲（自我保存）要素和现实的牵制力，表现为精神病式的和宗教式的自我摧残。当然，最后还有一些严重的、几乎相当于自杀的自我摧残方式。

与上述不同类型的自我毁灭相适应，我们可以通过图表来说明癔症类疾病与器质性疾病的关系（见图二）。

在图二中，健康是对自我毁灭冲动的一种阻遏，因而自我毁灭冲动的最后实现受到无限的延迟以致与正常的衰老过程难以区分。不太严重的方式是机能性或"癔症性"的损伤，它需要大量动用爱欲的内在储备，却能以实际的方式调整自己与外在现实的关系。至

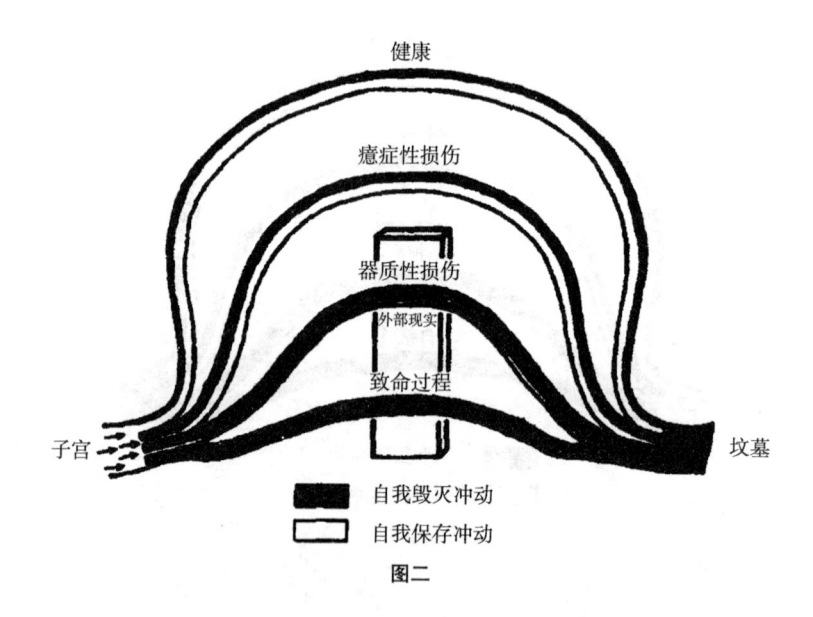

```
            健康

         癔症性损伤

        器质性损伤
         外部现实
         致命过程

子宫                           坟墓

     ■ 自我毁灭冲动
     □ 自我保存冲动
          图二
```

于器质性疾病则在一定程度上压倒了上面两种因素,因而成为自我毁灭的一种捷径(可与精神病相比较)。当然,最后的、极端的捷径则是死亡本身(参看图一的自杀)。

这种类比是有价值的,因为在由此而变得显而易见的序列关系中包含着一种动力学或经济学的解释。这种解释在回答疾病选择的问题时,涉及下面这样的牺牲原则。

生命本能或自我保存倾向竭尽全力与自我毁灭倾向相抗衡,尽管最终它确实要失败,但它设法使我们享受到平均七十年左右的较为舒适的生活。现在的问题是:它之所以能做到这一点,似乎是由于它在某些关键时刻响应自我毁灭冲动的要求,从而做出某些或大或小的牺牲。任何一种疾病都是这种牺牲或妥协,因而,疾病的选择可以被视为生命本能选择了较小的损害。

自我（ego）竭力在现实、本能和良心的冲突中达成最好的交易。有时候，它必须对现实的要求付出很高的代价，从而使向外倾注的本能满足受到极大的限制。于是便发生了内在的问题，并可能使紧张达到最大程度，迫使攻击性放弃其他外在的输出来摧毁自我保护的防线。这时，自我的责任就是把这种自我毁灭限制在做出最小牺牲的程度上。为做到这一点，不同的人的自我，在能力和智慧上是极不相同的。

机能性或所谓"癔症性"的疾病作为一种解决方案常常是有用的，因为它几乎可以模仿任何部位的任何一种器质性疾病，而其不同之处在于它常常没有太大的（如果有的话）组织结构方面的变化，并且是可以逆转的。这是一种自我毁灭，却没有真正地（持久地）造成毁灭。从而我们可以设想，癔症与器质性疾病的关系就像自我摧残与自杀的关系一样。正如我们曾经说过的那样，这种关系也许是一种妥协：某种器官的牺牲是为了拯救个体的生命，而癔症症状的出现则是为了拯救该器官的生命。

但正像前面说过的那样，有时候这一过程（即某一器官的假性破坏）会失去其可逆转性，失去其拯救的性质，这时它便发展为器质性损伤。由此可以假设：死亡本能会以某种方式得到较多的据点，就像杂草可以在花工暂时的疏忽下在花园中得到生长一样。这样，这一部位就不再可能摆脱暂时的死亡，而实际的死亡（这一部位的死亡）也开始威胁，有时候甚至实际发生。像我说过的那样，这很可能是因为自我毁灭的冲动过分强大。但是我们知道：这些冲动的激活，本来是为了成为一种强大的、使得他人毁灭的冲动，但由于现实的威胁、良心的唆使（这也许是更加强大有力的）而完全反过来转向自身。

现在我们似有必要以临床医学证据来充实这种牺牲理论。所有的医生都熟悉这样一些病史，即一种疾病被另一种疾病取代。有时候甚至可以合理地推断：病人往往选择一种疾病来代替另一种事实上比较严重或病人自认为比较严重的疾病。然而我们不易证明病人本人是如何进行这种选择的。例如我的一个病人就曾交替地出现严重的精神抑郁（身体却完全健康）和严重的器质性疾病（并不伴有精神抑郁）。我们可以推断说这是替换和再次替换，但这一点很难得到证实。病人染上了酒精瘾，这常常像是作为纯粹的精神病的一个不可避免的代替物。而在我们对多次手术的研究中，我曾引用一些例子，这些例子表明个人常常选择或实际上需要动手术，借以避免他自认为更加严重的不幸——无论他的这种焦虑是来自他自己的良心的还是来自外部现实的。

因神经或精神症状而被收留住院的病人，其病历往往表明：他们曾苦于某些肉体疾患，而一旦精神疾患正式发作，这些肉体疾患就消失无踪。一般说来，精神病患者的身体健康程度是远远超过一般人的。例如，在一次流行性感冒的发病期，我们医院的八名护士和好几位医生都同时重病卧床，而另有好几位医务人员稍后也被传染了。然而，在这整个期间，这些医生每天都频繁接触的病人，却没有一个哪怕是有一点伤风着凉的。对大多数精神病人做最仔细的生理检查、神经系统检查和实验室化验，通常都只能得到正常的结果。这似乎意味着：精神病已满足了破坏性冲动的需要，因而不再需要肉体的奉献和牺牲。

统计学上的研究也证明了这一点：许多器质性疾病在社会上的发病率要比住院的精神病人的发病率高得多。例如，冠状动脉硬化和心绞痛，作为致死原因，在州立医院以外是在州立医院内的病人的发生率的十三到十五倍。糖尿病是五倍半，甲状腺肿大是九倍，胃溃疡是三倍，肾炎是三倍，恶性肿瘤是四倍（但另一方面，小动脉硬化和肺结核的发生率则只有住院病人发病率的四分之一）。甚至自杀，在社会上的发生率也是住院病人的两倍！

许多病人被收容住进精神疗养院都是由于或轻或重的精神症状（例如抑郁等）。住院几天后，所有抑郁的迹象都消失无踪。病人往往变得十分风趣、快乐、合群，对任何事都感到有兴趣。但不幸的是，此时他们往往因为某些肉体疾患而不得不卧床休息或被限制在病房内，这些肉体疾患包括感冒、关节痛、头痛、下肢神经痛等。这种情形经常发生，以致我们不再把它视为一种巧合。

另一个最近的统计调查也证实了同样的印象。对伊利诺斯一组学龄儿童的仔细调查证明：一般说来，适应力强的儿童比适应力差的儿童更容易生病——发病更频繁、更严重、更持久。例如，以往几乎没有生过病的儿童，在那些被认为是适应力差的学生中比在那些适应力强的学生中多两倍（两组学生的年龄和家庭状况均大致相同）；而严重的疾病如猩红热、肺炎、脑膜炎、盲肠炎等，在适应力强的学生中发病率是适应力差的学生的三倍。在那些被老师认为具有活泼、愉快等性格气质的学生中，很少生病的人仅占不到

10%；而在那些显得郁郁寡欢、阴沉易怒的学生中，很少生病的人则占23%。

精神分析师都十分熟悉下面这种现象：一个多年来一直患有神经症的病人，在受到他人督促去做精神分析时，往往暂时地出现严重的生理症状，以使他免于这可怕的精神分析。我的一个病人患了盲肠炎，另一个则发生直肠周围脓肿，还有一个患了流行性感冒，等等。再不然就是：一个病人前来接受分析治疗并在几个月内完全消除了长期而顽固的症状。在早期精神分析史中，这种所谓移情治疗虽然经弗洛伊德提出警告，但不幸还是被人误解了。现在我们知道，这些病人只不过是以精神分析本身代替了他的神经症，并在此意义上对治疗做出这样的反应——仿佛治疗是一种痛苦，由于他（病人）愉快而勇敢地忍受了这种痛苦，也就不再需要继续保持其神经症症状。这种现象最常见于受虐症病人，他们喜欢把医生所做的治疗理解为一种他们英勇忍受了的折磨。一般医生也像精神分析师一样熟悉这类病人。他们从一个医生转到另一个医生那里，告诉他前一个医生用了些什么样的可怕的痛苦来折磨他们。他们用这种方法来博得第二个医生的同情和怜悯，并从中获得愉快的感受。当第二个医生热诚地对他进行某些适当的治疗时，病人一开始是勇敢地接受并显示出明显的好转，但随后又故态复萌，再跑去找第三个医生，并告诉他先前的医生使他忍受了什么样的折磨。

以上这些例证仅仅是为了说明：在临床观察中常可见到一种疾病或一种综合征被另一种症状或疾病所取代。至于这种情形的发生是不是由于想减轻痛苦和危险的无意识愿望在起作用，却是一种很难被证实的理论。不过这种理论能够帮助我们对观察到的事实做出满意的解释，而且能够合乎逻辑地从我们关于疾病是自我毁灭的一种形式这样一个总的理论中推演出来。

总结

我的论点是：有些器质性疾病是由于某些倒错的功能作用于这些器官而导致的结构变化，其目的是为了解决某些无意识的内心冲突；而这些冲突的性质则与自我毁灭倾向中的攻击性、自我惩罚和爱欲成分的对抗及相互作用有关。我们的假说是：器质性损伤的发生，虽然经常需要一些来自外界的直接代理者，如细菌、创伤等，但它与所谓机能性（功能性）疾病的区别却并不仅限于此，而是同时包括某些心理层面上的不同；这主要指破坏性倾向所要求的牺牲是一种更大的牺牲，以及此时心理冲突更大、压抑得更深，即更不容易被意识所接受。

第六部分

重建

第十九章
重建的临床技巧

我们已经对人类用来进行自我毁灭的种种方式做了一番完整的考察。我们从自杀行为开始探讨，接着又探讨了种种慢性自杀、间接自杀的方式，最后做出这样的假设：某些肉体疾病也可以被视为间接的器质性自我摧残。与此同时，我们也看到与自我毁灭倾向相抗衡的内在力量和外在力量在发挥作用，因此，实际结果往往是生的意志与死的意志、生命本能与死亡本能两种力量之间的妥协。在这一意义上我们可以说，和自我毁灭倾向相伴随的，是一定程度上自发的自我重建。我已经在许多例子中讲到过它们之间的相互作用。从仅仅怀着好奇心坐在一旁袖手旁观的哲学家的角度看，以上的分析似乎已经足够了。

然而就在我们全神贯注地研究死亡本能的时候，我们不应忘记同时存在的生存意愿。尽管死亡本能无所不在，但我们仍能看见一片生机盎然。如果我们现在已经意识到这种威胁着个体和人类的破坏性倾向，我们就不能消极旁观、坐以待毙，即便人家告诉我们：这种倾向乃是出于人的天性、出于上帝的意志或出于某个暴君的独裁。的确，我们对自我毁灭倾向的认识，其目的乃在于抗衡这种倾向并鼓励和支持生命本能与之一决雌雄。这正是医生的职责。因为许许多多的人，从农民到总统，都希望从医生那儿获得拯救，以战胜自身的自我毁灭倾向。医生给人们带来一种乐观主义的希望，他们和无数科学工作者一样具有这种乐观的信念。尽管他们每天的研究和发现都在提醒他们，在浩瀚的宇宙中，人类一切渺小的活动和知识是何等微不足道，但他们仍然坚定不移、充满希望地向着增强人类抵御死亡的能力的方向前进。

尽管很难确定，但我们似乎已经取得了某些成果，有可以乐观的理由和根据。实际的自杀已缓慢地减少，但更重要的是那些重大的科学发明和发现。这些发明和发现能够推迟死亡，使人的平均寿命相比以前大大增长。尽管已经有许多年轻人在战争中死去，但是这又使我们想到，军事家们似乎注定专司毁灭生命的工作，正像医生和科学家专司拯救生命的职能一样。作为医生，我们乐于进行种种尝试以拯救生命，而那些毁灭生命的人也将一如既往地继续从事他们喜欢的工作。也许，尽管如此，生的意志最终仍将获得帮助并取得更大的胜利。

因此，且让我们集中精力考虑这样几个问题：我们能否运用理智和创造力来战胜我们在分析中发现的自我毁灭倾向？我们能否凭借理智和思想来增加我们的寿命？我们能否鼓动和激励生命本能去与死亡本能战斗，并借此完成对我们自身的神圣超越，而在更大的意义上成为我们自己命运的主人？一句话，我们能否进一步延缓死亡？如何延缓？

我们已经看见，在自我毁灭倾向实际得逞的情形下，通常总有三种因素在起作用，这就是：攻击性因素、自我惩罚的因素和爱欲因素。我们似乎应分别考察可以用来对付这三种因素的办法。现在，让我们从第一种因素开始。

一、减少攻击性因素

一旦我们考虑用什么方式来战胜人类行为中的攻击性因素，我们首先想到的是：如果这种攻击性已公开表现出来且具有危险性，那我们就必须直接与之抗衡。在这种情况下，显然只能以强力对抗强力。一个人如果执意要杀死他人，那我们就必须对他采取人身限制以避免他这样做。同样地，一个人如果执意要杀死自己，他也应该受到人身限制。如果他所选择的自我毁灭方式既简单又明显，例如他选择的是跳水自杀，那么我们可以不让他有机会接触任何水池。然而我们知道：自我毁灭的方式是瞬息万变的。一个执意要自杀的人如果不能跳水，他完全可能转而用枪自杀或用刀自杀。由于这一缘故，我们用来防止这种公开的攻击性行为的方式必须较为一般。而在精神病医院中，最常见的乃是将这些人很好地监禁起来。实际上，每年都会发生无数本来可以避免的自杀。这是因为朋友、亲属和医生往往对自杀者已出现的自我毁灭的警报掉以轻心。精神病医生都熟悉这种现象（尽管一般人很难相信），即许多病人主动要求住进精神病医院，被囚禁在上了锁的铁门后面，甚至是以更为安全的方式限制其人身自由，因为他害怕他自己身上的毁灭性冲动。这种高度的洞察力远远超过了其亲属、朋友和医生的感觉。而在亲属等人看来，往往没有充分的理由需要送病人入院或给予他其他保护。

但我们不应假设应对直接公开的攻击性的唯一办法就是限制其人身自由。事实上这显然是最原始的办法。何况，它只能被用来对付那些见之于行动的直接的自我毁灭倾向，而完全不能被用来对付那些仅仅表现为抑制作用、表现为器质性感染和前一部分中讨论过的种种肉体方式的自我毁灭。对这些形式的自我毁灭，我们只能用化学药物来对付。在这一范围内，人们将首先想到以奎宁对付疟疾，以抗生素对付脑膜炎，以胂凡纳明对付梅毒。外科手术由于直接狙击了自我毁灭的进程，鼓励了健全组织中固有的治疗力量，因而也属于这一范畴。

但并非一切自我毁灭的外在表现都可以用这种方式去对付。我不妨用精神病治疗实践中的另一个病例来说明：一个人可以表现出无数细小的非理性行为，其中也包括对自己和他人的攻击，却没有达到有必要将其监禁在精神病院或监狱中的程度。有种种方式可以用来替攻击性行为和破坏性行为进行辩护，这些方式使人们难以察觉其背后隐藏的攻击性和破坏性，或者至少是使人难以以任何直接的方式去狙击这种破坏性。也许，破坏性倾向发展过程中的早期阶段就常常是这种情形。

不管怎样，我们已知这种攻击性必须被以不同的方式对付。首先是认出这些攻击性行为，而且是由这些攻击性行为的执行者——当然最后也是这些攻击性行为的主要受害者——自己去认出它们。这一点有时难以办到，有时则很容易办到。一旦人们认识到这种攻击性行为中暗含的自我毁灭，下一个步骤就是把它从指向自己或指向无辜的对象，转移到指向某个合适的替换对象上。

在精神病治疗过程中，我们常常目睹这类事情自然而然地发生。例如我曾亲眼看见过一个一连几个月不停地折磨和咒骂自己、坚持认为自己不配活下去、央求医生准许他自杀的病人，最后却将自己的所有怨气和责难转移到医院、医生、护士和他久等不来的亲属身上。这样将仇恨向外倾注是令人不快的，但它却是值得大力提倡的——为这些病人的痊愈着想，我们只能要求他们最好能找到更适当的移置和替换对象。这类对象通常有很多，不难找到——要维护一个人在生活中的位置，求得和平与宁静，就需要他去进行一些生气勃勃的战斗。像埃及国王阿门荷泰普四世（Amenhotep IV）①、拿撒勒的耶稣和印度的甘地那样渴望消除一切直接的攻击性行为，这不过是一种理想而已，它必然会在这个现实世界中给自我防御的攻击性留出地盘。威廉·詹姆士说得好，和平主义者常犯的错误是忽略了尚武精神中值得推崇的成分。尽管这种精神常因贪婪和不慎而导致灾难性的错误运用，但如对它好好加以引导，它就自有其用途。

如果没有直接、现成的人作为敌对性能量的投注目标，那么病

---

① 阿门荷泰普四世：古埃及第十八王朝的国王，著名的宗教改革家。——译注

人往往可以用非物质的对象来代替。在这些对象中，原始的破坏性满足仍能间接地获得继发的补偿。当然，让一个人去拼命地猛击沙袋或走好几千米路去追赶高尔夫球，要比用同样的能量来攻击毁谤邻居、破坏妻子的心情、扰乱心脏的功能更好。而如果这种继发补偿所带来的攻击性能量能被用于农田、工厂等事务就更好。的确，很可能所有的工作都可以被视为攻击性的"升华"。而这些攻击性，正如欧内斯特·索瑟德（Ernest Southard）所说，其指向乃是反对无知、犯罪、邪恶、疾病、贫穷（我们不妨再加上丑恶和攻击性本身）的"罪恶王国"。

因此，我们必须高度赞赏和重视所有那些使战斗的冲动和毁灭的冲动得以发泄和输出的活动，它们是：运动、游戏、政治、实业，以及许多嗜好中攻击性的一面（例如园艺嗜好中的除草）。这些活动中的攻击性往往被人们忽视。亚历山大曾指出：大型体育运动，如美国人所熟悉的垒球和橄榄球等，为人们的攻击性能量提供了一个替代性的释放机会，因而能给个人带来更多的宁静。他引用罗马诗人朱文纳尔（Juvenal）的话说，人民的需要乃是"面包和杂耍"（Panem etcimenses）。这正是威廉·詹姆士在他著名的论文《战争的道德意义》中所要表达的意思。

我们没有必要因生活艰难、人终生劳苦这一事实而感到愤慨。尘世生活从来就是这样，而我们也能够忍受。但是有许多人仅仅因为出生和机遇的阴错阳差，就终生劳苦、地位卑下、不得消停、一无所有，而另一些人天生并不高人一等，却终生未品尝过生活的艰苦滋味。这种情形，完全可能在有思想的人身上激起愤慨。有些人除了辛劳外一无所有，有些人则除了安闲舒适外也一无所有，这对我们大家而言似乎是一种羞辱。我有这样一种理想：如果现在我们取消征兵，而花几年时间把全体青年人征集起来组成一支向大自然开战的军队，那么上述不公正可能会变得公正，而各种各样的社会福利也会随之而来。军队中艰苦生活的锻炼和纪律严明的约束会渗透到这些年轻人正在形成的性格中去。那时候将没有人会像现在的有闲阶级那样，对人与自然的关系、对舒适的高级生活建立在什么样的艰苦劳动之上一无所知或熟视无睹。如果我们的青年人能够被征募起来，按照他们自己的选择，到煤矿和铁矿上去，到运货火车上去，到严冬的渔船上去（去洗盘子、洗衣服、擦门窗、修公路、修隧道），或到铸造工厂、锅炉房，到摩天大楼的脚手架上去，则他们将完全脱却他们身上的稚气，怀着健康的同情心和严肃的思想回到社会中来。那时候，他们就算是服了兵役，在人类与自然的战斗中尽了他们的职责。他们将会更加自豪地走在大地上。女性将会把他们的价位看得更高。他们将会成为下一代的好父亲和好教师。

　　这种征兵连同公众对它的支持拥护，以及它将结出的种种有益果实，必将在和平的文明社会中继续保持人类的美德。这种美德，正是好战派害怕在和平中丧失的……

　　医生的设计和构想，甚至国家的命令，依靠詹姆士那样的想法而不是依靠人性的自发性，究竟能够在多大程度上将人的攻击性倾向从自身转移到对社会更为有利的目标上，这无疑是精神治疗中的大问题。我们医生认为这是办得到的，我们认为我们已经在一定程度上证明了这一点。正是为了实现这一目标，现代精神病医院才在精心指导下开展娱乐治疗，而不是像病人家属经常设想的那样，仅仅给病人某些事干以打发其无聊的时光。

娱乐治疗若经过精心的设计和管理，可以被用来给每个病人提供发泄其攻击性的最好方式。这些病人都有极强的攻击性被压抑在心中，不能自发地以无害的方式宣泄出来。众所周知，游戏乃是经过伪装的战斗。一个因深深压抑其仇恨而生病的患者比一个普通商人更需要一种游戏和竞技，以使他能够在其中战胜自己的对手。有很多种方法可以用来强化这种游戏和竞技，例如在高尔夫球上写上某个病人所仇恨的人的名字，或在拳击沙包上画出人的面孔。如果说这种做法太幼稚，那就请不要忘记：我们所有最深的仇恨都起源于童年时代，因而用来宣泄攻击性的最有效的办法本质上都是幼稚的。的确，这正是游戏的主要功能。

即使是那些已经发展为严肃的职业艺术的游戏，也仍然可以被用来发挥这一职能。人们可以轻易地通过许多画家的传记对这一点做出推论。艺术家凡高把热情奉献给艺术，把情欲投掷到画布上，这无疑推迟了他的自杀。在我的临床生涯中，有一个女病人曾给我留下深刻的印象。她在病得最重的时期曾将粪便涂抹在墙上，并以一些猥亵、毁谤的文字来形容她的医生和护士。而在逐渐痊愈的过程中，她先是用铅笔、尔后用钢笔和墨水写出了优美的诗歌。在这一过程中，人们可以看见她是如何逐渐用社会能接受的有用的活动方式取代了原始的攻击方式。事实上，每个小孩子都是经由这一过程而脱离其玩泥巴的阶段的。

鲁思·费森·肖注意到一个孩子在打破碘酊瓶以后将碘酊涂抹在瓷盘上，因而发现孩子们喜欢将颜色鲜艳的东西弄在光洁的表面上。她据此而发明了手指画（finger-painting）。这种手指画在对儿童的科学研究和管理中具有极大的价值，而其纯粹的好玩只是其价值中最不足道的部分。它在攻击性涂抹和创造性涂抹之间，以一种游戏技巧架设起一座桥梁。孩子们从中获得了乐趣，同时释放出压抑和禁闭在心中的无意识情感，这些情感由于缺乏灵活适当的媒介，在过去一直得不到宣泄。最后，由此而激发起的情绪完成了这种移情关系，而由此表达出来的思想则保证了青少年能更好地理解其深层意向和内在抑制。精神病学家、精神分析学家、心理学家和教师越来越注重以科学的方式巧妙地运用这种游戏，通过释放内在攻击性来达到我们所谓重建的目标。

在对付攻击性因素时，另一技巧也需加以考虑。这就是强迫或人为地放弃某个表面上是所爱的对象而实际上是所恨的对象。一个人对另一个人的依附（这当中常常既包含爱又包含恨）往往是恨的比例大于爱的比例——这取决于读者如何去想，也可能实际上爱的比例更大；但如果恨的比例相对来说更大，则让个人紧紧抓住这一对象不放，只会使事情变得更糟。因为此时攻击性将不断地炸毁其由爱形成的保护性外壳，而由于这种攻击性又不能直接指向其激发对象，所以往往被移置到其他对象身上，但最常见的还是反过来转移到自己身上。换句话说，如果我们对某人怀有明显的矛盾情感，既有强烈的恨又有强烈的爱，那就很容易成为增强我们自身的自我毁灭倾向的一个因素，其情形正如一粒子弹射到坚硬的墙上会反弹回来伤害我们自己一样。人们在选择爱的对象（或恨的对象）时往往出于自恋，而这往往蕴含着矛盾的情感。弗洛伊德曾指出：恋人间剧烈的口角和争吵往往正是由于这一机制，即每一方恰恰是另一方发泄其自我毁灭能量的靶子。

最好放弃这种爱的对象。同样地，对那些将敌意建立在非理性、无逻辑基础上的恨的对象，也最好使之完全脱离情绪的焦点。这一点说起来容易做起来难。从精神分析的经验中我们知道：这些爱恨对象往往代表着人生舞台上那些较早出场的人物和角色，这些人（在儿童的心中）容易燃点起极大的仇恨。因此，眼前的对象不过是长期压抑的攻击性借以发泄的靶子，这些攻击性往往毫无理由但异常强烈，很难转移或放弃。这些人因而很可能因为恨得太深而生病。如果不是这样的话，"基督的科学"说不定已由于这具体可信的发现而取得了巨大的进步。

最后，在结束这一话题之前，还需要说一说机智和幽默的功用。这在有些人身上乃是释放敌意的最方便的法门。尽管机智和幽默的使用有时难免失之残酷，但这并不因此而减少它们对那些有幸能通过它们获得宣泄的人的功用。弗洛伊德在他研究机智与幽默的文章中指出：对任何事物的愉快感觉均有赖于受压抑情绪的宣泄，而这种受压抑的情绪基本上是令人不愉快的；这种不愉快通常来源于受压抑的心理内容所具有的敌对性质，但它像幽默那样以伪装作为掩饰被宣泄，从而使所有具有这种情绪的人感到轻松舒畅。无怪乎一位世界上最伟大的幽默家——他生前曾将笔深入到社会最高阶层和最低阶层，死后则成为民族的偶像——会说出这样一句无疑十分真实可信的话来："我从未碰见过任何一个我不喜欢的人。"

二、减少自我惩罚的因素

通过减少无意识中的罪疚感，我们就可望减少自我毁灭倾向中的自我惩罚因素。当然，这种情形的发生，也可以是无数病态策略的结果。例如，作为投射作用的结果，即："不是我在这样对待他，也不是我想这样对待他，而是他在这样对待我或他想这样对待我。"然而这种缓和罪疚感的方法正像伤口痊愈时所长的赘肉一样：它本身是为恢复健康所做的努力，但这种努力却像原发疾病一样也是病态的。长期以来，这一现象一直使精神病医生困惑不解，以致许多疾病——例如妄想狂（paranoia）——的命名所根据的并不是其心理病理基础，反而是在此基础上形成的妄想系统的一种自发的痊愈努力。事实上，妄想狂是一种不太严重的病变，而在一些十分严重的精神病人身上却往往没有出现妄想症状，因为此时病人已完全被自身的破坏性倾向和罪疚感所压倒，他已不可能再对它们做任何自发的防御。但是，作为解决问题的一种方法，妄想症状本身也往往是徒劳无益的。

用化学的方式来减轻罪疚感，其最为人们所熟知的方式就是酗酒。酒精在这方面的功能，从现象学的观点来看已毋庸赘言。但或许一切镇静治疗的疗效都建立在同样的原理上。的确，使酒精和其他容易成瘾的药物变得十分危险的，或许正是这一原理。因为一种能够如此轻易、如此迅速、如此完全地减轻罪疚感而又如此容易到手的药物，肯定会造成滥用的危险。对于这种可能性，我们已在讨论慢性自我摧残方式时考察过了。

不同的药物如何影响不同的本能要求，影响心理的不同结构和功能，这个问题几乎从未有人探索过。在这方面，几年前我的一位同事曾特别注意到一例患麻痹性痴呆（general paresis）的病人因服用异戊巴比妥钠（sodium amytal）而使其超我受到限制。药物的作用竟会突然使一个病人的举动完全符合文明的要求，而在此之前几小时，他的举动还像一头野兽或一个白痴那样，这不能不令人惊奇。但更令人惊奇的是：药物的效力一过，病人的反应和举动又恢复成先前的样子。我的一位律师朋友也曾观察到同样的药物产生同样的效应。他的一个熟人由于失眠而服用了一些异戊巴比妥纳。用药后不久，他的朋友发现他微笑着坐在床边，眼睁睁地看着自己点燃的火焰从床上一直窜到天花板，烧毁了窗帘和百叶窗。

在较为健康较为有效的方向上，我们相信，只要刺激起罪疚感的攻击性减少，罪疚感就会减少；而后者的减少也会导致前者的进一步减少。这就是说："减少"是相互作用的；个人往往有这种倾向。即越是有沉重的罪疚感，就越富于挑衅性。由以往的攻击性而形成的罪疚感，很容易进一步激发起新的攻击性，而其目的乃在于得到报复和惩罚。

迄今为止，用来减轻无意识罪疚感的最流行的方法乃是所谓的"赎罪"（atonement）。我们已经看见，赎罪有时是通过牺牲和奉献来完成的。这种牺牲奉献可以是器官的牺牲和奉献，也可以表现在行动上。它们可以采取物质的形式，也可以采取宗教仪式的形式，还可以采取神经症症状或神经症行为的形式。所谓"神经症性的"，乃是指它代价太高、不令人满意、按现实世界的标准来看显得不合情理。例如，一个人由于觉得自己对自己兄弟的死负有责任，因而用头撞墙来"赎罪"。但事实上这并不能使他的兄弟死而复生，而且对活人也没有任何好处。又例如一个女人可能发作剧烈的头痛以致不得不放弃种种娱乐和责任，而其主要的内在动因之一，很可能是由于仇恨自己母亲而生的罪疚感。然而无论是她的母亲还是她本人，都不可能从这种"赎罪式"的头痛中得到任何好处。在这一意义上，它就是神经症性的。

用某些有益的、有社会价值的做法来取代这种赎罪，或可被认为是一种正常的行为方式。尽管有人仍然会说：觉得自己有必要赎罪的感觉本身，不管采取什么形式，都只能是神经症性的。但从实际的角度出发，只有当赎罪行为最终导致自我毁灭或自我摧残时，我们才能将它视为病态的。例如，一个人由于其父亲的死而继承了一大笔钱。他把这笔遗产的一部分拿出来扶持科学研究或救济本地区的饥民。他这样做也许只是因为他曾对自己的父亲怀有隐藏的敌意，而现在却从父亲那儿得到了一大笔钱，由此而需要补救这种罪疚感或内疚感。然而这种补救，无论如何都有利于许多人，而且能使这样做的那个人得到一种真正的满足。但如果由于这种罪疚感的驱迫，他以一种过度的方式进行赎罪，捐出大量的钱以致他和家庭在经济上失去保障，人们就会说这种补偿和赎罪是神经症性的，因为它的后果是自我毁灭。

如此看来，重建乃是利用赎罪或补偿去消除或减轻罪疚感，而其结果按现实的标准来看又不致令人付出太高的代价。这种补偿的社会和个人效用越大，它从社会得到的好处当然也就越大。但毕竟这只是补偿或赎罪的附带收获，它的主要目的在于平息良心的谴责。为达到这一目的，宗教的和仪式的赎罪对某些人说来已经足够了。

因此，我们必须认识到宗教的赎罪往往有明显的治疗效果。后面我们还要看到，除了这点以外，宗教还以其他多种方式对人们有帮助。然而忏悔、象征、仪式、为他人服务的机会、悔悟和得到宽恕等，几乎所有宗教（西方东方皆不例外）都有的这些特性，无疑对许多人具有这一价值和功用。

最后，削弱超我的力量，也无疑可以减少罪疚感，减少自我惩罚的需要。然而这一点说来容易做起来难。因为虽然教育和广泛地接触现实能够削弱良心的力量，但它所削弱的仅仅是良心中自觉意识到的那一部分，即所谓"自我理想"的那一部分。无意识的良心，即所谓"超我"形成于童年时代，它与当前的现实没有任何接触；它根据童年时代的观念和古老的标准来实行其统治。说得形象生动一点，我们不妨认为：尽管意识的自我和自我理想生活在一个变动不居的世界里，并且不断地改变自己以适应这个世界，但超我始终保持其原初的形式，而且始终受其形成之时的那些法规支配。一般正常人固然可以成功地驾驭超我提出的非理性要求，在可以达到的程度上以理智取代良心,但神经症病人做不到。他的软弱的自我虽竭力挣扎,却始终受到他自身中那个强大有力、难以看见、不可理喻、顽固不化的暴君的统治。要消除良心的病态(与之相伴随的必然是一个软弱的自我),只能运用某些技巧和手段。要想对良心进行教育,这只能是白费心机,但智慧明灯的照耀却可以拓展自我而迫使良心退位。我们需要的是情感的而非理智的再教育,这乃是精神分析治疗的目的,我们在后面将对它进行较为详细的讨论。

三、增强爱欲因素

除了用来消除攻击性因素、自我惩罚因素并使之社会化的方法外,我们还应当鼓励和强化爱欲因素。我们已经看见,这一因素乃是与破坏性倾向相抗衡的一种拯救和中和的力量,它在它力所能及的范围内可以实现部分或整体的拯救。

在这里,我们再次希望用哲学的、概括的语言来谈论世界是如何需要更多的爱的,又是如何需要鼓励孩子们坦率地表达情感和改善父母对孩子的爱的方式的。当然,这样做还只是在附和"人们应彼此相爱"的宗教箴言。我们都承认这是很好的建议,而现在它又得到美学、道德和科学理论的支持。但问题在于:如何才能实现这一目标?更多的爱究竟意味着什么?弗兰茨·亚历山大曾屡次引用伟大的匈牙利精神分析学家桑多·弗伦齐的话说:"他们希望彼此相爱,但他们却不知道怎样去爱!"

如果我们现在去讨论那些干扰爱的本能，使我们不能去爱、"不知道怎样去爱"的因素，我们就会离题太远。在某种意义上，这个问题乃是所有精神分析的研究课题，它从一开始就吸引了弗洛伊德的关注。文明将更大的限制强加给了我们，而这又反过来造成了一个更高发展程度的文明，然而个人却并没有得到与之相应的好处。这是怎么发生的？对这个问题的哲学后果，弗洛伊德在《文明及其不足》中曾加以讨论。但为了现在的目的，我们必须限制自己不谈这个一般化的问题，而仅仅将问题局限在个人问题上。

爱欲发展所遇到的最大障碍和阻遏是自恋所产生的消解作用。没有任何东西比自恋更能阻碍爱的发展，也没有任何方式比改变这种情形，将爱从自我投注转移到向某个外在对象做正常投注更可望产生积极的治疗效果（可比较我们已经讨论过的将恨从自我投注转向外在投注）。换句话说，正像指向自我的攻击性在直接后果上有害一样，指向自我的爱也在间接后果（由情感饥饿所造成的后果）上有害。自恋使它本想保护的自我窒息——就像冬天为保护玫瑰苗而盖上的草，如果已到春天还不揭开，就会妨碍玫瑰的正常生长一样。因此，精神分析作为一种科学，完全支持一位伟大的宗教领袖的直觉。这位宗教领袖曾说："那些寻找自己生命的人将失去自己的生命；而那些为了我而失去自己生命的人，将会得到自己的生命。"我们只需将"为了我"读成"为了爱他人"就行了，而这也正是耶稣基督的意思。

因为爱一旦大部分投向自我，爱欲冲动作为软化和覆盖赤裸裸的攻击性、并使之结出果实的基本功能也就停滞了。此时，力比多不是用于参与和改善与外界的接触，而是完全用于滋养和保护那始终冥顽不灵的自我，那凝结成整块的自恋。

人格就像一棵成长中的树，它那冬天黝黑光秃的枝条上，一到春天和夏天就会爬满绿油油的柔嫩的新叶，而以生气勃勃的美覆盖其主干。但如果这棵树的根部严重受伤，树的汁液将大部分流向那里以使它获得痊愈或对伤口加以保护，它就不足以供应枝条以保证树叶的生长发育。于是这些枝条就会光秃、干硬、富于攻击性，并逐渐死亡——尽管树的汁液仍在滋养甚至过分地滋养根部的伤口。

对自恋的攻击有时具有迫使其进行再分配，即迫使一部分爱转而投向他恋的效果，但有时只有消极的效果，即只会导致更大的自恋或进一步导致从现实向自我退缩。在精神病的治疗过程中就常常发生这种情形。有些病人在新移植的环境中得到了很好的滋养，即在一位他所信任的医生的精心护理下，很快就能生根成长。此时，自恋逐渐退缩而让位于枝叶的生长。但另一些病人，尽管你用尽各种方法（无论是技巧多么高明的方法）去治疗他的自恋病，其结果都只能是把事情弄得更糟。可见其伤口之深已非药效所能达到，而其对进一步受到伤害的恐惧之大，也使任何治疗一筹莫展。

自恋倾向是如何拒绝他人的帮助，因而挫败别人的努力，使人虽然讲究方式方法却仍然徒劳无益（就像溺水者在惊恐中反而拼命推开援救者一样）——这一点我们每个人都看得十分清楚。事实上，自恋倾向往往就像一帖黏稠的膏药贴在早已痊愈的伤口上一样，即使纯属多余也很难使人将它去除。所有的父母都知道，要想从不情愿的孩子手指上去掉这种多余的、过时的累赘是多么不容易。

也正是这种自恋,像盲目的自大和故意的无知一样,使许多人陷于自我毁灭而不愿求得他人的帮助——精神治疗、外科手术、牙科治疗等。事实的确是这样:有些病人太骄傲,太惯于自作主张,太容易自我满足,以致很难恢复健康。他们难以接受任何帮助,除非这种帮助能满足他们的虚荣心。自恋是一种永难消除的饥渴,它使人不能真正享受和欣赏任何事物。在地方主义的沾沾自喜中,在种族偏见、种族歧视的夜郎自大中,在将国家主义、社会名流、金融寡头奉为神圣的名利虚荣中,我们都可以看到这种病入膏肓的自恋。

除了对自恋发动讨伐外,我相信人格的重建还可以进一步通过人为地、理智地培养一些爱的对象来实现。在世界上(无论是在智力高或智力低的人群中)普遍流行着这样一种奇怪的说法,这种说法以一种怀疑主义的不可知论,反对人们去培植任何有意义的友谊。许多人相信:在这种关系中,人类固有的矛盾情感是一种强有力的倾向,以致人们一方面面临社会加诸本能的种种限制,另一方面又面临遭受挫折的危险,那当然也就不敢爱得太多、爱得太深。他们像巴尔扎克一样认为(见《驴皮记》):"我们的命运只能是要么扼杀情感而活到晚年,要么成为激情的陪葬而早早夭折。"

我不同意这种内心虚弱、自我局限的观点。我承认爱之中的确有危险——在现实生活中,没有人能够避免因爱而导致的挫折和失望,但我并不认为这就需要限制我们去"爱与被爱"。道德、宗教和迷信共同把一些沉重的限制加在令人愉快满意的性关系上。现在，这些限制的确在一定范围内被消除了，从而在消除了非理性因素后，人们完全可望用理智的分辨去指导那些受到更多启蒙、思想更加解放的人。但即使是这些人，也仍然存在着经济上、生理上和心理上的不可逾越的障碍，这些障碍并不是非理性的、不现实的、不值得考虑的。因此很可能，对升华的需要和对友谊的需要将继续增加。

不管我们对生理、心理上更为健康的性道德有什么样的期望或获得了什么样的成就，我们始终需要从朋友的爱中获得的满足，以及与朋友之间的交往。但是友谊通常都患有贫血症，容易在升华变得越来越脱离直接的本能满足时使升华变得苍白枯萎。例如，许多所谓的友谊，实际上完全出于机会主义或娱乐的愿望。此外，外在的障碍也不容友谊得到培育和发展。如果我们将友谊的祖先从他那虽然简朴却富于友情的生活中，突然移植到现代生活环境及其对速度、效率和新奇的强调中，他将会很不习惯、很不舒服。所有这些为增进交往速度而产生的机械发明，究竟是否增加了人的幸福感，这倒真是值得考虑的问题。毫无疑问的是：这些发明已经减少了我们获得友谊和友好交往的机会。

然而最大的障碍是内在的障碍。建立友谊的能力取决于一种内在的活力，这种活力能将一种激烈的爱欲注入所有的人类关系之中。当我们说有这种能力的人有一种"强健的天性"时，我们是指他的性本能已获得一种生气勃勃的发展。从理论上讲，要使友谊开出最美的花朵，只能是在性欲获得成熟发展的时候。

要创造丰富而有意义的友谊，就需要双方中至少有一人把一种扶植的态度带入这种关系，以防范人际交往中爱与恨的矛盾心理和自恋倾向。这种扶植态度最好地体现在母亲身上。母亲在其与子女的关系中就扮演着扶植者的角色——她不是竭力去满足她自己的自恋倾向，使子女完全依赖于她自己，或对子女的攻击性做出防御性的反应。

大多数人都不可能像这样去建立太多的友谊。也许是他们身上爱欲的成分太弱，也许是他们身上恐惧的成分太弱，也许是由于缺乏培养人类关系的机会。对许多人——特别是那些具有敏感、内向或艺术气质的人——来说，文明的抑制性影响和他们自身的特殊性格使所有亲密的人际关系十分困难，它涉及太多内心冲突、太多遭受挫折和伤害的危险、太多对于他人幸福所应负的责任和太多发泄攻击性的机会。在一定程度上，每个人都要受到这些因素的影响。因而，对每个人说来，他能维持的友谊，在数量上必然有一个限度。

但无论如何，人的爱本能是可以经由艺术、音乐、技艺和许多嗜好的渠道而得以进一步拓展与发育的。对许多人来说，这些东西似乎远比任何人际间的友谊更为珍贵。这种倾向本身即表明：精神渴望着与事物及其发源的非物质世界重新结合。但是这当中并没有根本的冲突，而只有相互的感应和鼓励。许多人由热爱艺术开始，却以彼此相爱结束。无论是哪种情形，无论用来增加爱欲能力、使之获得表现和拓展的方式是哪一种，其结果必然是使之脱离自恋的窒息，并给破坏性倾向提供更多的中和作用。

艺术是怎样发挥这一功能的呢？这一点已由艺术家、哲学家和精神分析学家做过研究。在这些研究中,我最熟悉的当然是精神分析学家的研究。例如,埃拉·夏普就曾这样论述过艺术的功能。她以凡高为例,证明他的全部工作乃是与生命竞争。

  这种在极其病态的情况下由艺术所体现的生命竞争,乃是对于毁灭的拼命的、不顾一切的逃避——要逃避的不仅是美好事物的毁灭,而且是自身的毁灭。当聚合的能力和得意的有韵律的创造力远远地落在后面时,或仅仅是不足以对付攻击性冲动时,升华作用即宣告崩溃。

  肉体自我(body-ego)的这种巨大力量,视觉、听觉、触觉与良好的肌肉操作共同达到的微妙性,其本身一定来自我保存的冲动。这种自我保存冲动由于面临肉体毁灭的威胁而加强。让我重说一遍:只有当诗意的、有韵律的运动得以协调并保存下来,才有可能实现肉体的保存。

在凡高本人的例子中,一切想要避免自我毁灭的努力均遭遇失败。他的画变得越来越狂暴、越来越混乱,他袭击艺术家高更,他割掉自己的耳朵,他经常发生痉挛。最后,如同我们都知道的那样,他杀死了自己。在这一过程中,我们一步步看到毁灭倾向所取得的胜利——先是升华的失败,然后是外向的攻击性,接着是自我摧残,最后是自杀。

另一个不那么知名的艺术家阿尔弗雷德·库宾(Alfred Kubin),却凭借他的艺术成功地战胜了自我毁灭。从童年时代起,他就在奥地利森林中的一个湖畔画画。他在十岁那年第一次看见死神,当时他的父亲抱着死去的母亲的尸体在家中疯狂地走来走去;接着是两个继母,再然后是在寄宿学校,是在跟一位摄影师当学徒的过程中,是在孤独寂寞的夜晚,最后是一次未遂的自杀。此后,他因发作他所说的谵妄症(delirium)而在医院住了好几个月。当病情好转时,他发现自己仿佛置身于疾病、死亡和自杀冲动的包围之中。他设法到慕尼黑研究艺术,在那里他第一次看见了真正的绘画。他立即开始动手画他那些令人恐怖的绘画,这些画使他一举成名。

由此可见,我认为经由无线电、留声机和电影而能够扩展到普通人家庭中的音乐、艺术和戏剧绝不仅仅是一种额外的消遣。我认为这是为反抗自我毁灭而增设的堡垒。任何一个人在听过"第五交响曲""赞美诗""洛亨格林"序曲以后,绝不可能和先前完全一样。我这里所说的并不是音乐或艺术所具有的特殊治疗效果,我的意思仅仅是:任何东西,只要能从我们身上激发出暗含在欢乐中的爱,它就能对抗自我毁灭。

我已经说过工作在利用攻击性、将攻击性从自我转移出去时所发挥的作用。即使此工作并不在艺术的范围内,它也同样能成为一种创造性的升华。社会活动、教育、管理、医疗以及许多其他工作,都可以成为爱欲本能的升华表现,成为超越了自我、超越了个人所爱对象,而施与耶稣经常说到的邻人的那种爱。我们的原始本能要我们去反对我们的邻人,而我们自我保存的需要却要求我们去爱我们的邻人。

四、治疗的技术

到此为止，我们已从理论上大致考察了如何将攻击性转向无害的目标，如何通过一些于社会有用的赎罪行为来减轻罪疚感，如何通过牺牲和放弃自恋、培养正确的爱的对象来激发爱欲的中和作用。这就是重建的梗概。但这些事情说起来容易做起来难。有些医生已把帽子拿在手里，在一边恭候着问："那么现在，我究竟应该为我的病人做些什么呢？"

我并不打算回避这个问题，但重建的题目如果认真写起来，就得写一本书而不仅仅是一章。所以现在我只能勾画出总的原则。

毫无疑问，人格的重建往往自发地发生。有时候医生不过是坐收美名；有时候这一美名则被归之于护符、祈祷和星宿。但如果有人因此而相信所有人格的重建都应留待其自发发生或听凭护符与星宿的保佑，那么他一定是个宿命论者。没有人比我们医生更清楚：我们的一些病人之所以恢复健康，与其说是我们的功劳，不如说与我们全然无关。有时候我们确实过高估计了自己的力量，错误地理解了病人痊愈的性质，将这痊愈的美名据为己有。这种错误多半来源于我们的乐观主义。没有这种乐观主义，我们也许根本不会当医生。乐观主义与悲观主义都是哲学中的错误态度，但人却不可避免地要陷入这种或那种错误。毫无疑问，乐观主义的错误在实现某种目标的进程中要比悲观主义的错误更有利。

不过，当我们说医生能够加速人格的重建，没有医生的工作，人格的重建可能会屈服于自身的毁灭冲动时，这却并非只是纯粹的空话。

无论我们可能多么坚定地执着于心身统一的观念，在目前来看，心灵与身体之间仍存在着重要的和实际的区分，特别是在涉及治疗手术的时候。这一点我在讨论器质性疾病的时候已经尽量加以说明。现在我重复一遍：一种疾病的病因，或不妨说一种自我毁灭的原因，并不能决定其最简便的治疗方式；而心理治疗也并不排斥物理的或化学的治疗。

一个人可能被他的邻居激怒而去打他，并在这样做的时候折断了自己的手臂。无论这一连串事件的起因是什么，其结局是骨折，因而治疗也应基于这一具体的结局而不是基于原因。正确地了解造成这一处境的心理因素可以防止再次折断手臂，但并不能修补已经折断的手臂。

这种例子可能有些不恰当，但许多不这样把握疾病中心理因素的意义的人，却经常在这一点上发生误解。这是一种混淆，对此，细菌学派要负一部分责任。细菌学家们向我们证明，纯粹从症状上去治疗某些疾病是徒劳无益的，他们坚持认为我们应直接消灭病原体（或毋宁说仅仅消灭某一种病原体）。这在有些时候是正确的措施，但并非永远正确。

在医学中我们必须成为实用主义者。有时候我们一开始治疗便应对准那明显的致病原因，而有时候这又是我们最后才予以治疗的部分。选择适当的关键以集中我们的治疗努力，乃是医疗艺术的一个组成部分。也许我们不可能将这归纳为一门科学，但我们可以在此方面逐渐获得更多的信息,所以也许有一天它也可能成为一门科学。

不管怎样,对自杀的种种形式——直接的、间接的、慢性的、器质性的——的正确的治疗方法往往必须同时是化学的、物理的或机械的。仅仅依靠心理学的方法,其情形正如完全抛开心理学的方法一样荒谬可笑。我不打算在这里详细讨论各种药物、手术和精神的治疗。的确,物理的、化学的和机械的方法都可以被用来对抗破坏性倾向和鼓励爱欲倾向,但心理学方法同样可以用来进行这种治疗。而这些方法似乎更值得运用的原因是:它们有一种不幸常常很少被意识到的奇效。

由于心理学方法与物理的、化学的、机械的治疗方法相比更少为人所知晓,特别是由于考虑到这本书的重点是强调本能力量的心理侧面,我打算在这里用几段文字粗略地勾画出心理治疗的原理。我不会像某些带着讥讽眼光的读者所期待的那样,抹杀一切地说精神分析可以包治百病,因为这就和说外科手术可以包治百病一样荒谬。事实上,外科手术和精神分析都使我们学会了许多东西,但在这里,我要将外科手术留给外科医生,而仅仅指出精神分析给我们的一些启示,即运用心理学作为治疗手段以对抗许多形式的自我毁灭。

我们将不得不事先假定:那些我们正打算施行治疗的自我毁灭者对自己有一定程度的洞察。也就是说,他们隐隐意识到自己在生病,意识到自己乃是自己的潜在威胁。如果他们并未意识到这点,心理治疗的施行就只能是十分间接的。事实上,在如此间接的情况下，很可能一般的、化学的治疗方法将显得更加重要。

但如果他知道自己在生病，知道自己对自己而言是一种危险（且不说对他人而言是一种危险），如果他还有某些残存的想要恢复健康的愿望，那么他就是施行心理治疗的合适对象，而无论这种治疗是否有物理的、化学的和机械的辅助治疗（遗憾的是，这种想恢复健康的愿望往往屈服于破坏过程，从而实际上并不存在恢复健康的真诚愿望，而只有利用疾病甚至利用痛苦的愿望）。

一切心理治疗都取决于这样一条原则，即自觉的理智（人格中被称为自我的那一部分）在正常情况下，能够恰当地考虑已有的机会，恰当地考虑外部现实所强加的禁忌，而处置自己本能的力量。在那些需要接受心理治疗的人身上，自我在一定程度上是被压垮了。这或者是由于自我本身的软弱，或者是由于本能驱力的过分强大，或者是由于良心或超我的过分强大。因此，心理治疗的目标在于强化或拓展自我，限制或缓和严厉的超我。

心理治疗的第一步是在治疗者和病人之间建立起一定的友善关系。在一定程度上，这一原则也同样适用于任何治疗，例如，外科医生在给病人动手术之前，必须以一定方式取得病人的信任。但是在心理治疗中，病人不仅必须信任治疗者的技术和为人，还必须有某种积极的情绪反应。人们不妨说，病人必须对治疗者寄予一些爱，并期待从治疗者那儿得到一些爱。这种情形通常是会自动出现的。只要医生在病人的絮絮叨叨中有足够的耐心，即使面对病人的大声嚷嚷和自我怜悯仍然怀着同情，并能设身处地、感同身受地充分理解病人所受痛苦的性质。

因为，一切心理治疗的有效性都取决于医生能够在什么样的程度上给病人以某种他需要却不能得到或不能接受的东西——爱。当然，他（病人）是在以一种错误的方法去获得爱，但如果我们要改变他这种错误方式，却只能是在给予受苦者以一定程度的缓解之后而不是在这之前。只有这时，我们才能对他进行情感的或观念的"再教育"。因此，正确地处理好病人对医生的这种依赖关系，乃是成功地施行心理治疗的关键。

但是我们都知道，对医生的这种希望和信任，最初虽然是合情合理、可以理解的，后来却容易变得比较紧张、多变和不合情理。我认为卡伦·霍妮（Karen Horney）的移情概念仍然是正确的——在病人对医生的这种情感态度中包含着非理性的因素。说它们非理性，是指它们脱离现实，这是因为它们本身是从无意识中迸发出来的，又只能通过无意识地将医生认同为病人早年生活中那些登场人物才能得到缓解。因此，他（病人）可能会像对待自己母亲那样暴躁，像对待自己父亲那样叛逆，像对待自己的姊妹或表姊妹那样富于情欲色彩。他可能这样做、这样感觉，甚至这样说出来，因为他现在懂得了这一点，因为医生并不压制而是向他说明这一点。

这样，通过这种指导关系，病人的理智和情感就可以重新定向，从而其自我也受到强化、拓展，变得更富于弹性和不那么脆弱，因而能够更加有效地驾驭其人格中的各种成分，减少破坏性倾向，增强生活能力和爱的能力。精神分析疗法的一个好处就是：这种移情，是有计划地按照从逐渐积累的观察经验中得出的科学原理而加以控制操纵的。在非精神疗法中，基于直觉和经验，医生也能做到这一点；但在这种治疗中，医生要费很多唇舌，或至少是要在治疗中扮演主动的角色——而这与精神分析的做法正好相反。这两种治疗的目的都是达到病人情感的重新定向（re-orientation），病人理智的重新定向本可以在情感定向之前或之后，但在非精神分析疗法中却一定是在情感重新定向之前。

稍微仔细地考察一些达到理智重新定向的实用手段，也许会对我们有所帮助。然而究竟哪些手段是心理治疗中有用的技术手段？在此我并不想全部罗列，但其中较为突出的大致如下：

（1）一旦移情作用建立起来后，通常第一步要做的就是帮助病人对现实、对他那种自我毁灭的确切性质有更多的洞察和认识。要做到这一点的办法多得数不清，但重要的是拿病人的行为、处境、态度或道德标准做客观的和主观观念上的比较，以这种方式向他显示他在哪些方式上确实与众不同，在哪些方式上则并没有与众不同。这样做的目的并非要使病人去顺应一种所谓的正常标准，而是要减少他对于自己的焦虑（这种焦虑是在一种神经症基础上产生的），并用一种较为客观的关切（这种关切只有在他真正认识到自己的问题，自己的自我毁灭的程度、范围和严重性时才会产生）去取代这种焦虑。在此之后，根据病人的情形，再决定是将说明病人与众不同之处的责任交给病人，还是由心理治疗者承担，抑或出于实际的理由而予以取消。

（2）随之而来的是或明显或隐晦地澄清病人在特殊的烦恼和冲突中隐含的目的和动机。通常这需要将病人的自觉意图与其行为后果中隐含的无意识意图加以对照。提供一个机会让病人谈论其处境有时即足以自动地完成这一任务；但更多的时候则需要有相当多的"宣泄"和对病人人格背景甚至社会背景的调查研究。

（3）接着就是帮助病人回忆、警觉和注意那些被忽略了的东西。这些东西可能是病人未加考虑的现实要素，可能是病人不曾预想到的事件后果，也可能是他不曾认识到的攻击性或一直被他压抑了的记忆。要使病人充分回忆起或认识到这些东西，也许只需几小时，也许需要好几年。

（4）当这些不同的要素被视为一个整体后，病人就可能对其人格做新的自我评估，其自我就能获得新的力量，因为他现在有可能放弃那不再需要的防卫式攻击性，有可能使先前受到压抑的爱欲得到发展。

（5）所有这些将导致病人以一种较为成熟的方式去建设性地规划未来。与此同时，病人还会或者通过对症下药的方案（例如在心理治疗中），或者通过自发的选择（例如在精神分析中），而以种种积极的满足来取代先前那些消极的满足。其结果则是对种种意愿做或大或小的重新调整，即发展好习惯以取代坏习惯，这正是我们大家在必要时都会做的事情。

心理治疗中所有这些特殊的因素，都可以由任何一个治疗者运用于任何一个特殊的病例上。我所描述的这些步骤适用于造成病人理智层面的变化，此时病人开始用一种新的眼光来看自己和世界，并从中得到新的好处。但由于前面提到过的移情作用，此时还会发生情感的重新定向，或至少应该如此。对一个被自己内心的敌意和其他情感冲突压倒的人来说，哪怕是微不足道地确信有人爱他，愿意听他说话，并为他下处方、提忠告，这本身就是一种巨大的再保证。这就无怪乎所有江湖郎中、游方和尚也如著名的医生、精神病专家和精神分析专家一样能够使人恢复健康。但众所周知，这种移情治疗的效果是虚幻的，因为缺乏安全感的个体很容易再次产生这些感觉并寻求对于爱和温情的新保证。没有人能够永远这样伟大、这样全能、这样无所不在地提供这些人所需要的爱。正因为如此，宗教中积极的信念和爱便为这些人提供了一种难以估量的治疗效果。毫无疑问，几百年来，宗教一直是全世界的精神病医生。当然，宗教在治愈痛苦的同时也导致了无数痛苦，这一点也是无可否认的。因而，积累某种更好的东西来填补这种需要仍然是可能的。遗憾的是，许多人由于其理智与情感的冲突和抑制，既不能从宗教中获得满足，又不能受其约束。对这些人来说，宗教几乎是无能为力的，但对成千上万的其他人来说，宗教不仅是而且今后仍将是一种不可缺少的"拯救"，即重建。

五、作为治疗方法的精神分析

我发现要在这最后一章中对作为治疗方法的精神分析做出恰当的评论和描述是十分困难的。在这里需要指出的是：尽管这整本书的依据都是精神分析理论和精神分析的资料，我们却并不像这样去看待精神分析治疗。事实上，我们尚未确切地弄清精神分析何以能治疗人们的疾病。无论如何，它并不是永远能够奏效的，哪怕其病例经过正确地挑选并且适合于精神分析治疗。不过，其他任何治疗方法（从外科手术到药物治疗）也都是这样。有关精神分析治疗动力的讨论，至今仍然不时出现在最新的精神分析刊物上，而且至今没有最后的定论。

不过从经验上我们确实知道：精神分析作为一种治疗方法在某些情况下有其他方法所不可比拟的疗效。许多迁延多年、用其他任何治疗方法都久治不愈的精神神经症（psychoeuroses）往往会在精神分析治疗下取得可观的成功。许多神经症，一些轻微的和初期的精神病，种种抑制状态（如阳痿、口吃、某些性格变态），以及一些其他类型的精神疾患，均被人们认为属于精神分析治疗的有效范围。还有许多病患的治疗则处于"试验"阶段——例如酒精瘾、某些肉体疾患、性变态、精神分裂等。

在这里，我们没有必要对这些试验做出估价，或吹嘘精神分析在治疗上取得的成功。我将假定读者已大致知道这些，而且可以从有关这方面的最新书刊中得到较为专门的知识。

不过我以为我应该提出一个我自己设计的图表，这图表也许将有助于读者对精神分析治疗的基本性质一目了然。这并不是什么全新的想法，而是从亚历山大"整体解释"的概念中学来的。图表的设计是从阅读刘因（Lewin）和布朗（Brown）的拓扑心理学（topological psychology）著作中得到启发的，但我并不是要暗示说他们赞同我的图表。

如果我们用一个箭头（A）来代表心理发展进程，用（G）来代表现实中任何一个正常的、为社会所承认的成年人，那么从出生（B）开始的正常生命进程就是这样：

图三

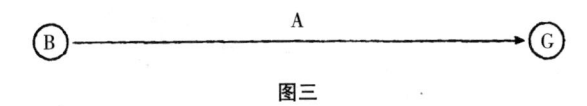

B=出生；A=生命过程；G=正常目标。

现在如果在心理发展期间出现某种创伤性体验（T），尔后的发展进程就会被修正，即使这些体验本身已被忘却和压抑（R）。这就导致个体的目标从正常的成人生活目标偏移到不合时宜甚至自己也不太情愿的目标（G'）。如果这种替换的目标事实上的确不能令人满意，例如伴随着神经症的不适和自我毁灭行为，那么随之而来的就是渴望重新调整。

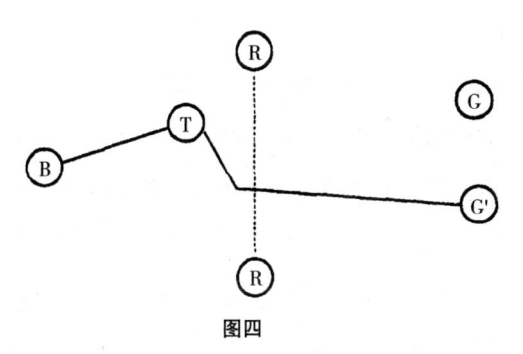

图四

T=创伤性经验；R=压抑；G'=错误的目标。

上面这个图表便表示一个人需要接受治疗——因为他的生命目标被灾难性地偷换了。现在我们假设他来做精神分析，而在治疗过程中，分析师能够从一个新的人为造成的有利点（P）上去探测和发现处在压抑线背后的事件：

图五

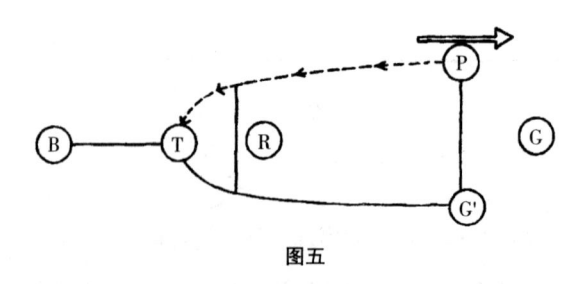

P=精神分析；虚线代表回忆；双线箭头代表分析师的生活和人格。

现在，精神分析师和他的病人都可以明显地看出：病人在日常生活中视为大不幸的那些事件的模式，以及他的生活尝试（G'），都在他与精神分析师（P）的相互关系中被准确地复制出来。更重要的是：它们都精确地重演了与压抑着的创伤时期有关的不成功的模式。换句话说，病人对待精神分析师的态度就像对待他生活中某个重要的人的态度一样，并且他发现，从（T）点开始（那时发生过一件超过他当时的适应能力或解决能力的事情），他终其一生都在不断地重复这种不成功的模式。

精神分析的治疗效果就似乎取决于调整这三个区域——这就是我们所说的洞察（insight）。由于某些已知的已经讨论过的原因和某些未知的原因，这种洞察便具有减少压抑的宽度、借以纠正目标的偏移的效果。如图六，这样，分析的情境［对分析师的依赖和把这种关系用作拓扑学意义上的"场"（field）］和错误的目标（G'）就都可以让位给现实（G）了。

让我引用一个简短而清晰的例子来说明这一点：一个出生于很

图六

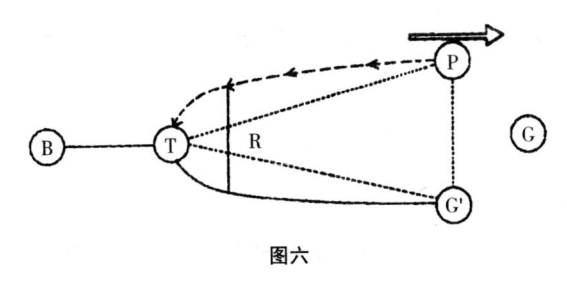

点线表示G'、P、T之间的理智上的相互关联,也就是病人的现实处境、移情关系和童年情境的相互关联。

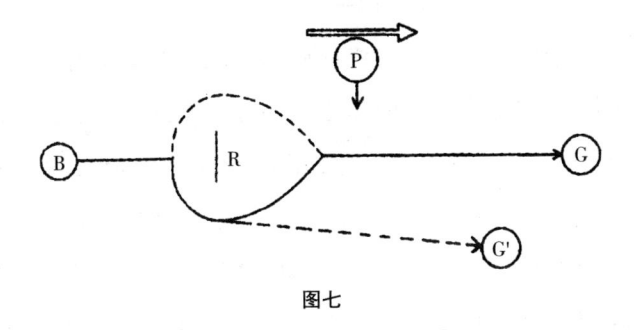

图七

好的家庭、和一般人一样有很好前程的孩子,在七岁那年因发现母亲不忠的证据而产生创伤性体验。这种震惊完全扭曲和改变了他对女性的看法。他并未意识到他的看法受到了怎样的扭曲。等他长大后,他可能理智地和自觉地意识到并非所有的女人都是不忠实的,并且有可能完全忘记了童年时代对母亲的失望。

此后,他结了婚,尽管表面上过着正常的婚姻生活,实际上却郁郁寡欢、非常不幸,因为他基于某些自认为合理的理由而越来越怀疑和不信任自己的妻子。他自认为自己渴望有一个幸福的家庭,却由于不断地担心和害怕妻子的不忠实而不能有一个幸福的家庭,尽管事实上他妻子一直忠实地履行着妻子的责任并且确实非常爱他。他苛刻地对待她,并且自己也能意识到这一点,但既说不清这是为什么,又不能想法加以补救。他的不幸福迫使他想方设法疯狂地寻求一些自得其乐的活动,但事实上他并未从这些活动中得到快乐。最后,他去接受治疗,在精神分析的过程中,他与分析师之间也发生了同样的事情。病人希望治疗成功,但他总觉得分析师不怎么令他放心,觉得分析师好像总是对他隐瞒着什么,或是偏爱别的病人,或是过着一种"秘密的性生活"。

只有当在某一特定时刻清楚地、充分地认识到他对待母亲、妻子和分析师的态度具有平行对应关系时,他才能够纠正这种"视觉的误差和变形",放弃他对待妻子的错误态度和错误看法。正是这种看法使得他如此不幸福,如此拼命地寻求补偿。与此同时,他也放弃了对分析师的依赖。这种依赖的建立和维持,其主要目的正是使他能够宣泄这种被扭曲的态度而不致招来现实的后果。在这之后,旧的"错误的目标"和暂时的精神分析的目标便都让位于新发现的、更有意义的目标。

精神分析学家对此有他们自己的术语。对童年时代创伤情境的"回忆"(recollection)和"宣泄"(acting out),与面对外部世界试图适应时产生的"症状"(symptom)或"反应"(reaction)彼此关联,而这些都在与精神分析师的移情关系中反映或重演。这种关联所伴随着的是获得"内省"或"洞察"(insight)的"精神宣泄"(abreaction)。

无论使用什么样的术语,原则始终是这样:通过一位向导的帮助(这位向导鼓励病人正视自己,并利用病人对他的情感依赖指出病人不愿正视的事实），这个心理发展受到损害的病人就能看见和消除损害所带来的恶果，最后由于他应付外界环境的能力得到了增强而放弃了对分析师的依赖。这种改善得以发生，用本书读者熟悉的术语来说，是因为减少了攻击性，减少了超我的力量和无理要求，增加了爱欲投注的范围和强度，包括进一步隔绝其外向攻击性。

精神分析究竟在什么样的范围内适用于治疗某些器质性疾病？对某些器质性疾病，我们已有更快更有效的治疗方法；而对另一些器质性疾病，我们也不知道精神分析法是否比目前尚不能令人满意的治疗方法更有效。在这方面要做出任何结论，都还需要漫长而耐心的研究和思考。目前我们只能把用精神分析治疗器质性疾病视为一项我们刚刚开始起步的研究课题。不过，就其已有的研究成果而言，精神分析仍是种种治疗方法中最好的。

也许，比精神病学中这最新的治疗技术所提供的直接治愈希望更为重要的，乃是我们的上述种种发现必然会改变一般人对于精神疾病与一般疾病的看法和态度。一旦人们普遍地认识到，胃痛、心律失常、皮疹、视力减退等症状，也像抑郁、醉酒、与妻子吵架一样，可以从心理精神方面去解释（并得到缓解），一般人长期以来对精神病医生及其所司职能的误解就会消逝。一位聪明的病人曾这样说："当我回顾好几个月来我一直在思考怎样到这里来而不被别人知道，以及我实际所选择的拐弯抹角的路线时，我觉得这真是荒唐已极。实际上只需想想，我身受的那些痛苦和症状即使说给任何人听也没有什么可丢人的，而且完全足以解释我为什么要来这里。

我曾偷偷用眼角斜视那些到这里来看病的人，希望知道他们究竟有什么羞耻和奇特之处，结果却只发现我往往很难区分他们中谁是病人，谁是分析师，谁是其他来访者。我想这对你来说是一种司空见惯的事情。你很难想象像我这样一个门外汉是如何对此感到害怕，尽管我自认为读过一些这方面的书，已经抛开了那些在一定程度上蒙蔽了大家的偏见。我知道这当中有些是情感上的问题。如果病人来这里仅仅是因为感到压抑、内疚、困惑，那么别人会认为他来求教分析师是件不体面的事情。但如果他的有些症状表现为躯体器官的疾患，所有的羞愧感便不翼而飞。这当中当然没有什么道理，但事情就是这样。我已给朋友写了十多封信告诉他们我现在在什么地方，而在过去六个月中，我一直企图向他们隐瞒我的去向和我需要接受的治疗。"

第二十章
重建的社会技巧

迄今为止，我们的讨论一直基于这样的假设，即自我重建或防止自我毁灭乃是完全应由个人承担的责任。然而没有任何一个个人是生活在真空中的。自我毁灭的发生，乃是由于个体在适应外界复杂情势时遭遇（表面上）不可克服的种种困难所致。众所周知，尽管有越来越多的机械援助，我们的生活还是日趋困难、日趋复杂和受到越来越多的限制。

因此我们有必要对问题的另一面稍加考虑，这就是：社会组织、社会结构的某些改变，可能有利于组成社会的个体，使之减少自我毁灭的必然性。这是宗教（在其社会层面上）的前提，也是某些旨在减少经济的不稳定、旨在减少其他种种恐惧以相应地减少外在和内在攻击性的政治计划的前提。同样地，它也许是许多社会计划的前提。这些社会计划中的一些最近已成为政治争论的课题。精神病学最感兴趣的乃是这些社会问题的一个特殊方面，它的注意力主要集中在个人（特别是生病的个人）方面，但它具有宽广的社会内涵和范围。而不同形式的重建问题则构成了心理保健运动的计划。

说到那些由宗教理想、社会主义，以及被美国人称为"社会安定"代表的非技术性社会改革，我们似乎会脸红于我们竟将这一巨大的问题完全交给那些从事其特殊研究的社会学家、经济学家和政治学家。既然所研究的材料具有如此明显而密切的关系，这些科学家与医学科学家，特别是与精神病学家的合作本来似乎是最合逻辑的。然而对于双方说来都不光彩的是：这种合作，无论在理论上还是实践上都不存在，其情形足以令人想到公共健康计划与私人医疗实践之间的冲突——双方都具有同样的理想，但似乎彼此都不能充分理解对方。社会学家觉得精神病医生（包括精神分析学家和心理学家）只见树木不见森林。相反，心理学家则指责他们满脑袋都是虚幻的、事先凭空虚构的乌托邦原则，这些原则或许具有适用于大多数人的哲学有效性，但严重脱离个体的实际，因而不可能具有实际的功用。

现在倒是时常能见到结成这种联盟的努力。例如哈洛尔德·拉斯威尔（Harod Lasswell）就已证明政治和政治家在极大程度上与某些个人的心理病理冲动有关。已故的弗兰克伍德·威廉斯（Fnankwood E. Williams）也对俄国政治社会实验中个人的重建极感兴趣，并且记录了自己获得的种种印象。最近，布朗（J. F. Brown）也运用现代心理学理论对社会秩序做出了解释。当然，心理社会工作者的职业就是进行这种实际联盟的有效例证。理查德·卡波特

（Richard Cabot）和厄内斯特·索瑟德（Ernest Southard）的建议被发展成将社会技术有效地应用于个人恢复，这乃是美国医学界的一大骄傲。

精神保健诊所、儿童指导诊所，以及其他类似的美国精神治疗组织都意味着：个人能够在一定程度上经由精神病医生、心理学家和社会工作者的帮助而获得人格的重建。但是我们往往也需要对环境做某些改变。这些改变并不总是像有些人心中以为的那么难以做到，也并不像另一些人心中以为的那么容易做到。在个人与环境的冲突中，如果任何一方都丝毫不具有灵活性，那么结果不是人格崩溃就是环境受到严重的削弱和损害。精神病医生的任务是研究个人并发现其最大的敏感点和固执点，但他也希望在心理社会工作者的帮助下改变环境中个人发现自己不可能适应的那些部分。他也许要警告某个过度溺爱自己孩子的母亲，也许要约束某个过分严厉的父亲，他要争取使一个粗心大意、缺乏头脑的教师改变某些做法，要启发开导某个有偏见的或敷衍塞责的法官。环境本是由大多数个人组成的，其中一些人比病人有更大的灵活性。通过适当的努力，我们或许可以影响他们减少其与病人的摩擦，从而降低病人的防卫性和攻击性，以使大家都更幸福、更安宁。换句话说，我们借此方法或许能打破那种恶性循环，而直接针对病人的治疗却绝不可能得到这种结果。

这些事情，有时候精神病医生也可以不依靠社会工作者的帮助就独立完成。但是经验表明：许多医生虽然精通医治病人的医术，但在与那些自认为无须得到医生帮助的人打交道时却非常笨拙，而医生为了帮助病人却必须呼吁他们的协助。我并不是说这是心理社会工作者的唯一职能，但我的确希望称赞他们完成这一工作的技巧，因为这一工作的重要性往往被人们忽视。某些医务工作者对心理社会工作者存有偏见，这有时候是由于对他们的工作缺乏了解，有时候则是因为个别社会工作者的妄自尊大。但是，没有任何人是十全十美的，像这种妄自尊大的人在任何领域都可以见到，他们并不能代表整体。

心理保健诊所就是根据这种思想发展起来的，它的成就在极大程度上有赖于这些熟练的、受过高度训练的妇女。这些妇女由于通晓精神病和社会学的"优点"所在，故能够在社会上应用精神病原则。医学、心理学、社会科学领域内专家们的合作由此便实际形成。既然"观其行便可知其人"，我们在这里就没有必要继续列举这些合作组织的种种成就。但我们精神病医生仍然经常忘记对社会的、经济的因素给予充分的考虑。

例如有人曾指出：无论精神咨询机构和心理保健诊所开展的活动对少数人来说是多么有趣和多么令人满意，这些活动在规模上仍然受到限制，并因混乱不堪的社会经济状况的妨碍而使其成果不值一提。社会学家问道："当大多数人仍无可救药地深受社会经济状况之苦时，你们却花费社会的那么多费用来帮助极少数人，这究竟有什么好处呢？显然，社会经济状况不是心理保健诊所、精神咨询机构、心理内省所能改变得了的。我们完全赞成你们所说的以某些有社会价值的代用品来宣泄人的攻击性和赎罪欲，但事实是：我们现在的社会经济结构并不允许某个普通老百姓得到这种好处。它的确允许某个医生和社会工作者对某个显赫人物——洛克菲勒、麦隆、摩根——或某些稍微不那么显赫的人施以这种功效，但普通人却办不到。你们精神病医生也承认你们能提供的这种帮助的费用十分昂贵。要使社会中大多数人都享受到这种好处是不可能的，这甚至被许多人视为对他们的经济和社会存在的一种威胁。'红色恐怖'仍然存在。这也许反倒支持了你们的论点，即自我毁灭冲动主宰了所有的人，它甚至能够阻止人们接受一种更正常、更充分的生活。不过精神病学家却不应闭眼不看这一事实：在我们现行制度下，根本不可能有所谓普遍的心理保健，而只有对少数富有者施行的治疗和帮助。"

我并不否认所有这些事实。也许我在形成本书提出的思想的过程中已经忽略了这些，但这是因为我所受的科学训练决定了我只研究个体，试图通过分析人这个小宇宙来理解世界这个大宇宙。

为回答社会科学家的指责，我们可以毫无愧疚地说：他们倒是太多地忽略了个人的心理。我认为我们终究比他们更有道理，这不仅因为我们在上面已引证了许多实际的例子，也不仅因为某些心理学家和精神病学家对激进的社会改造提出过自己的明确主张并抱有明确的信念和热忱，同时还因为我们中有些人已提出明确的建设性意见来说明怎样将心理学原理应用到改造社会现状，使个人能过更舒适、更有利于他、更具有生产性和创造性的生活中去。

例如，伦敦精神分析学院的科学研究主任爱德华·格洛弗（Edward Glover）就曾深思熟虑地在战争问题上勾画出一项研究计划。如果有人认为贫困和失业问题比战争问题更切近实际（这种说法是值得怀疑的），那么我可以肯定，这只需邀请一些受过心理学和精神病学训练的医务人员与国家和地方政府合作，与大学或基金会合作，共同研究和更充分地理解在这种现象——例如失业现象——后面有一些什么样的自觉的或不自觉的心理因素。有人对那些盲目者这样讥讽地评论说：现在一般公众倒比那些热心于计划和实施种种方案的执政者更清醒地意识到这些心理因素的存在。甚至医学界本身也没有像那些稍具心理学知识的人那样注意到这一事实：从来没有一位医生、一位精神病学家、一位心理学家被召集到那些试图解决我国社会问题的顾问委员会中去。而在墨西哥（也许还有其他国家），情形却不是这样。

对精神病学的忽视可以从人们对犯罪行为的处理方式上得到证实。不仅一般公众仍然相信犯罪主要是一个社会问题，就连大多数犯罪学家、社会学家、律师、法官和立法机关也持这种意见。尽管对这个问题的讨论正越来越普遍，但谁要是说研究罪犯比研究犯罪更重要，那他即使不被视为异端也会被视为过于极端。消灭、减少犯罪的所有计划都建立在这样一种思想上：社会本身也是一个个体，而犯罪乃是一种自我指向的伤害（按本书的术语，也就是局部自我毁灭）。有些人以一种哲学式的态度看待这一问题而认为这是一种必要的恶，可以通过严刑峻法、威吓许诺等一般原则而将其影响限制到最低程度。大多数人仍然相信惩罚是对付进一步犯罪的主要对策这一传统神话，而全然不顾事实上恰恰相反——美国监狱中的囚犯大多是累犯。不错，近年来，社会已经对精神病学即医学观点做出了某些让步的姿态。美国监狱协会、美国医学协会和美国精神病学会已达成一致意见，三方面也已采纳联合解决的方案，即每个法庭都必须聘用一位受过个人心理学训练的医务人员，以便在考察犯人的动机、能力和个人环境的基础上，就如何处置每一个罪犯做一些建议。然而，这一大胆的决定几年来虽已生效却没有引起任何人的注意。诚然，也有少数法庭配备了精神病医生，而且当然，极少数聪颖过人的法官也已经主张，用这种改进的态度去对待罪犯确有好处和成效。但这些人毕竟太少，其影响也微乎其微，而与之抗衡的却是法律的严厉无情和立法人员的愚蠢，在这背后，还有公众的惰性、冷漠和疑虑。

最后，为了回到我们的主题上，我们还须指出：社会学家们在制定这些计划上不可能有什么大的作为，因为他们涉及的都是些宏观组织原则，而对个体心理研究并不感兴趣。由于他们忽略了对个人心理的深入研究，他们也不可能真正理解整体行动的某些方面。

我不知道社会作为一个整体是否正在重演其构成成分的发生过程，也就是说，我不知道社会能否被我们合理地视为一个个体。如果确是这样，那么也许有一天，社会学家们能够从研究社会整体中独立发现我们心理学家在研究个体时所发现的那些东西。这样，在若干年后，我们也许能得出同样的结论，具有共同的目标。与此同时，尽管我们医务人员应该承认我们也忽略了社会学的因素，但我们最适合的任务仍然是以尽可能细微彻底的方式去考察个人的本能表现和本能压抑。这就是我企图在本书中加以说明的。

除开所有社会的和经济的因素，战争现象最令人印象深刻、最富戏剧性地说明了我的主要论题。

任何有思想的人都不再怀疑：在战争中根本没有什么胜利可言，征服者也像被征服者一样蒙受了无可弥补的损失。在这个意义上，战争完全是一种自我毁灭。民族的这种自杀倾向被其内部的某些成员冷酷地利用，而这些民族之间的国际性组织则形成一种癌瘤，在官方保护的名义下滋生并毁灭着人民。人们早已指出：在世界大战中，德国人是被配置了德制引火线的手榴弹炸死的，而英国战舰则是被卖给土耳其人的英制水雷炸沉的。在日德兰（Jutland）战役中，德国海军用炮弹轰击的正是他们本国制造的装甲战舰——火炮和战舰都是由同一家公司制造的。整个大战期间，所有国家的人都遭到他们自己同胞发明的武器的屠戮。

再没有比德国人更好的例子可以用来说明大规模的局部自杀了。德国人被《凡尔赛条约》的残酷所激怒，既不能忍受又无可奈何，遂通过消灭和迫害自己内部的那些最有才智的成员，把一部分破坏性敌意转向局部的自我毁灭。整个德意志民族就像在扮演本书前面描述过的那些个人扮演过的角色。他们把《圣经》中的条文"如果你的右手违抗你，那就砍掉你的右手"改换成"如果你的邻居得罪你，那就砍掉自己的右手"。但是，如果我们因为德国人在这方面做得最为显著，就以为只有德国的政治家才在实行某种自我毁灭，或导致更大的灾难，那我们就大错特错了。

的确，当我撰写本书的时候，世界大战的阴影正笼罩着我们，它威胁着要再一次以一种比1914至1918年的战争更为狂暴的痉挛性的世界性自杀来取代所有那些微不足道的个体和民族内部的自我毁灭。人们正几乎是狂欢地准备着这种大规模的自杀，而这种前景则只能使有思想、有眼光的人感到可怕和令人恶心。荷兰的精神病医生在其勇敢的宣言中表明了医学界对这种破坏性倾向的抗议,这抗议是如此合理、如此毋庸置疑,它几乎答复了所有的争辩。但我们却感到这种微弱的抗议在面对如此容易被激发并宣泄于暴乱行动中的不可理喻的集体仇恨时,是多么徒劳无益和模糊含混。如果一个科学家不是坚信,通过深入研究个人心理、分析破坏性倾向的起源和活动这样的方式,有可能找到拯救人类的钥匙的话,那么在解决像这样的世界性疑难时,他的建议只能是荒谬的。

即使在这危难之时,我们仍能听见少数有理智的人发出的微弱而持久的反对战争的声音。所有的医生都理应属于这有理智的少数者,因为他们每天的生活就是在生与死之间进行无数的小规模战斗,而他们的全部努力都是为了加强反抗自我毁灭的力量。然而遗憾的是,并非所有的医生都能充分地意识到这场斗争,无论他们是在面对病人还是在面对整个世界。

每一个医生、每一个普通人都应该读一读荷兰精神病医生的这段宣言:[1]

> 我们精神病医生的职责是研究正常心灵和病态心理,以我们的知识为人类服务,但我们现在却迫切地感到需要从医生的角度对你们提出严肃的忠告。在我们看来,整个世界正存在着一种精神倾向,这种倾向将给人类带来严重的危险,它很可能

---

[1] 该宣言发表于1935年,由荷兰医学界发起并组成一个预防战争委员会,最初有三十个国家的三百三十九名精神病医生签名。——译注

导致一种显著的战争精神病。战争，意味着人类将所有的破坏性力量释放出来对付自己，意味着人类借助科学技术来毁灭自己。正像所有的事情一样，心理因素在战争这一复杂问题上也扮演了非常重要的角色。欲阻止战争，则国家及其领导人必须明了自己对于战争所持的态度。唯有通过自觉的知识，世界性的大灾难才可避免。

我们希望你们注意下面几点：

1. 在个人自觉意识到的对战争的厌恶和集体对战争所做的酝酿准备之间存在着矛盾。事实表明，独立的个人在行为、情感、思想方面均迥然不同于那组成集体的个别成员。文明化了的二十世纪人身上仍具有强烈而凶猛的破坏性本能。这种本能并未得到升华或仅仅部分地得到了升华，一旦个人所从属的集体感到自己受到威胁，这种本能就会被释放出来。渴望受这种原始本能支配的无意识欲望不仅未受到惩罚，还常常受到嘉奖，这在更大的规模上强化了战争的准备状态。我们应该知道，人的战斗本能如果被善加引导，本来可以成为创造美好事物的力量，但这种本能如果挣脱一切羁绊，并利用人类理智的一切伟大发明，则可能酿成巨大的混乱和灾难。

2. 令人惊骇的是，人们对于现实竟如此迟钝。他们关于战争的流行观念不外乎整齐的制服、军事演习等，而这些早已不再是战争本身的真实情景。说到国际之间的武器交易，公众的冷漠更是令人吃惊，他们竟未意识到这种交易会把他们引入一种怎样的危险之中。人们应该意识到，让少数人从成千上万人的死难中获取私人利润是一种愚蠢的行为。我们热切地忠告你们,希望你们唤醒所有国家、增强集体的自我保存精神,只有这种强大的本能才是消灭战争的最有力的盟友。而增进贵国人民的道德感与宗教感,也能达到同样的目的。

3. 从一些著名政治家的演说中,我们反复地看到,他们中许多人的战争观念也同普通人的战争观念一样。从现代战争的实际情形来看,像"战争是解决争端的最高法庭""战争是达尔文理论的必然结果"等说法都是错误的和危险的。他们这样做是在掩饰自己对于权力的原始渴望,并意在在国民中激起对于战争的准备状态。居于领导地位的政治家,他们的演说的暗示力是巨大而危险的。像1914年的情形一样明显,好战精神很容易被"国家处于危险之中"的叫喊声唤起,从而成为脱缰的野马。人民也如个人一样,在这种暗示的有力影响下,很可能变得神经质。他们完全可能被幻觉和妄想所支配,投入冒险的行动,危及自己国家和别国的安全。

我们精神病医生宣示,我们这门学科已取得充分进展,能够区分人(哪怕是政治家)身上真正的、虚假和无意识的动机。希望通过不断地谈论和平来掩盖军国主义,决不能保护这些政治家不受历史的裁决。那些秘密推行军国主义的人,必将对一场新战争势将带来的无尽苦难负完全的责任……

爱因斯坦以其天才的敏锐,曾写过一封正式的信函给弗洛伊德,向他询问有关战争的心理原理。他问道:

少数统治者怎么可能强迫群众去做那些只能给他们带来痛苦和损失的事呢？群众为什么会任凭统治者以这些方式将自己激怒到疯狂和自我牺牲的地步呢？难道仇恨和破坏性冲动真的满足着人的一种内在要求，这要求平常潜藏着，却很容易被人唤醒和强化，并且达到群体精神病的程度？有没有可能限制人的精神发展，例如制造出某种持久的抗体来阻遏这些仇恨和破坏精神？

弗洛伊德对此做了简要的回答。他的结论是从多年来的临床观察中获得的，而本书详细阐述的正是这些原理。他指出：如果我们忽略这样一个事实，即权力本身就来自强力的支持，一旦离开强力的支持，权力今天也就不可能存在，我们就会犯判断上的错误。至于是否存在仇恨与毁灭的本能，弗洛伊德的回答是肯定的、确信无疑的。

"战斗的愿望可以有种种动机。这些动机可能是高尚地、可以被坦率说出来的，也可能是不可告人的。攻击和破坏的快感无疑是其中之一。从破坏性倾向中获得的满足当然会受到其他具有快欲性质和观念性质的满足的限制。但我们经常有这样的印象：理想主义的动机只不过是天生的暴行的遮掩；而在另一些时候，这些暴行如此明显，以致破坏性冲动竟由于无意识层面的理由而得到援助，就像宗教裁判所所干的那些残暴事情一样。"

弗洛伊德接着说道：

"死亡本能如果不能转向外部对象而是针对自己，就会毁灭自己，所以个人毁灭外在于他自己的东西实际上是拯救了他自己。就让这一点成为我们竭力反对的一切丑恶和危险勾当的生物学借口吧！这要比我们人为地去抵抗它们来得更为自然。

"就我们当前的目的来看，企图在人身上消灭攻击性倾向是徒劳无益的。"

这一结论一直被人们加以悲观主义的解释，但事情不应该如此。这种观点既不符合弗洛伊德的理论，又不符合他的实践。他毕生的工作并不表明他相信"要在人身上消灭攻击性倾向是徒劳无益的"。那体会出死亡本能的同一双敏锐慧眼，同样也审视并揭示出了一些与死亡本能进行战斗的方式。正是在弗洛伊德奠定的基础上，其他人（如格洛弗等）才提出用心理学的知识去消灭战争并对犯罪行为做科学的研究。

但最有意义的是：精神分析本身的治疗效果驳倒了这种悲观主义的解释。因为治疗如果能够改变一个人（无论多么艰难），哪怕只有一个人能够从我所说的治疗方法中得到帮助而减少其破坏性倾向，整个人类也就有了希望。精神分析的特殊贡献在于：个人自己的才智可以被用来指导他更好地适应生活、减少自我毁灭。当然，这很可能是一个缓慢的过程，但这种转变既然将自我毁灭的能量引入生产性渠道，它就能渐渐将其推行于整个人类世界。"一点酵母就能使整个面团发酵。"

简而言之，我们的理智和我们的情感乃是我们对抗自我毁灭的最可靠的堡垒。认识到毁灭力量的存在，乃是对它进行控制的第一步。"认识你自己"既意味着认识人自己本能中的恶毒，也意味着认识人自己降服它的力量。对自我毁灭倾向的无视和冷漠，乃是这种毁灭倾向得以继续存在的策略。

为了支持我们的理智，我们必须对爱给予自觉的、有目的的指导和鼓励。我们对友谊（习惯上用来称呼有意识、有节制的爱）的功能寄予最高的希望。无论对那些希望拯救自己还是希望拯救他人的人来说，这都是我们最有力的武器。不单是精神病医生和社会工作者，一般的公民也能够凭借一个简单的鼓励的微笑、一句同情的询问、一种耐心倾听他人倾诉苦恼的态度，来减轻他人的精神压抑和心理负担，来减少他人自愿与非自愿的殉道倾向，从而挫败许多受难者的自我毁灭冲动。

因此，我们最后的结论只能是：对战争和犯罪的考虑（不亚于对疾病和自杀的考虑）使我们回到并再次肯定了弗洛伊德的假说——人是受死亡本能支配的造物；但幸运的是，人也被赋予了一种相反的本能，这种本能英勇地抗击着它最终的征服者并获得不同程度的胜利。生命的这一宏大悲剧确立了我们的最高理想，这就是面对失败仍保持精神的高贵。但是在延长这一游戏的过程中，存在着局部的胜利和并非来自幻觉的热情。在这场游戏中，有的人确实胜利了，但有的人失败了。尽管残酷的自我毁灭从未停止，但正是在这里，科学取代了巫术被用来拯救我们的生命。也许总有一天，通过艰苦的劳作，我们能够更有效地利用自我毁灭倾向的这一短暂停留，能够避免过早地成为死神的俘虏。